线性代数

XIANXING DAISHU

李亚利/主编

东北师范大学出版社
长 春

图书在版编目(CIP)数据

线性代数 / 李亚利主编. —长春:东北师范大学出版社,2023.5
ISBN 978-7-5771-0218-4

Ⅰ.①线… Ⅱ.①李… Ⅲ.①线性代数 Ⅳ.①O151.2

中国国家版本馆 CIP 数据核字(2023)第 077203 号

□责任编辑:张　烙　□封面设计:张　然
□责任校对:王立娜　□责任印制:许　冰

东北师范大学出版社出版发行
长春净月经济开发区金宝街 118 号(邮政编码:130117)
电话:0431-84568096
网址:http://www.nenup.com
东北师范大学音像出版社制版
长春惠天印刷有限责任公司印装
长春市绿园区城西镇红民村桑家窝堡屯(邮政编码:130062)
2023 年 5 月第 1 版　2023 年 5 月第 1 次印刷
幅面尺寸:185 mm×260 mm　印张:10.25　字数:212 千

定价:35.80 元

前 言

线性代数是高等数学的一个分支，是一门研究线性问题的数学基础课，其内容主要包括行列式、矩阵、向量组、线性空间与线性变换、矩阵的特征值及特征向量、二次型等. 随着计算机技术的不断发展，线性代数在现实世界中的应用价值愈加巨大. 人们可以通过矩阵在计算机中的定义完成很多工作，如小至配平化学方程式、计算体积，大至交通网络流、联合收入、电学方程、动力系统、经济均衡等问题. 因此，线性代数已经成为各高等院校理工、经管类等专业学生的必修课之一.

作为高等学校各专业的公共基础课，线性代数对培养学生的抽象思维、逻辑推理和科学计算能力具有重要的作用，同时是学生学习专业课和进一步学习现代科学知识的必修课程. 随着现代科技的飞速发展和计算机的广泛应用，线性代数在理论和应用上的重要性越来越突出，同时人们对线性代数的教学内容和教学理念从深度和广度上提出了更高的要求. 针对各专业特点，编者根据多年累积的教学经验，结合近年来线性代数课程建设的实践、科研的体会，在借鉴同类著作特色的基础上，切合学生实际书写本书，力求深入浅出、化难为易，服务专业课程.

线性代数的基本概念、理论和方法具有很强的逻辑性、抽象性和广泛的实用性. 本书在选材编写过程中，从行列式入手，以矩阵和向量为工具阐述线性代数的基本概念、基本原理和方法，力图做到突出重点、简明扼要、清晰易懂，对重点内容提供较多的典型例题，以便读者能更好地理解、掌握和运用线性代数的知识.

本书主要特点如下：(1)内容系统，语言简洁、直观. (2)全书的框架保持了线性代数的基本内容，以矩阵为主线，贯穿全书. (3)适当调整了部分知识的顺序，省略部分理论的推导和证明，使知识结构更趋于合理.

在编写本书的过程中，编者得到了学校有关领导和同行的大力支持和帮助，也参考了许多成熟的书，在此一并表示感谢! 囿于编者水平有限，加之时间仓促，本书的缺点与错误在所难免，恳请专家和读者批评指正.

编 者

2022 年 11 月

目录

第1章 行列式

行列式理论在数学本身及其他的学科中都有广泛的应用，它是解线性方程组的有力工具. 本章将在讨论用二阶、三阶行列式解二元、三元方程组的基础上，进一步建立 n 阶行列式的理论，并介绍用 n 阶行列式的理论求解 n 元线性方程组的 Cramer 法则，最后对行列式的一些应用实例进行探讨分析.

1.1 行列式的基本概念

1.1.1 二阶行列式

行列式起源于解线性方程组，是研究线性代数的一个重要工具，近代它又被广泛地用于物理、工程技术等多个领域. 对于一个方阵，我们可以求其行列式和逆矩阵. 我们在很多实际问题中经常遇到逆矩阵，如信息加密、投入产出，都要用到逆矩阵.

对于以下方程组

$$\begin{cases} a_{11}x_1+a_{12}x_2=b_1, \\ a_{21}x_1+a_{22}x_2=b_2, \end{cases} \tag{1-1-1}$$

利用消元法，可得

$$\begin{cases} (a_{11}a_{22}-a_{12}a_{21})x_1=a_{22}b_1-a_{12}b_2, \\ (a_{11}a_{22}-a_{12}a_{21})x_2=a_{11}b_2-b_1a_{21}. \end{cases}$$

如果已知 $a_{11}a_{22}-a_{12}a_{21}\neq0$，那么方程组(1-1-1)就有且只有一个解，为

$$\begin{cases} x_1=\dfrac{b_1a_{22}-a_{12}b_2}{a_{11}a_{22}-a_{12}a_{21}}, \\ x_2=\dfrac{a_{11}b_2-b_1a_{21}}{a_{11}a_{22}-a_{12}a_{21}}. \end{cases} \tag{1-1-2}$$

式(1-1-2)中，在某些条件下，x_1，x_2 的表达式具有普适性，但是由于表达复杂，因此记忆起来有些困难，为了解决这一问题，二阶行列式诞生了.

定义 1.1.1 引入记号

$$D=\begin{vmatrix} a_{11} & a_{12} \\ a_{21} & a_{22} \end{vmatrix}=a_{11}a_{22}-a_{12}a_{21}. \tag{1-1-3}$$

式(1 - 1 - 3)被人们称为二阶行列式. D 中横排、竖排分别称为行和列. 我们可以看到，其中总共有两行、两列，数 a_{ij} 称为行列式的元素，它的第一个下标 i 表示这个元素所在的行，称为行标；第二个下标 j 表示这个元素所在的列，称为列标. 行列式展开的形式即为式(1 - 1 - 3)的右端部分. 我们利用该展开式可以计算行列式的值，该值的形式并不是固定的，例如，可以为数值、代数表达式等.

利用二阶行列式，式(1 - 1 - 2)可以表示为

$$x_1=\frac{\begin{vmatrix} b_1 & a_{12} \\ b_2 & a_{22} \end{vmatrix}}{\begin{vmatrix} a_{11} & a_{12} \\ a_{21} & a_{22} \end{vmatrix}},\quad x_2=\frac{\begin{vmatrix} a_{11} & b_1 \\ a_{21} & b_2 \end{vmatrix}}{\begin{vmatrix} a_{11} & a_{12} \\ a_{21} & a_{22} \end{vmatrix}}.$$

其中，分母是由方程组(1 - 1 - 1)中未知数的系数按其在方程组中的位置排成的行列式，称为方程组的系数行列式.

按照一定的规则对上式进行处理，有

$$D_1=\begin{vmatrix} b_1 & a_{12} \\ b_2 & a_{22} \end{vmatrix}=b_1a_{22}-a_{12}b_2,\quad D_2=\begin{vmatrix} a_{11} & b_1 \\ a_{21} & b_2 \end{vmatrix}=a_{11}b_2-b_1a_{21},$$

于是，当 $D\neq0$ 时，二元一次线性方程组(1 - 1 - 1)的解可用二阶行列式表示成

$$x_1=\frac{D_1}{D},\quad x_2=\frac{D_2}{D}.$$

例 1.1.1 解二元线性方程组 $\begin{cases} 3x_1+2x_2=5, \\ 5x_1-7x_2=29. \end{cases}$

解：由于系数行列式

$$D=\begin{vmatrix} 3 & 2 \\ 5 & -7 \end{vmatrix}=-31\neq0,$$

且有

$$D_1=\begin{vmatrix} 5 & 2 \\ 29 & -7 \end{vmatrix}=-93,\quad D_2=\begin{vmatrix} 3 & 5 \\ 5 & 29 \end{vmatrix}=62,$$

所以方程组的解为

$$x_1=\frac{D_1}{D}=\frac{-93}{-31}=3,\quad x_2=\frac{D_2}{D}=\frac{62}{-31}=-2.$$

例 1.1.2 计算 $\begin{vmatrix} x+y & 2y \\ 2x & x+y \end{vmatrix}$.

解：

$$\begin{vmatrix} x+y & 2y \\ 2x & x+y \end{vmatrix}=(x+y)^2-4xy$$
$$=x^2+y^2-2xy.$$

例 1.1.3 用行列式解二元线性方程组

$$\begin{cases}3x+2y=5,\\2x+3y=0.\end{cases}$$

解： 由于系数行列式

$$D=\begin{vmatrix}3&2\\2&3\end{vmatrix}=5\neq 0,$$

故方程组有唯一解. 又

$$D_1=\begin{vmatrix}5&2\\0&3\end{vmatrix}=15,\ D_2=\begin{vmatrix}3&5\\2&0\end{vmatrix}=-10,$$

所以方程组的解是

$$x=\frac{D_1}{D}=3,\ y=\frac{D_2}{D}=-2.$$

1.1.2 三阶行列式

对三元一次线性方程组

$$\begin{cases}a_{11}x_1+a_{12}x_2+a_{13}x_3=b_1,\\a_{21}x_1+a_{22}x_2+a_{23}x_3=b_2,\\a_{31}x_1+a_{32}x_2+a_{33}x_3=b_3,\end{cases}\tag{1-1-4}$$

利用加减消元法，消去 x_2，x_3 后，得到

$(a_{11}a_{22}a_{33}+a_{12}a_{23}a_{31}+a_{13}a_{21}a_{32}-a_{11}a_{23}a_{32}-a_{12}a_{21}a_{33}-a_{13}a_{22}a_{31})x_1=b_1a_{22}a_{33}+a_{12}a_{23}b_3+a_{13}b_2a_{32}-a_{13}a_{22}b_3-a_{12}b_2a_{33}-b_1a_{23}a_{32}$.

同样地，消去 x_1，x_3，可以得到关于 x_2 的完全类似的关系式，消去 x_1，x_2，可以得到关于 x_3 的完全类似的关系式. 这个结果很难记，为此引进三阶行列式的定义.

定义 1.1.2 对于下列三阶行列式

$$\begin{vmatrix}a_{11}&a_{12}&a_{13}\\a_{21}&a_{22}&a_{23}\\a_{31}&a_{32}&a_{33}\end{vmatrix},$$

其值规定为

$a_{11}a_{22}a_{33}+a_{12}a_{23}a_{31}+a_{13}a_{21}a_{32}-a_{11}a_{23}a_{32}-a_{12}a_{21}a_{33}-a_{13}a_{22}a_{31}$,

即

$$D=\begin{vmatrix}a_{11}&a_{12}&a_{13}\\a_{21}&a_{22}&a_{23}\\a_{31}&a_{32}&a_{33}\end{vmatrix}=a_{11}a_{22}a_{33}+a_{12}a_{23}a_{31}+a_{13}a_{21}a_{32}-a_{11}a_{23}a_{32}-a_{12}a_{21}a_{33}-a_{13}a_{22}a_{31}.$$

这里，a_{ij} 称为行列式位于第 i 行第 j 列的元素. 等式右边是一个代数和的形式，共包含 $3!=6$ 项，3 项为正、3 项为负，每项的表现形式为 3 个元素的乘积. 因为它由方程组(1 - 1 - 4)中变元的系数组成，所以又被称为方程组(1 - 1 - 4)的系数矩阵. 如果 $D\neq 0$，那么容易算出方程组(1 - 1 - 4)有唯一解：

$$x_1=\frac{D_1}{D},\ x_2=\frac{D_2}{D},\ x_3=\frac{D_3}{D}.$$

其中

$$D_1=\begin{vmatrix} b_1 & a_{12} & a_{13} \\ b_2 & a_{22} & a_{23} \\ b_3 & a_{32} & a_{33} \end{vmatrix},\ D_2=\begin{vmatrix} a_{11} & b_1 & a_{13} \\ a_{21} & b_2 & a_{23} \\ a_{31} & b_3 & a_{33} \end{vmatrix},\ D_3=\begin{vmatrix} a_{11} & a_{12} & b_1 \\ a_{21} & a_{22} & b_2 \\ a_{31} & a_{32} & b_3 \end{vmatrix}.$$

为了便于计算，我们可以采取图 1 - 1 - 1 的对角线法则. 其中，用实线相连的三个元素的积取正号，用虚线相连的三个元素的积取负号. 这种方法就是人们常说的沙路法.

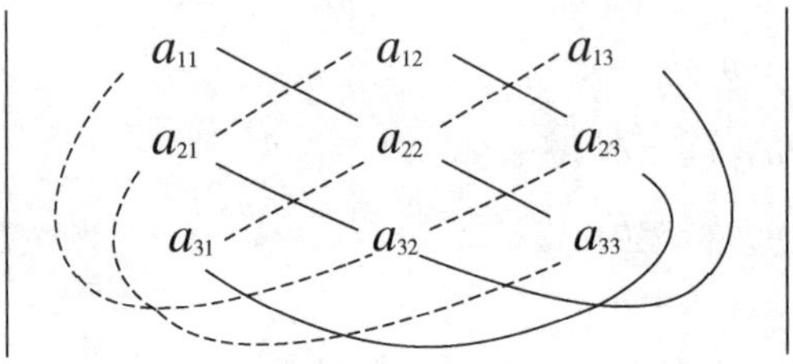

图 1 - 1 - 1

例 1.1.4 解线性方程组

$$\begin{cases} 3x_1-x_2+x_3=26, \\ 2x_1-4x_2-x_3=9, \\ x_1+2x_2+x_3=16. \end{cases}$$

解： 系数行列式

$$D=\begin{vmatrix} 3 & -1 & 1 \\ 2 & -4 & -1 \\ 1 & 2 & 1 \end{vmatrix}=5\neq 0,$$

所以方程组有唯一解，

又 $D_1=\begin{vmatrix} 26 & -1 & 1 \\ 9 & -4 & -1 \\ 16 & 2 & 1 \end{vmatrix}=55$，$D_2=\begin{vmatrix} 3 & 26 & 1 \\ 2 & 9 & -1 \\ 1 & 16 & 1 \end{vmatrix}=20$，$D_3=\begin{vmatrix} 3 & -1 & 26 \\ 2 & -4 & 9 \\ 1 & 2 & 16 \end{vmatrix}=-15$，

所以方程组的解为

$$x_1=\frac{55}{5}=11,\ x_2=\frac{20}{5}=4,\ x_3=\frac{-15}{5}=-3.$$

例 1.1.5 解三元一次方程组

$$\begin{cases} x_1+2x_2+x_3=2, \\ -2x_1+x_2-x_3=1, \\ x_1-4x_2+2x_3=3. \end{cases}$$

解：方程组的系数行列式

$$D=\begin{vmatrix} 1 & 2 & 1 \\ -2 & 1 & -1 \\ 1 & -4 & 2 \end{vmatrix}=1\times1\times2+2\times(-1)\times1+1\times(-2)\times(-4)-1\times1\times$$

$$1-(-1)\times(-4)\times1-2\times(-2)\times2=2-2+8-1-4+8=11\neq0,$$

所以方程组有唯一解.

$$又\ D_1=\begin{vmatrix} 2 & 2 & 1 \\ 1 & 1 & -1 \\ 3 & -4 & 2 \end{vmatrix}=-21,\ D_2=\begin{vmatrix} 1 & 2 & 1 \\ -2 & 1 & -1 \\ 1 & 3 & 2 \end{vmatrix}=4,\ D_3=\begin{vmatrix} 1 & 2 & 2 \\ -2 & 1 & 1 \\ 1 & -4 & 3 \end{vmatrix}=35,$$

所以方程组的解为

$$x_1=\frac{D_1}{D}=-\frac{21}{11},\ x_2=\frac{D_2}{D}=\frac{4}{11},\ x_3=\frac{D_3}{D}=\frac{35}{11}.$$

1.1.3 *n* 阶行列式

定义 1.1.3 由 n^2 个元素 $a_{ij}(i,\ j=1,\ 2,\ \cdots,\ n)$排成的 n 行 n 列的行列式

$$\begin{vmatrix} a_{11} & a_{12} & \cdots & a_{1n} \\ a_{21} & a_{22} & \cdots & a_{2n} \\ \vdots & \vdots & & \vdots \\ a_{n1} & a_{n2} & \cdots & a_{nn} \end{vmatrix}$$

称为 n 阶行列式，它表示所有取自不同行不同列的 n 个元素按行标排成自然顺序的乘积 $a_{1j_1}a_{2j_2}\cdot\cdots\cdot a_{nj_n}$ 的代数和，记作

$$\begin{vmatrix} a_{11} & a_{12} & \cdots & a_{1n} \\ a_{21} & a_{22} & \cdots & a_{2n} \\ \vdots & \vdots & & \vdots \\ a_{n1} & a_{n2} & \cdots & a_{nn} \end{vmatrix}=\sum(-1)^{\tau(j_1j_2\cdots j_n)}a_{1j_1}a_{2j_2}\cdot\cdots\cdot a_{nj_n}.$$

1.2 行列式的性质

定义 1.2.1 将一个 n 阶行列式

$$D=\begin{vmatrix} a_{11} & a_{12} & \cdots & a_{1n} \\ a_{21} & a_{22} & \cdots & a_{2n} \\ \vdots & \vdots & & \vdots \\ a_{n1} & a_{n2} & \cdots & a_{nn} \end{vmatrix}$$

的行与列一次对换，所得到的行列式

$$D^T=\begin{vmatrix} a_{11} & a_{21} & \cdots & a_{n1} \\ a_{12} & a_{22} & \cdots & a_{n2} \\ \vdots & \vdots & & \vdots \\ a_{1n} & a_{2n} & & a_{nn} \end{vmatrix}$$

称为 D 的转置行列式.

性质 1.2.1 行列式的两行对换，行列式的值反号，即

$$\begin{vmatrix} a_{11} & a_{12} & \cdots & a_{1n} \\ \vdots & \vdots & & \vdots \\ a_{i1} & a_{i2} & \cdots & a_{in} \\ \vdots & \vdots & & \vdots \\ a_{j1} & a_{j2} & \cdots & a_{jn} \\ \vdots & \vdots & & \vdots \\ a_{n1} & a_{n2} & \cdots & a_{nn} \end{vmatrix} = -\begin{vmatrix} a_{11} & a_{12} & \cdots & a_{1n} \\ \vdots & \vdots & & \vdots \\ a_{j1} & a_{j2} & \cdots & a_{jn} \\ \vdots & \vdots & & \vdots \\ a_{i1} & a_{i2} & \cdots & a_{in} \\ \vdots & \vdots & & \vdots \\ a_{n1} & a_{n2} & \cdots & a_{nn} \end{vmatrix}.$$

证明：左端 $=\sum(-1)^{\tau(j_1\cdots j_i\cdots j_k\cdots j_n)}a_{1j_1}\cdot\cdots\cdot a_{ij_i}\cdot\cdots\cdot a_{kj_k}\cdot\cdots\cdot a_{nj_n}$. 显然，上面展开式中的每一项 $a_{1j_1}\cdots a_{ij_i}\cdots a_{kj_k}\cdots a_{nj_n}$ 的绝对值也是右端行列式展开式中的一项的绝对值，因而左、右端行列式的展开式各项的绝对值相等. 我们只需证明对应的项在左、右端行列式中符号相反.

$a_{1j_1}\cdots a_{ij_i}\cdots a_{kj_k}\cdots a_{nj_n}$ 作为右端行列式中一项的绝对值，应注意到 a_{ij_i} 在右端行列式中是位于第 k 行第 j_i 列，a_{kj_k} 位于第 i 行第 j_k 列，所以这一项前面所带的符号是

$$(-1)^{\tau(1\cdots k\cdots i\cdots n)+\tau(j_1\cdots j_i\cdots j_k\cdots j_n)}=-(-1)^{\tau(j_1\cdots j_i\cdots j_k\cdots j_n)}.$$

这正说明对应的项在左、右端行列式中的符号相反.

性质 1.2.2 若行列式有两行(列)相同，则此行列式等于零.

证明：设这个行列式为 D，一方面，把其中相同的两行交换，所得到的新行列式等于 $-D$；另一方面，交换相同的两行，行列式并没改变，由此得 $D=-D$，故 $D=0$.

性质 1.2.3 行列式 D 中第 i 行元素都乘 k，其值等于 kD，即

$$\begin{vmatrix} a_{11} & a_{12} & \cdots & a_{1n} \\ \vdots & \vdots & & \vdots \\ ka_{i1} & ka_{i2} & \cdots & ka_{in} \\ \vdots & \vdots & & \vdots \\ a_{n1} & a_{n2} & \cdots & a_{nn} \end{vmatrix} = k\begin{vmatrix} a_{11} & a_{12} & \cdots & a_{1n} \\ \vdots & \vdots & & \vdots \\ a_{i1} & a_{i2} & \cdots & a_{in} \\ \vdots & \vdots & & \vdots \\ a_{n1} & a_{n2} & \cdots & a_{nn} \end{vmatrix}.$$

证明：左端 $=\sum(-1)^{\tau(j_1j_2\cdots j_n)}a_{1j_1}\cdot\cdots\cdot(ka_{ij_i})\cdot\cdots\cdot a_{nj_n}$

$=k\sum(-1)^{\tau(j_1j_2\cdot\cdots\cdot j_n)}a_{1j_1}\cdot\cdots\cdot a_{ij_i}\cdot\cdots\cdot a_{nj_n}=$ 右端.

推论 1.2.1 若行列式有两行(列)的对应元素成比例，则此行列式等于零.

推论 1.2.2 若行列式有一行(列)的元素全部为零，则此行列式等于零.

性质 1.2.4 行列式 D 中第 i 行每个元素都是两元素之和，则此行列式等于两个行列式之和，即

$$\begin{vmatrix} a_{11} & a_{12} & \cdots & a_{1n} \\ \vdots & \vdots & & \vdots \\ a_{i1}+b_{i1} & a_{i2}+b_{i2} & \cdots & a_{in}+b_{in} \\ \vdots & \vdots & & \vdots \\ a_{n1} & a_{n2} & \cdots & a_{nn} \end{vmatrix} = \begin{vmatrix} a_{11} & a_{12} & \cdots & a_{1n} \\ \vdots & \vdots & & \vdots \\ a_{i1} & a_{i2} & \cdots & a_{in} \\ \vdots & \vdots & & \vdots \\ a_{n1} & a_{n2} & \cdots & a_{nn} \end{vmatrix} + \begin{vmatrix} a_{11} & a_{12} & \cdots & a_{1n} \\ \vdots & \vdots & & \vdots \\ b_{i1} & b_{i2} & \cdots & b_{in} \\ \vdots & \vdots & & \vdots \\ a_{n1} & a_{n2} & \cdots & a_{nn} \end{vmatrix}.$$

证明： 左端 $= \sum (-1)^{\tau(j_1 j_2 \cdots j_n)} a_{1j_1} \cdot \cdots \cdot (a_{ij_i}+b_{ij_i}) \cdot \cdots \cdot a_{nj_n}$

$= \sum (-1)^{\tau(j_1 j_2 \cdots j_n)} a_{1j_1} \cdot \cdots \cdot a_{ij_i} \cdot \cdots \cdot a_{nj_n} + \sum (-1)^{\tau(j_1 j_2 \cdots j_n)} a_{1j_1} \cdot \cdots \cdot b_{ij_i} \cdot \cdots \cdot a_{nj_n}$

$=$ 右端.

性质 1.2.5 行列式中，把某行的各元素分别乘非零常数 k，再加到另一行的对应元素上，行列式的值不变，即

$$\begin{vmatrix} a_{11} & a_{12} & \cdots & a_{1n} \\ \vdots & \vdots & & \vdots \\ a_{i1} & a_{i2} & \cdots & a_{in} \\ \vdots & \vdots & & \vdots \\ a_{j1} & a_{j2} & \cdots & a_{jn} \\ \vdots & \vdots & & \vdots \\ a_{n1} & a_{n2} & \cdots & a_{nn} \end{vmatrix} = \begin{vmatrix} a_{11} & a_{12} & \cdots & a_{1n} \\ \vdots & \vdots & & \vdots \\ a_{i1} & a_{i2} & \cdots & a_{in} \\ \vdots & \vdots & & \vdots \\ ka_{i1}+a_{j1} & ka_{i2}+a_{j2} & \cdots & ka_{in}+a_{jn} \\ \vdots & \vdots & & \vdots \\ a_{n1} & a_{n2} & \cdots & a_{nn} \end{vmatrix}.$$

证明： 右端 $= \begin{vmatrix} a_{11} & a_{12} & \cdots & a_{1n} \\ \vdots & \vdots & & \vdots \\ a_{i1} & a_{i2} & \cdots & a_{in} \\ \vdots & \vdots & & \vdots \\ a_{j1} & a_{j2} & \cdots & a_{jn} \\ \vdots & \vdots & & \vdots \\ a_{n1} & a_{n2} & \cdots & a_{nn} \end{vmatrix} + \begin{vmatrix} a_{11} & a_{12} & \cdots & a_{1n} \\ \vdots & \vdots & & \vdots \\ a_{i1} & a_{i2} & \cdots & a_{in} \\ \vdots & \vdots & & \vdots \\ ka_{i1} & ka_{i2} & \cdots & ka_{in} \\ \vdots & \vdots & & \vdots \\ a_{n1} & a_{n2} & \cdots & a_{nn} \end{vmatrix} =$ 左端.

这里，第一步根据性质 1. 2. 4，第二步根据性质 1. 2. 2.

性质 1.2.6 行列式转置后其值保持不变，即 $D=D^T$.

证明： 将 D^T 记为

$$\begin{vmatrix} b_{11} & b_{21} & \cdots & b_{n1} \\ b_{12} & b_{22} & \cdots & b_{n2} \\ \vdots & \vdots & & \vdots \\ b_{1n} & b_{2n} & \cdots & b_{nn} \end{vmatrix},$$

于是有

$$b_{ij}=a_{ji}(i, j=1, 2, \cdots, n),$$

则由定义有

$$D^T=\sum(-1)^{\tau(j_1j_2\cdots j_n)}b_{1j_1}b_{2j_2}\cdot\cdots\cdot b_{nj_n}=\sum(-1)^{\tau(j_1j_2\cdots j_n)}a_{j_11}a_{j_22}\cdot\cdots\cdot a_{j_nn}=D.$$

初等变换

通过三类操作(统称初等变换)把行列式变换为三角行列式.

(1)消法变换：把一行(或一列)的倍向量加到另一行(或另一列).

(2)倍法变换：从一行(或一列)提取公因子(相当于在一行或一列乘非零数).

(3)对换：对换两行(或两列).

1.3 行列式的展开与计算

1.3.1 行列式按行(列)展开

很显然，低阶行列式与高阶行列式相比，前者的计算难度要低于后者. 为此，我们在对高阶行列式进行计算时，可以将其转化为低阶行列式. 为此，有必要引入余子式和代数余子式的概念.

定义 1.3.1 在 n 阶行列式 $D=|a_{ij}|$ 中，划去元素 a_{ij} 所在的第 i 行和第 j 列后，剩下的元素按原来的位置构成的 $(n-1)$ 阶行列式称为元素 a_{ij} 的余子式，记作 M_{ij}；称 $A_{ij}=(-1)^{i+j}M_{ij}$ 为元素 a_{ij} 的代数余子式.

定理 1.3.1 n 阶行列式 $D=|a_{ij}|$ 等于它的任意一行(列)的各元素与其对应的代数余子式乘积之和，即

$$D=a_{i1}A_{i1}+a_{i2}A_{i2}+\cdots+a_{in}A_{in}(i=1, 2, \cdots, n),$$

或 $$D=a_{1j}A_{1j}+a_{2j}A_{2j}+\cdots+a_{nj}A_{nj}(j=1, 2, \cdots, n). \tag{1-3-1}$$

定理 1.3.1 称为行列式的展开定理，(1 - 3 - 1)式称为行列式按第 i 行(或第 j 列)的展开公式.

推论 1.3.1 n 阶行列式 $D=|a_{ij}|$ 中某一行(列)的各元素与另一行(列)的对应元素的代数余子式乘积之和等于零.

综合上述定理及其推论可得

$$a_{i1}A_{j1}+a_{i2}A_{j2}+\cdots+a_{in}A_{jn}=\begin{cases}D, & i=j,\\ 0, & i\neq j;\end{cases}$$

$$a_{1i}A_{1j}+a_{2i}A_{2j}+\cdots+a_{ni}A_{nj}=\begin{cases}D, & i=j,\\ 0, & i\neq j.\end{cases}$$

例 1.3.1 计算下三角形行列式

$$D=\begin{vmatrix} a_{11} & 0 & \cdots & 0 \\ a_{21} & a_{22} & \cdots & 0 \\ \vdots & \vdots & & \vdots \\ a_{n1} & a_{n2} & \cdots & a_{nn} \end{vmatrix}.$$

解： 根据余子式即行列式展开的相关理论得

$$\begin{aligned} D_n &= \begin{vmatrix} a_{11} & 0 & \cdots & 0 \\ a_{21} & a_{22} & \cdots & 0 \\ \vdots & \vdots & & \vdots \\ a_{n1} & a_{n2} & \cdots & a_{nn} \end{vmatrix} \\ &= a_{11}A_{11}+0\times A_{12}+\cdots+0\times A_{1n} \\ &= a_{11}\times(-1)^{1+1}M_{11} \\ &= a_{11}\begin{vmatrix} a_{22} & 0 & \cdots & 0 \\ a_{32} & a_{33} & \cdots & 0 \\ \vdots & \vdots & & \vdots \\ a_{n2} & a_{n3} & \cdots & a_{nn} \end{vmatrix} \\ &= \cdots \\ &= a_{11}a_{22}\cdot\cdots\cdot a_{nn}. \end{aligned}$$

1.3.2 行列式的计算

关于行列式的计算，可根据其自身的特点选择不同的方法，下面介绍几种计算行列式的常用方法.

(1)利用行列式的定义计算法. 当行列式中非零元素较少时，可用行列式的定义计算.

(2)降阶法(行列式的展开定理). 当行列式中零元素较多时，可用行列式的展开定理计算.

(3)利用行列式的性质化为上(或下)三角形行列式计算法. 当行列式中各行(或列)元素之和相等时，把所有行(或列)加到第一行(或第一列)，提取公因子后再化简计算.

(4)递推公式法. 利用行列式的展开定理得到递推关系，进而求出所给行列式的值.

(5)数学归纳法.

例 1.3.2 计算行列式

$$\begin{vmatrix} -2 & 5 & -1 & 3 \\ 1 & -9 & 13 & 7 \\ 3 & -1 & 5 & -5 \\ 2 & 8 & -7 & -10 \end{vmatrix}.$$

解：用行列式性质将其化为三角形形式，最后求出其值.

第 1 步：互换 1，2 两行(注意行列式变号).

第 2 步：将第 1 行的 2 倍、−3 倍、−2 倍分别加到第 2，3，4 行上，使第 1 列除第 1 个元素外全是零.

第 3 步：对第 2，3 行重复以上做法，将行列式化成三角形行列式.

$$\begin{vmatrix} -2 & 5 & -1 & 3 \\ 1 & -9 & 13 & 7 \\ 3 & -1 & 5 & -5 \\ 2 & 8 & -7 & -10 \end{vmatrix} = -\begin{vmatrix} 1 & -9 & 13 & 7 \\ -2 & 5 & -1 & 3 \\ 3 & -1 & 5 & -5 \\ 2 & 8 & -7 & -10 \end{vmatrix}$$

$$= -\begin{vmatrix} 1 & -9 & 13 & 7 \\ 0 & -13 & 25 & 17 \\ 0 & 26 & -34 & -26 \\ 0 & 26 & -33 & -24 \end{vmatrix} = -\begin{vmatrix} 1 & -9 & 13 & 7 \\ 0 & -13 & 25 & 17 \\ 0 & 0 & 16 & 8 \\ 0 & 0 & 17 & 10 \end{vmatrix}$$

$$= -\begin{vmatrix} 1 & -9 & 13 & 7 \\ 0 & -13 & 25 & 17 \\ 0 & 0 & 16 & 8 \\ 0 & 0 & 0 & \frac{3}{2} \end{vmatrix} = -1\times(-13)\times16\times\frac{3}{2}=312.$$

例 1.3.3 计算行列式 $\begin{vmatrix} 6 & 10 & 3 & 4 \\ 7 & 18 & 5 & 2 \\ 5 & 8 & 2 & 1 \\ 3 & 0 & 2 & 4 \end{vmatrix}$.

解：对于该式，也可以先将其化为三角形行列式，然后再算出其值. 这里为了避免计算过程中出现过多的分数，可以先把行列式的第 3 行乘 −1 加到第 1 行上，这时行列式第 1 行第 1 列位置上出现 1，就能够减少计算中出现的分数，即

$$\begin{vmatrix} 6 & 10 & 3 & 4 \\ 7 & 18 & 5 & 2 \\ 5 & 8 & 2 & 1 \\ 3 & 0 & 2 & 4 \end{vmatrix} = \begin{vmatrix} 1 & 2 & 1 & 3 \\ 7 & 18 & 5 & 2 \\ 5 & 8 & 2 & 1 \\ 3 & 0 & 2 & 4 \end{vmatrix} = \begin{vmatrix} 1 & 2 & 1 & 3 \\ 0 & 4 & -2 & -19 \\ 0 & -2 & -3 & -14 \\ 0 & -6 & -1 & -5 \end{vmatrix}$$

$$= \begin{vmatrix} 1 & 2 & 1 & 3 \\ 0 & 2 & 3 & 14 \\ 0 & 4 & -2 & -19 \\ 0 & -6 & -1 & -5 \end{vmatrix} = \begin{vmatrix} 1 & 2 & 1 & 3 \\ 0 & 2 & 3 & 14 \\ 0 & 0 & -8 & -47 \\ 0 & 0 & 8 & 37 \end{vmatrix}$$

$$=\begin{vmatrix}1&2&1&3\\0&2&3&14\\0&0&-8&-47\\0&0&0&-10\end{vmatrix}=1\times2\times(-8)\times(-10)=160.$$

例 1.3.4 计算 n 阶行列式

$$\begin{vmatrix}a&1&1&\cdots&1&1\\1&a&1&\cdots&1&1\\\vdots&\vdots&\vdots&&\vdots&\vdots\\1&1&1&\cdots&a&1\\1&1&1&\cdots&1&a\end{vmatrix}.$$

解：该行列式的每一行都有一个元素 a，其余 $(n-1)$ 个元素都是 1，因而每行元素的和都是 $(n-1)+a$，这样就可以把第 2 列、第 3 列……第 n 列都加到第 1 列中，行列式的值不变，然后提出第 1 列的公因子 $(n-1)+a$，即

$$\begin{vmatrix}a&1&1&\cdots&1&1\\1&a&1&\cdots&1&1\\\vdots&\vdots&\vdots&&\vdots&\vdots\\1&1&1&\cdots&a&1\\1&1&1&\cdots&1&a\end{vmatrix}=\begin{vmatrix}(n-1)+a&1&1&\cdots&1&1\\(n-1)+a&a&1&\cdots&1&1\\\vdots&\vdots&\vdots&&\vdots&\vdots\\(n-1)+a&1&1&\cdots&a&1\\(n-1)+a&1&1&\cdots&1&a\end{vmatrix}$$

$$=(n-1+a)\begin{vmatrix}1&1&1&\cdots&1&1\\1&a&1&\cdots&1&1\\\vdots&\vdots&\vdots&&\vdots&\vdots\\1&1&1&\cdots&a&1\\1&1&1&\cdots&1&a\end{vmatrix}$$

$$=(n-1+a)\begin{vmatrix}1&1&1&\cdots&1&1\\0&a-1&0&\cdots&0&0\\\vdots&\vdots&\vdots&&\vdots&\vdots\\0&0&0&\cdots&a-1&0\\0&0&0&\cdots&0&a-1\end{vmatrix}$$

$$=(n-1+a)(a-1)^{n-1}.$$

上面的第三个等号后面的行列式是把第二个等号后面的行列式第 1 行的 -1 倍分别加到第 2 行至第 n 行上得到的，结果化为一个三角形行列式，然后再计算出其值.

例 1.3.5 n 阶行列式

$$D=\begin{vmatrix}0&a_{12}&a_{13}&\cdots&a_{1n}\\-a_{12}&0&a_{23}&\cdots&a_{2n}\\-a_{13}&-a_{23}&0&\cdots&a_{3n}\\\vdots&\vdots&\vdots&&\vdots\\-a_{1n}&-a_{2n}&-a_{3n}&\cdots&0\end{vmatrix}$$

称为反对称行列式(D 中元素满足：$a_{ij}=-a_{ji}$)，求证：n 为奇数时，$D=0$，即奇数阶反对称行列式必定为零.

证明： 将 D 的每一行提出公因子-1，有

$$D=(-1)^n\begin{vmatrix} 0 & -a_{12} & -a_{13} & \cdots & -a_{1n} \\ a_{12} & 0 & -a_{23} & \cdots & -a_{2n} \\ a_{13} & a_{23} & 0 & \cdots & -a_{3n} \\ \vdots & \vdots & \vdots & & \vdots \\ a_{1n} & a_{2n} & a_{3n} & \cdots & 0 \end{vmatrix}=(-1)^n D^T,$$

又因为 $D=D^T$ 且 n 为奇数，所以

$$D=(-1)^n D=-D,$$

因此，$D=0$.

上面是几种常用的计算行列式的方法，在实际计算过程中不能限于这种固定的步骤，可以根据不同的情况灵活运用行列式的性质较快地计算出行列式的值. 其基本原理是尽可能多地使行列式的元素变为零.

例 1.3.6 计算 n 阶 Vander Monde(范德蒙)行列式

$$V_n=\begin{vmatrix} 1 & x_1 & x_1^2 & \cdots & x_1^{n-2} & x_1^{n-1} \\ 1 & x_2 & x_2^2 & \cdots & x_2^{n-2} & x_2^{n-1} \\ \vdots & \vdots & \vdots & & \vdots & \vdots \\ 1 & x_{n-1} & x_{n-1}^2 & \cdots & x_{n-1}^{n-2} & x_{n-1}^{n-1} \\ 1 & x_n & x_n^2 & \cdots & x_n^{n-2} & x_n^{n-1} \end{vmatrix}.$$

解： 将第$(n-1)$列乘$-x_n$后加到第n 列上，再将第$(n-2)$列乘$-x_n$加到第$(n-1)$列上. 依次下去，直至将第一列乘$-x_n$ 加到第二列上为止. 每次这样变形后行列式的值不改变，此时

$$V_n=\begin{vmatrix} 1 & x_1-x_n & x_1^2-x_1x_n & \cdots & x_1^{n-2}-x_1^{n-3}x_n & x_1^{n-1}-x_1^{n-2}x_n \\ 1 & x_2-x_n & x_2^2-x_2x_n & \cdots & x_2^{n-2}-x_2^{n-3}x_n & x_2^{n-1}-x_2^{n-2}x_n \\ \vdots & \vdots & \vdots & & \vdots & \vdots \\ 1 & x_{n-1}-x_n & x_{n-1}^2-x_{n-1}x_n & \cdots & x_{n-1}^{n-2}-x_{n-1}^{n-3}x_n & x_{n-1}^{n-1}-x_{n-1}^{n-2}x_n \\ 1 & 0 & 0 & \cdots & 0 & 0 \end{vmatrix}$$

$$=(-1)^{n+1}\begin{vmatrix} x_1-x_n & x_1(x_1-x_n) & \cdots & x_1^{n-3}(x_1-x_n) & x_1^{n-2}(x_1-x_n) \\ x_2-x_n & x_2(x_2-x_n) & \cdots & x_2^{n-3}(x_2-x_n) & x_2^{n-2}(x_2-x_n) \\ \vdots & \vdots & & \vdots & \vdots \\ x_{n-1}-x_n & x_{n-1}(x_{n-1}-x_n) & \cdots & x_{n-1}^{n-3}(x_{n-1}-x_n) & x_{n-1}^{n-2}(x_{n-1}-x_n) \end{vmatrix}.$$

将式中各行公因子提出后得到的$(n-1)$阶行列式恰好是一个关于 x_1，x_2，…，x_{n-1}的$(n-1)$阶 Vander Monde 行列式，记为V_{n-1}，于是

$$V_n=(-1)^{n+1}(x_1-x_n)(x_2-x_n)\cdot\cdots\cdot(x_{n-1}-x_n)\cdot\begin{vmatrix}1 & x_1 & x_1^2 & \cdots & x_1^{n-2}\\1 & x_2 & x_2^2 & \cdots & x_2^{n-2}\\\vdots & \vdots & \vdots & & \vdots\\1 & x_{n-1} & x_{n-1}^2 & \cdots & x_{n-1}^{n-2}\end{vmatrix}$$

$$=(x_n-x_1)(x_n-x_2)\cdot\cdots\cdot(x_n-x_{n-1})V_{n-1},$$

这样就可以得到递推公式

$$V_n=(x_n-x_1)(x_n-x_2)\cdot\cdots\cdot(x_n-x_{n-1})V_{n-1}.$$

于是

$$V_n=\prod_{1\leqslant j<i\leqslant n}(x_i-x_j).$$

这里的 Π 表示连乘积，i 和 j 在保持 $j<i$ 的条件下遍历 1 到 n.

例 1.3.7 计算下列 n 阶行列式

$$D=\begin{vmatrix}x & a & a & \cdots & a\\a & x & a & \cdots & a\\a & a & x & \cdots & a\\\vdots & \vdots & \vdots & & \vdots\\a & a & a & \cdots & x\end{vmatrix}.$$

解：将第二行、第三行直至第 n 行都加到第一行上，D 的值保持不变，即

$$D=\begin{vmatrix}x+(n-1)a & x+(n-1)a & x+(n-1)a & \cdots & x+(n-1)a\\a & x & a & \cdots & a\\a & a & x & \cdots & a\\\vdots & \vdots & \vdots & & \vdots\\a & a & a & \cdots & x\end{vmatrix}$$

$$=[x+(n-1)a]\begin{vmatrix}1 & 1 & 1 & \cdots & 1\\a & x & a & \cdots & a\\a & a & x & \cdots & a\\\vdots & \vdots & \vdots & & \vdots\\a & a & a & \cdots & x\end{vmatrix},$$

再将第一行乘$-a$ 分别加到第二行、第三行，直至第 n 行上，得到

$$D=[x+(n-1)a]\begin{vmatrix}1 & 1 & 1 & \cdots & 1\\0 & x-a & 0 & \cdots & 0\\0 & 0 & x-a & \cdots & 0\\\vdots & \vdots & \vdots & & \vdots\\0 & 0 & 0 & \cdots & x-a\end{vmatrix}=[x+(n-1)a](x-a)^{n-1}.$$

行列式的计算方法很多，但具体到一个题用什么方法去求解往往不是一件容易的事，有时要综合运用各种方法才能得到答案．我们需要掌握行列式的特征，根据特征去寻找合适的方法．

1.4 行列式的应用

行列式作为高等代数中的一个重要内容，不仅可以用来求方程组的解，判别矩阵的可逆性，还可以用来进行因式分解、证明等式及不等式以及求通过定点的曲线方程与曲面方程等．

1.4.1 求通过定点的曲线方程与曲面方程

我们知道，n 元齐次线性方程组有非零解的充要条件是该线性方程组系数行列式等于零．我们可以根据这个结论，利用行列式来求通过定点的曲线方程与曲面方程．

例 1.4.1 若直线 l 过平面上两个不同的已知点 $A(x_1, y_1)$ 和 $B(x_2, y_2)$，求直线 l 的方程．

解： 设直线 l 的方程为 $ax+by+c=0$，a，b，c 不全为 0．由于点 $A(x_1, y_1)$，$B(x_2, y_2)$在直线 l 上，于是有

$$\begin{cases} ax+by+c=0, \\ ax_1+by_1+c=0, \\ ax_2+by_2+c=0. \end{cases}$$

显然该齐次线性方程组有非零解，所以其系数行列式等于 0，即

$$\begin{vmatrix} x & y & 1 \\ x_1 & y_1 & 1 \\ x_2 & y_2 & 1 \end{vmatrix}=0.$$

则直线 l 的方程为 $\begin{vmatrix} x & y & 1 \\ x_1 & y_1 & 1 \\ x_2 & y_2 & 1 \end{vmatrix}=0$，把行列式展开并令其等于 0 即可．

同理，若空间上有三个不同的已知点 $A(x_1, y_1, z_1)$，$B(x_2, y_2, z_2)$，$C(x_3, y_3, z_3)$，则过 A，B，C 的平面 S 的方程为 $\begin{vmatrix} x & y & z & 1 \\ x_1 & y_1 & z_1 & 1 \\ x_2 & y_2 & z_2 & 1 \\ x_3 & y_3 & z_3 & 1 \end{vmatrix}=0$.

若圆 O 过 $A(x_1, y_1)$，$B(x_2, y_2)$，$C(x_3, y_3)$三点，则圆 O 的方程为

$$\begin{vmatrix} x^2+y^2 & x & y & 1 \\ x_1^2+y_1^2 & x_1 & y_1 & 1 \\ x_2^2+y_2^2 & x_2 & y_2 & 1 \\ x_3^2+y_3^2 & x_3 & y_3 & 1 \end{vmatrix}=0.$$

1.4.2 用行列式分解因式

利用行列式分解因式的关键，是把所给的多项式写成行列式的形式，并注意行列式的排列规则. 下面列举几个例子来说明.

例 1.4.2 分解因式：$(cd-ab)^2-4bc(a-c)(b-d)$.

解：原式$=\begin{vmatrix} cd-ab & 2(ab-bc) \\ 2(bc-cd) & cd-ab \end{vmatrix}$

$$=\begin{vmatrix} cd-ab & ab+cd-2bc \\ 2(bc-cd) & -(ab+cd-2bc) \end{vmatrix}$$

$$=(ab+cd-2bc)\begin{vmatrix} cd-ab & 1 \\ 2(bc-cd) & -1 \end{vmatrix}$$

$$=(ab+cd-2bc)^2.$$

例 1.4.3 分解因式：$ab^2c^3+bc^2a^3+ca^2b^3-cb^2a^3-ba^2c^3-ac^2b^3$.

解：原式$=abc[(bc^2-b^2c)+(a^2c-ac^2)+(ab^2-a^2b)]$

$$=abc[bc(c-b)+ac(a-c)+ab(b-a)]$$

$$=abc\left[bc\begin{vmatrix} c & 1 \\ b & 1 \end{vmatrix}+ac\begin{vmatrix} a & 1 \\ c & 1 \end{vmatrix}-ab\begin{vmatrix} a & 1 \\ b & 1 \end{vmatrix}\right]$$

$$=abc\begin{vmatrix} bc & a & 1 \\ ab & c & 1 \\ ac & b & 1 \end{vmatrix}=abc\begin{vmatrix} bc & a & 1 \\ ab-bc & c-a & 0 \\ ac-bc & b-a & 0 \end{vmatrix}$$

$$=abc[(ab-bc)(b-a)-(ac-bc)(c-a)]$$

$$=abc[b(a-c)(b-a)-c(a-b)(c-a)]$$

$$=abc(a-b)(c-a)(b-c).$$

1.4.3 证明等式和不等式

例 1.4.4 已知 $ax+by=1$，$bx+cy=1$，$cx+ay=1$，求证：$ab+bc+ca=a^2+b^2+c^2$.

证明：令 $D=ab+bc+ca-(a^2+b^2+c^2)$，则

$$D=\begin{vmatrix} a & b & -1 \\ c & a & -1 \\ b & c & -1 \end{vmatrix}\xlongequal[c_3+c_1x+c_2y]{}\begin{vmatrix} a & b & ax+by-1 \\ c & a & cx+ay-1 \\ b & c & bx+cy-1 \end{vmatrix}=\begin{vmatrix} a & b & 0 \\ c & a & 0 \\ b & c & 0 \end{vmatrix}=0.$$

于是

$$ab+bc+ca=a^2+b^2+c^2.$$

例 1.4.5 已知 $a\geqslant b\geqslant c\geqslant 0$，求证：$b^3a+c^3b+a^3c\leqslant a^3b+b^3c+c^3a$.

证明：令 $D=a^3b+b^3c+c^3a-(b^3a+c^3b+a^3c)$，则

$$D=\begin{vmatrix} ab & bc & ca \\ c^2 & a^2 & b^2 \\ 1 & 1 & 1 \end{vmatrix} \xlongequal[c_3-c_1]{c_2-c_1} \begin{vmatrix} ab & bc-ab & ca-ab \\ c^2 & a^2-c^2 & b^2-c^2 \\ 1 & 0 & 0 \end{vmatrix} = \begin{vmatrix} bc-ab & ca-ab \\ a^2-c^2 & b^2-c^2 \end{vmatrix}$$

$$=b(c-a)(b+c)(b-c)-a(c-b)(a+c)(a-c)$$

$$=(b-c)(a-c)(a+b+c)(a-b).$$

而 $a\geqslant b\geqslant c\geqslant 0$，则 $D\geqslant 0$，于是

$$b^3a+c^3b+a^3c\leqslant a^3b+b^3c+c^3a.$$

1.4.4 求解联合收入问题

例 1.4.6 已知三家公司 X，Y，Z 具有图 1-4-1 所示的股份关系，即 X 公司掌握 Z 公司 50%的股份，Z 公司掌握 X 公司 30%的股份，而 X 公司 70%的股份不受另两家公司控制等.

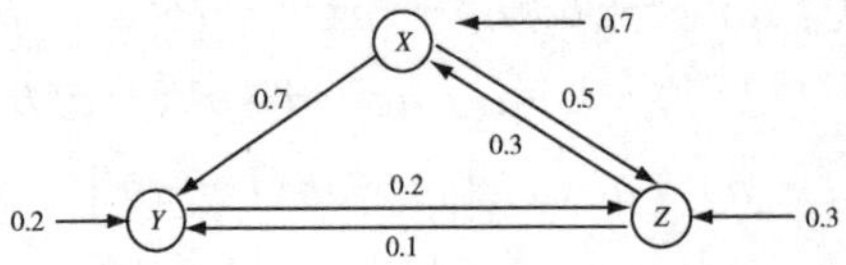

图 1-4-1

现设 X，Y 和 Z 公司各自的营业净收入分别是 12 万元、10 万元、8 万元，每家公司的联合收入是其净收入加上在其他公司的股份按百分比的提成收入. 试确定各公司的联合收入及实际收入.

解：依照图 1-4-1 所示各个公司的股份比可知，若设 X，Y，Z 三公司的联合收入分别为 x 元，y 元，z 元，则其实际收入分别为 $0.7x$ 元，$0.2y$ 元，$0.3z$ 元. 故而现在应先求出各个公司的联合收入.

因为联合收入由两部分组成，即营业净收入和从其他公司的提成收入，故对每个公司可列出一个方程，对 X 公司为

$$x=120000+0.7y+0.5z,$$

对 Y 公司为

$$y=100000+0.2z,$$

对 Z 公司为

$$z=80000+0.3x+0.1y,$$

故

$$\begin{cases}x-0.7y-0.5z=120000,\\y-0.2z=100000,\\-0.3x-0.1y+z=80000,\end{cases}$$

因为系数行列式

$$|\boldsymbol{A}|=\begin{vmatrix}1&-0.7&-0.5\\0&1&-0.2\\-0.3&-0.1&1\end{vmatrix}=0.788\neq0,$$

所以方程有唯一解. 又由于

$$|\boldsymbol{A}_1|=\begin{vmatrix}120000&-0.7&-0.5\\100000&1&-0.2\\80000&-0.1&1\end{vmatrix}=243800,$$

$$|\boldsymbol{A}_2|=\begin{vmatrix}1&120000&-0.5\\0&100000&-0.2\\-0.3&80000&1\end{vmatrix}=108200,$$

$$|\boldsymbol{A}_3|=\begin{vmatrix}1&-0.7&120000\\0&1&100000\\-0.3&-0.1&80000\end{vmatrix}=147000,$$

所以

$$\begin{cases}x=\dfrac{|\boldsymbol{A}_1|}{|\boldsymbol{A}|}\approx309390.86,\\[2mm]y=\dfrac{|\boldsymbol{A}_2|}{|\boldsymbol{A}|}\approx137309.64,\\[2mm]z=\dfrac{|\boldsymbol{A}_3|}{|\boldsymbol{A}|}\approx186548.22.\end{cases}$$

于是，X 公司的联合收入约为 309390.86 元，实际收入为 $0.7\times309390.86\approx216573.60$(元)；Y 公司的联合收入约为 137309.64 元，实际收入为 $0.2\times137309.64\approx27461.93$(元)；Z 公司的联合收入约为 186548.22 元，实际收入为 $0.3\times186548.22\approx55964.47$(元).

1.4.5 平行四边形的面积

设有二阶行列式

$$D=\begin{vmatrix}a&b\\c&d\end{vmatrix},$$

令向量组

$$\boldsymbol{\alpha}=\begin{pmatrix}a\\c\end{pmatrix},\ \boldsymbol{\beta}=\begin{pmatrix}b\\d\end{pmatrix},$$

$\boldsymbol{\alpha}$，$\boldsymbol{\beta}$ 称为二阶行列式 D 的列向量组，如图 1-4-2 所示，向量 $\boldsymbol{\alpha}$，$\boldsymbol{\beta}$ 确定一个平行四边形. 关于二阶行列式与其列向量组有以下定理：

二阶行列式 D 的列向量组所确定的平行四边形的面积等于 $|D|$.

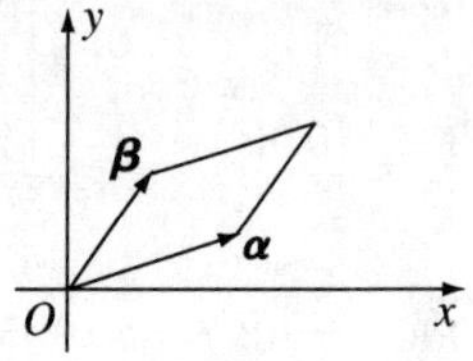

图 1-4-2

例 1.4.7 计算由点(−2，−2)，(4，−1)，(6，4)和(0，3)确定的平行四边形的面积，见图 1−4−3(a).

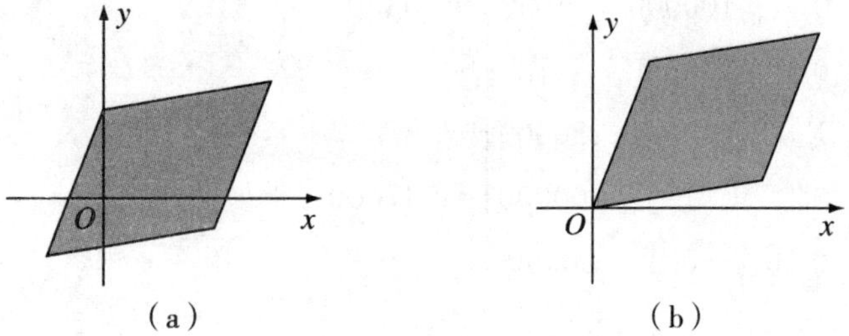

图 1-4-3

解： 先将此平行四边形平移到使原点作为一顶点的情形. 如图(b)，新的平行四边形面积与原平行四边形面积相同，其顶点为(0，0)，(6，1)，(8，6)和(2，5)，构造行列式

$$D=\begin{vmatrix}2 & 6\\5 & 1\end{vmatrix}=-28,$$

则所求平行四边形的面积为 28.

第2章 矩 阵

矩阵是线性代数中的主要内容，它既是研究线性方程组、线性变换、二次型等代数问题的重要工具，也是多元函数微分学、微分方程、解析几何等数学其他分支中的重要工具. 很多实际问题都可以用矩阵概念来描述，并且用相关的矩阵理论与方法去解决.

2.1 矩阵概念

数域 F 上 $m\times n$ 个数 a_{ij} $(i=1, 2, \cdots, m; j=1, 2, \cdots, n)$ 排成的 m 行 n 列数表

$$\begin{pmatrix} a_{11} & a_{12} & \cdots & a_{1n} \\ a_{21} & a_{22} & \cdots & a_{2n} \\ \vdots & \vdots & & \vdots \\ a_{m1} & a_{m2} & \cdots & a_{mn} \end{pmatrix} \tag{2-1-1}$$

称为一个 m 行 n 列矩阵，或称为 $m\times n$ 阶矩阵，简记为 $(a_{ij})_{m\times n}$ 或 (a_{ij}). 其中，a_{ij} $(i=1, 2, \cdots, m; j=1, 2, \cdots, n)$ 称为这个矩阵中第 i 行、第 j 列的元素. 当 F 是实数域时，称为实矩阵；当 F 是复数域时，称为复矩阵.

矩阵通常用大写黑体英文字母 $\boldsymbol{A}$，$\boldsymbol{B}$，$\boldsymbol{C}$ 表示. 例如，矩阵(2-1-1)用 $\boldsymbol{A}$ 来表示，可记为

$$\boldsymbol{A}=\boldsymbol{A}_{m\times n}=(a_{ij})_{m\times n}=(a_{ij}).$$

下面介绍几类特殊矩阵.

(1)零矩阵：若一个矩阵的所有元素都为零，即

$$\begin{pmatrix} 0 & 0 & \cdots & 0 \\ 0 & 0 & \cdots & 0 \\ \vdots & \vdots & & \vdots \\ 0 & 0 & \cdots & 0 \end{pmatrix}$$

称为零矩阵. 在不发生混淆的情况下，仍用 $\boldsymbol{O}$ 表示. 如果要表示其行数与列数，则记为 $\boldsymbol{O}_{m\times n}$. 注意，不同型的两个零矩阵是不相等的.

(2)单位矩阵：主对角元素都是 1 的对角阵，即 n 阶方阵

$$\begin{pmatrix} 1 & 0 & \cdots & 0 \\ 0 & 1 & \cdots & 0 \\ \vdots & \vdots & & \vdots \\ 0 & 0 & \cdots & 1 \end{pmatrix}$$

称为单位矩阵，记作 $\boldsymbol{E}$. 若要表明阶数 n，可记为 $\boldsymbol{E}_n$. 注意，不同型的两个单位矩阵是不相等的.

行数和列数都等于 n 的矩阵称为 n 阶矩阵或 n 阶方阵.

(3)对角矩阵：除了主对角线上的元素以外，其他元素全为零的方阵

$$\begin{pmatrix} a_1 & 0 & \cdots & 0 \\ 0 & a_2 & \cdots & 0 \\ \vdots & \vdots & & \vdots \\ 0 & 0 & \cdots & a_n \end{pmatrix}$$

称为对角矩阵，简称对角阵.

(4)上(下)三角矩阵：在 n 阶方阵 $(a_{ij})_n$ 中，如果主对角线下方的元素全为零，即当 $i>j$ 时，$a_{ij}=0(i, j=1, 2, \cdots, n)$，称为上三角矩阵；如果主对角线上方的元素全为零，即当 $i<j$ 时，$a_{ij}=0(i, j=1, 2, \cdots, n)$，称为下三角矩阵.

例如，

$$\begin{pmatrix} a_{11} & a_{12} & \cdots & a_{1n} \\ 0 & a_{22} & \cdots & a_{2n} \\ \vdots & \vdots & & \vdots \\ 0 & 0 & \cdots & a_{nn} \end{pmatrix}, \begin{pmatrix} a_{11} & 0 & \cdots & 0 \\ a_{21} & a_{22} & \cdots & 0 \\ \vdots & \vdots & & \vdots \\ a_{n1} & a_{n2} & \cdots & a_{nn} \end{pmatrix}$$

分别为上三角矩阵与下三角矩阵.

(5)矩阵的转置：矩阵 $\boldsymbol{A}=(a_{ij})_{m\times n}$，将 $\boldsymbol{A}$ 的行与列的元素位置交换，称为矩阵 $\boldsymbol{A}$ 的转置，记为 $\boldsymbol{A}^T=(a_{ji})_{n\times m}$.

(6)对称矩阵与反对称矩阵：在方阵 $(a_{ij})_{m\times n}$ 中，若 $a_{ij}=a_{ji}(i, j=1, 2, \cdots, n)$(相对于对角线，其对称位置的两元素相等)，则称其为对称矩阵；若 $a_{ij}=-a_{ji}(i, j=1, 2, \cdots, n)$(相对于对角线，其对称位置的两元素互为相反数，其对角线上的元素为 0)，则称其为反对称矩阵. 例如，

$$\begin{pmatrix} 1 & -1 & 0 \\ -1 & 2 & 2 \\ 0 & 2 & 3 \end{pmatrix}, \begin{pmatrix} 0 & 1 & -2 \\ -1 & 0 & 3 \\ 2 & -3 & 0 \end{pmatrix}$$

分别称为对称矩阵和反对称矩阵.

(7)正交矩阵：设 $\boldsymbol{A}$ 为方阵，如果有 $\boldsymbol{A}^T\boldsymbol{A}=\boldsymbol{A}\boldsymbol{A}^T=\boldsymbol{E}$，则称 $\boldsymbol{A}$ 为正交矩阵.

(8)可交换矩阵：$\boldsymbol{A}$，$\boldsymbol{B}$ 是同阶方阵，若 $\boldsymbol{AB}=\boldsymbol{BA}$，则称 $\boldsymbol{A}$，$\boldsymbol{B}$ 为可交换矩阵.

2.2 矩阵运算

矩阵的运算是矩阵理论的基础，本节将介绍矩阵的运算及其满足的运算规律.

2.2.1 矩阵的加法

定义 2.2.1 对任意正整数 m，n，任意数域 F，$F^{m\times n}$ 中任意两个矩阵 $\boldsymbol{A}=(a_{ij})_{m\times n}$ 和 $\boldsymbol{B}=(b_{ij})_{m\times n}$ 可以相加，得到的和 $\boldsymbol{A}+\boldsymbol{B}$ 是 $m\times n$ 矩阵，它的第$(i,\ j)$元等于 $\boldsymbol{A}$，$\boldsymbol{B}$ 的第$(i,\ j)$元之和 $a_{ij}+b_{ij}$. 也就是说：

$$(a_{ij})_{m\times n}+(b_{ij})_{m\times n}=(a_{ij}+b_{ij})_{m\times n}.$$

显然，只有同型的两个矩阵才能相加，且可视为其对应的行(或列)相加.

由于矩阵的加法本质上是对应元素的加法，也就是数域 F 中的数的加法，所以容易验证矩阵的加法具有以下性质：

(1)交换律：$\boldsymbol{A}+\boldsymbol{B}=\boldsymbol{B}+\boldsymbol{A}$；

(2)结合律：$(\boldsymbol{A}+\boldsymbol{B})+\boldsymbol{C}=\boldsymbol{A}+(\boldsymbol{B}+\boldsymbol{C})$；

(3)$\boldsymbol{A}+\boldsymbol{O}=\boldsymbol{O}+\boldsymbol{A}=\boldsymbol{A}$；

(4)对每个 $\boldsymbol{A}=(a_{ij})_{m\times n}\in F^{m\times n}$，取 $-\boldsymbol{A}=(-a_{ij})_{m\times n}\in F^{m\times n}$，则

$$\boldsymbol{A}+(-\boldsymbol{A})=(-\boldsymbol{A})+\boldsymbol{A}=\boldsymbol{O}.$$

由加法可以定义减法：对 $F^{m\times n}$ 中任意两个矩阵 $\boldsymbol{A}$，$\boldsymbol{B}$，存在 $F^{m\times n}$ 中唯一的矩阵 $\boldsymbol{X}$ 满足条件 $\boldsymbol{X}+\boldsymbol{B}=\boldsymbol{A}$，这个唯一的 $\boldsymbol{X}$ 记作 $\boldsymbol{A}-\boldsymbol{B}$. 则有

$$\boldsymbol{A}-\boldsymbol{B}=\boldsymbol{A}+(-\boldsymbol{B}),$$

$$(a_{ij})_{m\times n}-(b_{ij})_{m\times n}=(a_{ij}-b_{ij})_{m\times n}.$$

2.2.2 矩阵的数量乘法

定义 2.2.2 对任意正整数 m，n，任意数域 F，$F^{m\times n}$ 中任意矩阵 $\boldsymbol{A}=(a_{ij})_{m\times n}$ 和 F 中任意一个数 λ 相乘得到一个 $m\times n$ 矩阵 $\lambda\boldsymbol{A}$，它的第$(i,\ j)$元等于 λa_{ij}. 也就是说：

$$\lambda\boldsymbol{A}=\lambda\ (a_{ij})_{m\times n}=(\lambda a_{ij})_{m\times n}=\begin{pmatrix}\lambda a_{11} & \lambda a_{12} & \cdots & \lambda a_{1n}\\ \lambda a_{21} & \lambda a_{22} & \cdots & \lambda a_{2n}\\ \vdots & \vdots & & \vdots\\ \lambda a_{m1} & \lambda a_{m2} & \cdots & \lambda a_{mn}\end{pmatrix}.$$

矩阵与数的乘法具有如下性质：

(1)(对数的加法的分配律) $(\lambda+\mu)\boldsymbol{A}=\lambda\boldsymbol{A}+\mu\boldsymbol{A}$；

(2)(对矩阵加法的分配律) $\lambda(\boldsymbol{A}+\boldsymbol{B})=\lambda\boldsymbol{A}+\lambda\boldsymbol{B}$；

(3)$1\cdot\boldsymbol{A}=\boldsymbol{A}$，$\forall\boldsymbol{A}\in F^{m\times n}$；

(4)$\lambda(\mu)\boldsymbol{A}=(\lambda\mu)\boldsymbol{A}$.

其中，λ，μ 为常数.

2.2.3 矩阵的乘法

设有两个线性运算，即由变量 x_1，x_2，x_3 到变量 y_1，y_2 的一个线性运算，

以及由变量 t_1，t_2 到变量 x_1，x_2，x_3 的一个线性运算，分别为

$$\begin{cases} y_1=a_{11}x_1+a_{12}x_2+a_{13}x_3, \\ y_2=a_{21}x_1+a_{22}x_2+a_{23}x_3; \end{cases}$$

$$\begin{cases} x_1=b_{11}t_1+b_{12}t_2, \\ x_2=b_{21}t_1+b_{22}t_2, \\ x_3=b_{31}t_1+b_{32}t_2. \end{cases}$$

由这两组式子可得变量 t_1，t_2 到 y_1，y_2 的一个线性运算，即

$$\begin{cases} y_1=(a_{11}b_{11}+a_{12}b_{21}+a_{13}b_{31})t_1+(a_{11}b_{12}+a_{12}b_{22}+a_{13}b_{32})t_2, \\ y_2=(a_{21}b_{11}+a_{22}b_{21}+a_{23}b_{31})t_1+(a_{21}b_{12}+a_{22}b_{22}+a_{23}b_{32})t_2, \end{cases} \tag{2-2-1}$$

式(2-2-1)叫作线性运算式的乘积. 以上过程即为

$$\begin{pmatrix} a_{11} & a_{12} & a_{13} \\ a_{21} & a_{22} & a_{23} \end{pmatrix}\begin{pmatrix} b_{11} & b_{12} \\ b_{21} & b_{22} \\ b_{31} & b_{32} \end{pmatrix}=\begin{pmatrix} a_{11}b_{11}+a_{12}b_{21}+a_{13}b_{31} & a_{11}b_{12}+a_{12}b_{22}+a_{13}b_{32} \\ a_{21}b_{11}+a_{22}b_{21}+a_{23}b_{31} & a_{21}b_{12}+a_{22}b_{22}+a_{23}b_{32} \end{pmatrix}.$$

定义 2.2.3 设矩阵 $\boldsymbol{A}=(a_{ij})_{m\times s}$，$\boldsymbol{B}=(b_{ij})_{s\times n}$. 令 $\boldsymbol{C}=(c_{ij})_{m\times n}$，其中 c_{ij} 是 $\boldsymbol{A}$ 第 i 行与 $\boldsymbol{B}$ 第 j 列对应元素乘积之和，即

$$c_{ij}=a_{i1}b_{1j}+a_{i2}b_{2j}+\cdots+a_{is}b_{sj}=\sum_{k=1}^{s}a_{ik}b_{kj},\ i=1,\ 2,\ \cdots,\ m;\ j=1,\ 2,\ \cdots,\ n.$$

则称矩阵 $\boldsymbol{C}$ 为矩阵 $\boldsymbol{A}$ 与 $\boldsymbol{B}$ 的乘积，记作 $\boldsymbol{C}=\boldsymbol{AB}$.

关于矩阵乘法产生的背景，有多种版本，这些都是实际问题的需要使然，之所以这样规定乘法，其中的一个原因跟深入研究线性方程组的理论有关. 对于一元一次方程

$$ax=b, \tag{2-2-2}$$

一般把 a，x 和 b 看成一些数. 事实上，也可以把它们看成 1×1 矩阵. 当初，有学者想推广方程(2-2-2)，以便能够用一个矩阵方程 $\boldsymbol{AX}=\boldsymbol{\beta}$ 去表示一个线性方程组.

首先，考虑 n 元一次方程式

$$a_1x_1+a_2x_2+\cdots+a_nx_n=b, \tag{2-2-3}$$

如果令

$$\boldsymbol{A}=(a_1,\ a_2,\ \cdots,\ a_n),\ \boldsymbol{X}=(x_1,\ x_2,\ \cdots,\ x_n)^T,$$

并且把乘积 $\boldsymbol{AX}$ 定义为

$$\boldsymbol{AX}=(a_1,\ a_2,\ \cdots,\ a_n)\begin{pmatrix} x_1 \\ x_2 \\ \vdots \\ x_n \end{pmatrix}=a_1x_1+a_2x_2+\cdots+a_nx_n,$$

则方程(2-2-3)可以写成 $\boldsymbol{AX}=b$. 如果 $\boldsymbol{A}$ 是实行矩阵，$\boldsymbol{X}$ 是实列矩阵，则

乘积 $\boldsymbol{AX}$ 相当于两个向量的内积.

其次，考虑 $m\times n$ 线性方程组

$$\begin{cases} a_{11}x_1+a_{12}x_2+\cdots+a_{1n}x_n=b_1, \\ a_{21}x_1+a_{22}x_2+\cdots+a_{2n}x_n=b_2, \\ \qquad\cdots, \\ a_{m1}x_1+a_{m2}x_2+\cdots+a_{mn}x_n=b_m, \end{cases} \tag{2-2-4}$$

把方程组(2-2-4)写成矩阵方程

$$\boldsymbol{AX}=\boldsymbol{\beta}, \tag{2-2-5}$$

其中 $\boldsymbol{A}=(a_{ij})_{m\times n}$ 是已知矩阵，$\boldsymbol{X}$ 是一个 $n\times1$ 未知矩阵，而 $\boldsymbol{\beta}$ 表示该方程组右边的 $m\times1$ 矩阵. 因此，令

$$\boldsymbol{A}=\begin{pmatrix} a_{11} & a_{12} & \cdots & a_{1n} \\ a_{21} & a_{22} & \cdots & a_{2n} \\ \vdots & \vdots & & \vdots \\ a_{m1} & a_{m2} & \cdots & a_{mn} \end{pmatrix},\ \boldsymbol{X}=\begin{pmatrix} x_1 \\ x_2 \\ \vdots \\ x_n \end{pmatrix},\ \boldsymbol{\beta}=\begin{pmatrix} b_1 \\ b_2 \\ \vdots \\ b_m \end{pmatrix}$$

其中 $\boldsymbol{A}$ 的行向量 $\boldsymbol{\alpha}_i=(a_{i1}, a_{i2}, \cdots, a_{in})\in F^n$，$i=1, 2, \cdots, m$，并把乘积 $\boldsymbol{AX}$ 定义为

$$\boldsymbol{AX}=\begin{pmatrix} a_{11} & a_{12} & \cdots & a_{1n} \\ a_{21} & a_{22} & \cdots & a_{2n} \\ \vdots & \vdots & & \vdots \\ a_{m1} & a_{m2} & \cdots & a_{mn} \end{pmatrix}\boldsymbol{X}=\begin{pmatrix} \boldsymbol{\alpha}_1\boldsymbol{X} \\ \boldsymbol{\alpha}_2\boldsymbol{X} \\ \vdots \\ \boldsymbol{\alpha}_m\boldsymbol{X} \end{pmatrix}=\begin{pmatrix} a_{11}x_1+a_{12}x_2+\cdots+a_{1n}x_n \\ a_{21}x_1+a_{22}x_2+\cdots+a_{2n}x_n \\ \vdots \\ a_{m1}x_1+a_{m2}x_2+\cdots+a_{mn}x_n \end{pmatrix}, \tag{2-2-6}$$

即乘积 $\boldsymbol{AX}$ 是矩阵 $\boldsymbol{A}$ 的各行分别乘列矩阵 $\boldsymbol{X}$.

给定一个 $m\times n$ 矩阵 $\boldsymbol{A}$ 和 F^n 中的一个向量 $\boldsymbol{X}$，可以用(2-2-6)来计算乘积 $\boldsymbol{AX}$，乘积 $\boldsymbol{AX}$ 是一个 $m\times1$ 矩阵，即 F^m 中的向量. 如果令 $\boldsymbol{A}$ 的列向量是 $\boldsymbol{\gamma}_1$，$\boldsymbol{\gamma}_2$，$\cdots$，$\boldsymbol{\gamma}_n\in F^m$，即 $\boldsymbol{A}=(\boldsymbol{\gamma}_1\quad \boldsymbol{\gamma}_2\quad \cdots\quad \boldsymbol{\gamma}_n)$，则式(2-2-6)又可以写成

$$\boldsymbol{AX}=x_1\begin{pmatrix} a_{11} \\ a_{21} \\ \vdots \\ a_{m1} \end{pmatrix}+x_2\begin{pmatrix} a_{12} \\ a_{22} \\ \vdots \\ a_{m2} \end{pmatrix}+\cdots+x_n\begin{pmatrix} a_{1n} \\ a_{2n} \\ \vdots \\ a_{mn} \end{pmatrix}=x_1\boldsymbol{\gamma}_1+x_2\boldsymbol{\gamma}_2+\cdots+x_n\boldsymbol{\gamma}_n, \tag{2-2-7}$$

或写成“行乘列”的形式，即

$$\boldsymbol{AX}=(\boldsymbol{\gamma}_1\quad \boldsymbol{\gamma}_2\quad \cdots\quad \boldsymbol{\gamma}_n)\begin{pmatrix} x_1 \\ x_2 \\ \vdots \\ x_n \end{pmatrix}=x_1\boldsymbol{\gamma}_1+x_2\boldsymbol{\gamma}_2+\cdots+x_n\boldsymbol{\gamma}_n. \tag{2-2-8}$$

因此，一个 $m\times n$ 矩阵 $\boldsymbol{A}$ 与 F^n 中的一个向量 $\boldsymbol{X}$ 的乘积 $\boldsymbol{AX}$ 可以写成 $\boldsymbol{A}$ 的各列(向量)的一个线性组合，其中的系数是 $\boldsymbol{X}$ 中的分量.

利用公式(2 - 2 - 7)，线性方程组(2 - 2 - 4)又可以写成向量方程或矩阵方程

$$x_1\boldsymbol{\gamma}_1+x_2\boldsymbol{\gamma}_2+\cdots+x_n\boldsymbol{\gamma}_n=\boldsymbol{\beta}. \tag{2 - 2 - 9}$$

由式(2 - 2 - 4)～式(2 - 2 - 9)可得到如下结论：

线性方程组 $\boldsymbol{AX}=\boldsymbol{\beta}$ 是相容的，当且仅当 $\boldsymbol{\beta}$ 可以写成 $\boldsymbol{A}$ 的各列(向量)的一个线性组合.

例 2.2.1 设 $\boldsymbol{A}=\begin{pmatrix}\lambda_1 & 0\\ 0 & \lambda_2\end{pmatrix}$，$\boldsymbol{B}=\begin{pmatrix}a_1 & b_1\\ a_2 & b_2\end{pmatrix}$，求 $\boldsymbol{AB}$ 与 $\boldsymbol{BA}$.

解：$\boldsymbol{AB}=\begin{pmatrix}\lambda_1a_1 & \lambda_1b_1\\ \lambda_2a_2 & \lambda_2b_2\end{pmatrix}$，$\boldsymbol{BA}=\begin{pmatrix}a_1\lambda_1 & b_1\lambda_2\\ a_2\lambda_1 & b_2\lambda_2\end{pmatrix}$.

注意：

(1)$\boldsymbol{AB}$ 可以由 $\boldsymbol{B}$ 的两行分别乘 λ_1，λ_2 得到，$\boldsymbol{BA}$ 可以由 $\boldsymbol{B}$ 的两列分别乘 λ_1，λ_2 得到.

(2)如果 $\lambda_1\neq\lambda_2$，并且 $b_1\neq 0$ 或者 $a_2\neq 0$，那么 $\boldsymbol{AB}\neq\boldsymbol{BA}$.

(3)如果 $\lambda_1=\lambda_2=\lambda$，则 $\boldsymbol{AB}$ 与 $\boldsymbol{BA}$ 都可以由所有的元素乘同一个数 λ 得到. 也就是说：$\boldsymbol{AB}=\boldsymbol{BA}=\lambda\boldsymbol{B}$，用 $\boldsymbol{A}=\begin{pmatrix}\lambda & 0\\ 0 & \lambda\end{pmatrix}$ 去乘矩阵 $\boldsymbol{B}$ 相当于用数 λ 乘 $\boldsymbol{B}$.

如果 $\boldsymbol{A}$ 与 $\boldsymbol{B}$ 满足 $\boldsymbol{AB}=\boldsymbol{BA}$，则称 $\boldsymbol{A}$ 与 $\boldsymbol{B}$ 可交换. 两个矩阵可交换的必要条件是它们是同阶方阵. 与数的乘法不同，矩阵乘法一般不满足交换律. 但是，在矩阵可相乘的前提下，矩阵乘法与数的乘法也有类似之处. 矩阵乘法满足以下运算性质.

(1)结合律：$(\boldsymbol{AB})\boldsymbol{C}=\boldsymbol{A}(\boldsymbol{BC})$；

(2)分配律：$(\boldsymbol{A}+\boldsymbol{B})\boldsymbol{C}=\boldsymbol{AC}+\boldsymbol{BC}$，$\boldsymbol{A}(\boldsymbol{B}+\boldsymbol{C})=\boldsymbol{AB}+\boldsymbol{AC}$；

(3)$\forall k\in\mathbf{R}$，有 $k(\boldsymbol{AB})=(k\boldsymbol{A})\boldsymbol{B}=\boldsymbol{A}(k\boldsymbol{B})$；

(4)$\boldsymbol{E}_m\boldsymbol{A}_{m\times n}=\boldsymbol{A}_{m\times n}\boldsymbol{E}_n=\boldsymbol{A}_{m\times n}$，$\boldsymbol{E}_n\boldsymbol{A}_{n\times n}=\boldsymbol{A}_{n\times n}\boldsymbol{E}_n=\boldsymbol{A}_{n\times n}$.

如果对角阵的所有的对角元等于同一个数 λ，即

$$\boldsymbol{\Lambda}=\mathrm{diag}(\lambda, \cdots, \lambda),$$

容易验证：对任意矩阵 $\boldsymbol{B}_1$，只要 $\boldsymbol{\Lambda B}_1$ 有意义，则 $\boldsymbol{\Lambda B}_1=\lambda\boldsymbol{B}_1$；对任意矩阵 $\boldsymbol{B}_2$，只要 $\boldsymbol{B}_2\boldsymbol{\Lambda}$ 有意义，则 $\boldsymbol{B}_2\boldsymbol{\Lambda}=\boldsymbol{B}_2\lambda$.

可见，在做矩阵乘法时，矩阵 $\boldsymbol{\Lambda}$ 的作用相当于纯量 λ. 我们将 $\boldsymbol{\Lambda}$ 称为标量阵.

如果 $\boldsymbol{B}$ 与标量阵 $\boldsymbol{\Lambda}$ 都是 n 阶方阵，则

$$\boldsymbol{\Lambda B}=\boldsymbol{B\Lambda}=\lambda\boldsymbol{B}.$$

可见，n 阶标量阵与所有的 n 阶方阵在做乘法时都可以交换.

对角元为 1 的标量阵

$$\boldsymbol{E}=\mathrm{diag}(1,\ \cdots,\ 1),$$

在矩阵乘法中的作用相当于 1. 也就是说：对任意矩阵 $\boldsymbol{B}_1$，$\boldsymbol{B}_2$，当 $\boldsymbol{E}\boldsymbol{B}_1$ 有意义时 $\boldsymbol{E}\boldsymbol{B}_1=\boldsymbol{B}_1$，当 $\boldsymbol{B}_2\boldsymbol{E}$ 有意义时 $\boldsymbol{B}_2\boldsymbol{E}=\boldsymbol{B}_2$. 如果要强调 $\boldsymbol{E}$ 是 n 阶单位阵，可以写 $\boldsymbol{E}_n$.

设 $\boldsymbol{A}$ 是对角元为 λ 的 n 阶标量阵，则 $\boldsymbol{A}=\lambda\boldsymbol{E}_n$. 对任意 $m\times n$ 矩阵 $\boldsymbol{B}$，有 $(\lambda\boldsymbol{E}_m)\boldsymbol{B}=\lambda\boldsymbol{B}$，$\boldsymbol{B}(\lambda\boldsymbol{E}_n)=\lambda\boldsymbol{B}$，可见，标量阵 $\lambda\boldsymbol{E}$ 与矩阵 $\boldsymbol{B}$ 相乘，其效果相当于用 λ 与 $\boldsymbol{B}$ 相乘.

我们看到，矩阵的乘法与数的乘法有一些不同之处. 比如，交换律和消去律不成立. 但是，也有一些类似之处. 例如，数的乘法中，数 1 乘任何数 a 等于 a 本身，而矩阵乘法中也有单位阵 $\boldsymbol{E}$ 乘任何一个可以相乘的矩阵等于这个矩阵本身. 又如，数 0 乘任何数等于 0，零矩阵乘任何一个可以相乘的矩阵等于零.

例如，设

$$\boldsymbol{A}=\begin{pmatrix} a_1 & & & \\ & a_2 & & \\ & & \ddots & \\ & & & a_n \end{pmatrix},\ \boldsymbol{B}=\begin{pmatrix} b_1 & & & \\ & b_2 & & \\ & & \ddots & \\ & & & b_n \end{pmatrix}.$$

空白处元素均为 0，则

$$(1)k\boldsymbol{A}=k\begin{pmatrix} a_1 & & & \\ & a_2 & & \\ & & \ddots & \\ & & & a_n \end{pmatrix}=\begin{pmatrix} ka_1 & & & \\ & ka_2 & & \\ & & \ddots & \\ & & & ka_n \end{pmatrix};$$

$$(2)\boldsymbol{A}+\boldsymbol{B}=\begin{pmatrix} a_1 & & & \\ & a_2 & & \\ & & \ddots & \\ & & & a_n \end{pmatrix}+\begin{pmatrix} b_1 & & & \\ & b_2 & & \\ & & \ddots & \\ & & & b_n \end{pmatrix}=\begin{pmatrix} a_1+b_1 & & & \\ & a_2+b_2 & & \\ & & \ddots & \\ & & & a_n+b_n \end{pmatrix};$$

$$(3)\boldsymbol{A}\times\boldsymbol{B}=\begin{pmatrix} a_1 & & & \\ & a_2 & & \\ & & \ddots & \\ & & & a_n \end{pmatrix}\times\begin{pmatrix} b_1 & & & \\ & b_2 & & \\ & & \ddots & \\ & & & b_n \end{pmatrix}=\begin{pmatrix} a_1b_1 & & & \\ & a_2b_2 & & \\ & & \ddots & \\ & & & a_nb_n \end{pmatrix}.$$

由此可见，若 $\boldsymbol{A}$，$\boldsymbol{B}$ 为同阶对角矩阵，则 $k\boldsymbol{A}$，$\boldsymbol{A}+\boldsymbol{B}$，$\boldsymbol{A}\times\boldsymbol{B}$ 仍为同阶对角矩阵.

2.2.4 方阵的多项式

由于矩阵的乘法满足结合律，所以 n 个方阵 $\boldsymbol{A}$ 相乘有意义，因此可定义为 $\boldsymbol{A}$ 的幂.

定义 2.2.4 设 $\boldsymbol{A}$ 为 n 阶方阵，k 为正整数，则称 $\boldsymbol{A}^k=\underbrace{\boldsymbol{A}\cdot\boldsymbol{A}\cdot\cdots\cdot\boldsymbol{A}}_{k\text{个}\boldsymbol{A}}$ 为 $\boldsymbol{A}$ 的 k 次幂.

规定 $\boldsymbol{A}^0=\boldsymbol{E}$. 由于乘法运算满足结合律，但不满足交换律，因此有以下运算规律.

性质 2.2.1 设 $\boldsymbol{A}$ 为 n 阶方阵，k，l 为正整数，则

(1) $\boldsymbol{A}^k\boldsymbol{A}^l=\boldsymbol{A}^{k+l}$；

(2) $(\boldsymbol{A}^k)^l=\boldsymbol{A}^{kl}$；

(3) $(\boldsymbol{AB})^k\neq\boldsymbol{A}^k\boldsymbol{B}^k$.

有了方阵的各次幂，可以将方阵代入多项式求值. 设 $f(x)=a_0+a_1x+\cdots+a_mx^m\in F[x]$ 是以 x 为字母，a_0，a_1，…，a_m 为系数的多项式，$\boldsymbol{A}$ 是任一 n 阶方阵，则

$$f(\boldsymbol{A})=a_0\boldsymbol{E}_n+a_1\boldsymbol{A}+\cdots+a_m\boldsymbol{A}^m$$

是 n 阶方阵. 注意多项式的常数项 a_0 应当换成 a_0 代表的纯量阵 $a_0\boldsymbol{E}_n$，这样才能与 $\boldsymbol{A}$ 的各次幂的线性组合相加.

对于任意两个多项式 $f(x)$，$g(x)\in F[x]$，设 $s(x)=f(x)+g(x)$，$p(x)=f(x)g(x)$，则对任意方阵 $\boldsymbol{A}\in F^{n\times n}$，有

$$f(\boldsymbol{A})+g(\boldsymbol{A})=s(\boldsymbol{A}),\ f(\boldsymbol{A})g(\boldsymbol{A})=p(\boldsymbol{A}).$$

这是因为，由多项式 $f(x)$，$g(x)$ 计算它们的和 $s(x)$ 与积 $p(x)$ 所用到的加法交换律、加法结合律、乘法结合律、乘法对于加法的分配律，方阵的运算都满足，而在 $f(\boldsymbol{A})$，$g(\boldsymbol{A})$ 中出现的方阵都是一个方阵 $\boldsymbol{A}$ 的各次幂的线性组合，它们在乘法中相互可交换，因此由多项式的加法与乘法得出的结果，将 $\boldsymbol{A}$ 代入后仍然成立.

2.2.5 转置与共轭

将 $m\times n$ 矩阵

$$\boldsymbol{A}=\begin{pmatrix} a_{11} & a_{12} & \cdots & a_{1n} \\ a_{21} & a_{22} & \cdots & a_{2n} \\ \vdots & \vdots & & \vdots \\ a_{m1} & a_{m2} & \cdots & a_{mn} \end{pmatrix}$$

的行列互换得到一个 $n\times m$ 矩阵，称为 $\boldsymbol{A}$ 的转置矩阵，记作 $\boldsymbol{A}^T$，即

$$\boldsymbol{A}^T=\begin{pmatrix} a_{11} & a_{21} & \cdots & a_{m1} \\ a_{12} & a_{22} & \cdots & a_{m2} \\ \vdots & \vdots & & \vdots \\ a_{1n} & a_{2n} & \cdots & a_{mn} \end{pmatrix},$$

A^T 的第(i, j)元等于 A 的第(j, i)元.

矩阵的转置满足如下的运算律：

(1) $(A^T)^T = A$;

(2)对 n 阶方阵 A，$|A^T| = |A|$;

(3) $(A+B)^T = A^T + B^T$;

(4) $(\lambda A)^T = \lambda A^T$，$\lambda$ 为任意数；

(5) $(AB)^T = B^T A^T$.

这里我们只证明(5)，其他的运算律读者可尝试证明.

证明：设 $A=(a_{ij})_{m\times n}$，$B=(b_{ij})_{n\times p}$，$AB=C=(c_{ij})_{m\times p}$，则

$$c_{ij} = \sum_{k=1}^{n} a_{ik} b_{kj},\quad c_{ji} = \sum_{k=1}^{n} b_{jk} a_{ki},$$

$A^T = (a'_{ij})_{n\times m}$，$B^T = (b'_{ij})_{p\times n}$，其中 $a'_{ij} = a_{ji}$，$b'_{ij} = b_{ji}$. 设 $B^T A^T = D = (d_{ij})_{p\times m}$，则

$$d_{ij} = \sum_{k=1}^{n} b_{jk} a_{ki} = c_{ji},$$

可见 $D = C^T$，即 $B^T A^T = (AB)^T$.

设 A 是方阵，如果 $A^T = A$，则称 A 为对称方阵. 如果 $A^T = -A$，就称 A 为反对称方阵，也称斜对称方阵.

将矩阵 $A=(a_{ij})_{m\times n}$中的每个元 a_{ij} 换成与它共轭的复数$\overline{a_{ij}}$，得到的矩阵称为 A 的共轭矩阵，记作 $\overline{A}$. 也就是说，$\overline{A} = (\overline{a_{ij}})_{m\times n}$. 容易验证，关于矩阵的共轭的以下性质成立：

(1) $\forall A, B \in \mathbf{C}^{m\times n}$，$\overline{A+B} = \overline{A} + \overline{B}$;

(2) $\forall \lambda \in \mathbf{C}$，$A \in \mathbf{C}^{m\times n}$，$\overline{\lambda A} = \overline{\lambda}\,\overline{A}$;

(3) $\forall A \in \mathbf{C}^{m\times n}$，$B \in \mathbf{C}^{n\times p}$，$\overline{AB} = \overline{A}\,\overline{B}$;

(4) $\forall A \in \mathbf{C}^{m\times n}$，$\overline{A}^T = \overline{A^T}$.

设 $A \in \mathbf{C}^{m\times n}$，如果$\left(\overline{A}\right)^T = A$，就称 A 为 Hermite 方阵. 如果$\left(\overline{A}\right)^T = -A$，就称 A 为反 Hermite 方阵. 显然，实 Hermite 方阵就是对称方阵，实斜 Hermite 方阵就是反对称方阵.

2.3 矩阵的初等变换

对矩阵 A 施行以下三种变换称为矩阵的初等变换.

(1)互换矩阵 A 的第 i 行与第 j 行(或第 i 列与第 j 列)的位置，记为 $r_i \leftrightarrow r_j$ (或 $c_i \leftrightarrow c_j$)；

(2)用常数 $k\neq 0$ 去乘矩阵 $\boldsymbol{A}$ 的第 i 行(或第 j 列)，记为 kr_i(或 kc_j)；

(3)将矩阵 $\boldsymbol{A}$ 的第 j 行(或第 j 列)各元素的 k 倍加到第 i 行(或第 i 列)的对应元素上去，记为 r_i+kr_j(或 c_i+kc_j).

这三种初等变换分别简称为互换、倍乘、倍加.

对应于三种初等变换，初等矩阵有三种类型.

2.3.1 初等对换矩阵

把 n 阶单位矩阵 $\boldsymbol{E}$ 的第 i，j 行(列)互换得到的矩阵，记为 $\boldsymbol{E}(i,j)$，即

$$\boldsymbol{E}(i,j)=\begin{pmatrix}1&&&&&&&&&\\&\ddots&&&&&&&&\\&&1&&&&&&&\\&&&0&\cdots&1&&&&\\&&&&1&&&&&\\&&&\vdots&\ddots&\vdots&&&&\\&&&&&1&&&&\\&&&1&\cdots&0&&&&\\&&&&&&1&&&\\&&&&&&&\ddots&&\\&&&&&&&&1\end{pmatrix}\begin{matrix}\\\\\\\text{第 } j \text{ 行}\\\\\\\\\text{第 } i \text{ 行}\\\\\\\\\end{matrix}$$

则由行列式的性质可知：$|\boldsymbol{E}(i,j)|=-1$，$[\boldsymbol{E}(i,j)]^{-1}=\boldsymbol{E}(i,j)$.

2.3.2 初等倍乘矩阵

$$\boldsymbol{E}(i(k))=\begin{pmatrix}1&&&&\\&\ddots&&&\\&&k&&\\&&&\ddots&\\&&&&1\end{pmatrix}\text{第 } i \text{ 行}$$

，则由行列式的性质可知：

$$|\boldsymbol{E}(i(k))|=k\neq 0,\ [\boldsymbol{E}(i(k))]^{-1}=\boldsymbol{E}\left(i\left(\frac{1}{k}\right)\right),\ [\boldsymbol{E}(i(k))]^{T}=\boldsymbol{E}(i(k)).$$

2.3.3 初等倍加矩阵

把 n 阶单位矩阵 $\boldsymbol{E}$ 的第 j 行(第 j 列)乘数 k 加到第 i 行(第 i 列)得到的矩阵，记为 $\boldsymbol{E}(i,j(k))$，即

$$
\boldsymbol{E}(i,\ j(k))=\begin{pmatrix}1 & & & & & \\ & \ddots & & & & \\ & & 1 & \cdots & k & \\ & & & \ddots & \vdots & \\ & & & & 1 & \\ & & & & & \ddots \\ & & & & & & 1\end{pmatrix}\begin{matrix} \\ \\ 第\ i\ 行 \\ \\ 第\ j\ 行 \\ \\ \\ \end{matrix},
$$

则由行列式的性质可知，$|\boldsymbol{E}(i,\ j(k))|=1$，$[\boldsymbol{E}(i,\ j(k))]^{-1}=\boldsymbol{E}(i,\ j(-k))$，$[\boldsymbol{E}(i,\ j(k))]^{T}=\boldsymbol{E}(j,\ i(k))$.

例 2.3.1　求与矩阵 $\boldsymbol{A}=\begin{pmatrix}2 & -1 & 3 & 1\\ 4 & 2 & 5 & 4\\ 2 & 0 & 2 & 6\end{pmatrix}$ 行等价的简化阶梯阵.

分析可知，此类问题一般是先把矩阵 $\boldsymbol{A}$ 化为阶梯形矩阵，然后再把阶梯形矩阵化为简化阶梯阵.

解：
$$
\boldsymbol{A}=\begin{pmatrix}2 & -1 & 3 & 1\\ 4 & 2 & 5 & 4\\ 2 & 0 & 2 & 6\end{pmatrix}\xleftrightarrow[r_3-r_1]{r_2-2r_1}\begin{pmatrix}2 & -1 & 3 & 1\\ 0 & 4 & -1 & 2\\ 0 & 1 & -1 & 5\end{pmatrix}
$$

$$
\xleftrightarrow{r_2-4r_3}\begin{pmatrix}2 & -1 & 3 & 1\\ 0 & 0 & 3 & -18\\ 0 & 1 & -1 & 5\end{pmatrix}\xleftrightarrow{r_2\leftrightarrow r_3}\begin{pmatrix}2 & -1 & 3 & 1\\ 0 & 1 & -1 & 5\\ 0 & 0 & 3 & -18\end{pmatrix}
$$

$$
\xleftrightarrow[\frac{1}{3}r_3]{r_1+r_2}\begin{pmatrix}2 & 0 & 2 & 6\\ 0 & 1 & -1 & 5\\ 0 & 0 & 1 & -6\end{pmatrix}\xleftrightarrow[r_2+r_3]{r_1-2r_3}\begin{pmatrix}2 & 0 & 0 & 18\\ 0 & 1 & 0 & -1\\ 0 & 0 & 1 & -6\end{pmatrix}
$$

$$
\xleftrightarrow{\frac{1}{2}r_1}\begin{pmatrix}1 & 0 & 0 & 9\\ 0 & 1 & 0 & -1\\ 0 & 0 & 1 & -6\end{pmatrix}.
$$

例 2.3.2　设三级方阵

$$
\boldsymbol{A}=\begin{pmatrix}a_{11} & a_{12} & a_{13}\\ a_{21} & a_{22} & a_{23}\\ a_{31} & a_{32} & a_{33}\end{pmatrix},\quad \boldsymbol{B}=\begin{pmatrix}a_{11} & a_{12} & a_{13}\\ a_{31}+a_{11} & a_{32}+a_{12} & a_{33}+a_{13}\\ a_{21} & a_{22} & a_{23}\end{pmatrix},
$$

$$
\boldsymbol{P}_1=\begin{pmatrix}1 & 0 & 0\\ 0 & 0 & 1\\ 0 & 1 & 0\end{pmatrix},\quad \boldsymbol{P}_2=\begin{pmatrix}1 & 0 & 0\\ 0 & 1 & 0\\ 1 & 0 & 1\end{pmatrix},
$$

则必有(　　).

(A) $\boldsymbol{AP}_1\boldsymbol{P}_2=\boldsymbol{B}$　　(B) $\boldsymbol{AP}_2\boldsymbol{P}_1=\boldsymbol{B}$

(C) $\boldsymbol{P}_1\boldsymbol{P}_2\boldsymbol{A}=\boldsymbol{B}$　　(D) $\boldsymbol{P}_2\boldsymbol{P}_1\boldsymbol{A}=\boldsymbol{B}$

解： 矩阵左乘 $\boldsymbol{P}_1$，表示交换矩阵的第二行与第三行，矩阵左乘 $\boldsymbol{P}_2$ 表示矩阵的第一行加到第三行，再利用观察法得 $\boldsymbol{P}_1\boldsymbol{P}_2\boldsymbol{A}=\boldsymbol{B}$. 故选(C).

对于初等矩阵有如下定理：

设 $\boldsymbol{A}$ 是一个 $m\times n$ 矩阵，则对 $\boldsymbol{A}$ 作一次行初等变换后得到的矩阵等于用一个 m 阶相应的初等矩阵左乘 $\boldsymbol{A}$ 所得的积，矩阵 $\boldsymbol{A}$ 作一次初等列变换后得到的矩阵等于用一个 n 阶相应的初等矩阵右乘 $\boldsymbol{A}$ 所得的积.

例 2.3.3　一个行列式为 1 的 n 阶方阵能否写成若干个行列式为 1 的初等矩阵之积？若能，给出证明；若否，举出反例.

解： 显然行列式为 1 的 n 阶方阵 $\boldsymbol{A}$ 必是可逆矩阵，那么它经过有限次初等变换可化为单位矩阵，由于初等行变换的逆仍是初等行变换，因此方阵 $\boldsymbol{A}$ 可写成

$$\boldsymbol{A}=\boldsymbol{P}_1\boldsymbol{P}_2\cdot\cdots\cdot\boldsymbol{P}_l,$$

其中 $\boldsymbol{P}_i(i=1,2,\cdots,l)$ 均为初等行变换矩阵. 注意到第三类的初等行变换的行列式都为1，若对于某个 $\boldsymbol{P}_j(1\leqslant j\leqslant l)$，它是第一类的，为简单起见，先讨论 3 阶的第一类初等行变换矩阵的形式：

$$\begin{pmatrix}0&1&0\\1&0&0\\0&0&1\end{pmatrix}.$$

对矩阵进行如下的一系列第三类初等变换：

$$\begin{pmatrix}0&1&0\\1&0&0\\0&0&1\end{pmatrix}\to\begin{pmatrix}-1&1&0\\1&0&0\\0&0&1\end{pmatrix}\to\begin{pmatrix}-1&1&0\\0&1&0\\0&0&1\end{pmatrix}\to\begin{pmatrix}-1&0&0\\0&1&0\\0&0&1\end{pmatrix},$$

由上可发现，矩阵的行列式为 -1，下面将矩阵乘 -1 以使其行列式变为 1，即将这个系数 $a_j=-1$ 乘到矩阵的最前方，于是矩阵变为

$$\begin{pmatrix}1&0&0\\0&-1&0\\0&0&-1\end{pmatrix},$$

对该矩阵继续进行第三类初等行变换，得

$$\begin{pmatrix}1&0&0\\0&-1&0\\0&0&-1\end{pmatrix}\to\begin{pmatrix}1&0&0\\0&-1&0\\0&1&-1\end{pmatrix}\to\begin{pmatrix}1&0&0\\0&0&-1\\0&1&-1\end{pmatrix}$$

$$\rightarrow\begin{pmatrix}1&0&0\\0&0&-1\\0&1&0\end{pmatrix}\rightarrow\begin{pmatrix}1&0&0\\0&1&-1\\0&1&0\end{pmatrix}\rightarrow\begin{pmatrix}1&0&0\\0&1&-1\\0&0&1\end{pmatrix}\rightarrow\begin{pmatrix}1&0&0\\0&1&0\\0&0&1\end{pmatrix}=\boldsymbol{I}_3,$$

由于第三类初等行变换的逆仍是初等行变换，于是第一类初等行变换可以写成 a_j 乘一系列第三类初等行变换的积. 同理，对于 n 阶第一类初等行变换矩阵 $\boldsymbol{P}_j$，它也可以写成 a_j 乘一系列第三类初等行变换矩阵的积.

若对于某个 $\boldsymbol{P}_j(1\leqslant j\leqslant l)$，它是第二类的，为简单起见，先讨论 2 阶的第二类初等行变换矩阵的形式：

$$\begin{pmatrix}a&0\\0&1\end{pmatrix},$$

其中，a 为某个非零常数. 对复数 a 总可以写成 $a=c^2$(从复数的极坐标表示易得)的形式，将上面矩阵乘 $a_j=\frac{1}{c}$，得

$$\begin{pmatrix}c&0\\0&\frac{1}{c}\end{pmatrix}.$$

注意对矩阵 $\begin{pmatrix}a&0\\0&b\end{pmatrix}$(其中 a，b 都不为零)，进行以下第三类初等变换：

$$\begin{pmatrix}a&0\\0&b\end{pmatrix}\rightarrow\begin{pmatrix}a&0\\1&b\end{pmatrix}\rightarrow\begin{pmatrix}0&-ab\\1&b\end{pmatrix}\rightarrow\begin{pmatrix}1&b-ab\\1&b\end{pmatrix}\rightarrow\begin{pmatrix}1&b-ab\\0&ab\end{pmatrix}\rightarrow\begin{pmatrix}1&0\\0&ab\end{pmatrix},$$

类似于上式，对矩阵 $\begin{pmatrix}c&0\\0&\frac{1}{c}\end{pmatrix}$ 进行第三类初等行变换：

$$\begin{pmatrix}c&0\\0&\frac{1}{c}\end{pmatrix}\rightarrow\begin{pmatrix}c&0\\1&\frac{1}{c}\end{pmatrix}\rightarrow\begin{pmatrix}c&-1\\1&\frac{1}{c}\end{pmatrix}\rightarrow\begin{pmatrix}0&-1\\1&0\end{pmatrix}\rightarrow\begin{pmatrix}1&-1\\1&0\end{pmatrix}\rightarrow\begin{pmatrix}1&-1\\0&1\end{pmatrix}\rightarrow\begin{pmatrix}1&0\\0&1\end{pmatrix}=$$

$\boldsymbol{I}_2$，综上可以看出，矩阵 $\begin{pmatrix}c&0\\0&\frac{1}{c}\end{pmatrix}$ 可表示为第三类初等矩阵之积.

同理，对于 n 阶的第二类初等行变换矩阵的形式：

$$\begin{pmatrix}a&0&\cdots&0\\0&1&\cdots&0\\\vdots&\vdots&&\vdots\\0&0&\cdots&1\end{pmatrix}$$

记 $a=c^n$，并对矩阵乘 $a_j=\frac{1}{c}$，则得

$$\begin{pmatrix} c^{n-1} & 0 & \cdots & 0 \\ 0 & \frac{1}{c} & \cdots & 0 \\ \vdots & \vdots & & \vdots \\ 0 & 0 & \cdots & \frac{1}{c} \end{pmatrix}$$

显然，它的行列式为 1. 现对矩阵的第一、二行作第三类初等行变换可将左上角的二阶矩阵 $\begin{pmatrix} c^{n-1} & 0 \\ 0 & \frac{1}{c} \end{pmatrix}$ 化为 $\begin{pmatrix} 1 & 0 \\ 0 & c^{n-2} \end{pmatrix}$，这样可以用一系列第三类初等行变换不断化下去，使得右下角的 $n-1$ 阶矩阵

$$\begin{pmatrix} c^{n-2} & 0 & \cdots & 0 \\ 0 & \frac{1}{c} & \cdots & 0 \\ \vdots & \vdots & & \vdots \\ 0 & 0 & \cdots & \frac{1}{c} \end{pmatrix}$$

变为 $\boldsymbol{I}_{n-1}$. 我们可以发现，第二类初等行变换的矩阵总可以写成某个常数 a_j 乘一系列第三类初等行变换矩阵的积，即

$$\boldsymbol{A}=(a_1a_2\cdot\cdots\cdot a_l)\boldsymbol{Q}_1\boldsymbol{Q}_2\cdot\cdots\cdot\boldsymbol{Q}_l=((a_1a_2\cdot\cdots\cdot a_l)\boldsymbol{E}_n)\boldsymbol{Q}_1\boldsymbol{Q}_2\cdot\cdots\cdot\boldsymbol{Q}_l,$$

其中 $\boldsymbol{Q}_i(i=1,2,\cdots,l)$ 为第三类初等行变换矩阵，显然 $|\boldsymbol{Q}_i|=1(i=1,2,\cdots,l)$. 注意到 $|\boldsymbol{A}|=1$，令 $b=a_1a_2\cdot\cdots\cdot a_l$，便得对角矩阵

$$\boldsymbol{B}=\begin{pmatrix} b & 0 & \cdots & 0 \\ 0 & b & \cdots & 0 \\ \vdots & \vdots & & \vdots \\ 0 & 0 & \cdots & b \end{pmatrix},$$

显然它的行列式为 1. 我们发现，左上角的二阶矩阵 $\begin{pmatrix} b & 0 \\ 0 & b \end{pmatrix}$ 可化为 $\begin{pmatrix} 1 & 0 \\ 0 & b^2 \end{pmatrix}$，这时对右下角的 $n-1$ 阶继续化下去，注意到 $b^n=1$，那么有 $\boldsymbol{B}$ 总可用一系列第三类初等行变换化为 $\boldsymbol{E}_n$，这意味着 $\boldsymbol{B}$ 总可以写成第三类初等行变换矩阵的乘积，而第三类初等行变换矩阵都是行列式为 1 的初等矩阵，由 $\boldsymbol{A}=\boldsymbol{B}\boldsymbol{Q}_1\boldsymbol{Q}_2\cdot\cdots\cdot\boldsymbol{Q}_l$，即可得 $\boldsymbol{A}$ 可以写成若干个行列式为 1 的初等矩阵的乘积. 证毕.

2.4 矩阵的秩

2.4.1 矩阵秩的概念

定义 2.4.1 在矩阵 $\boldsymbol{A}=(a_{ij})_{m\times n}$ 中任取 k 行 k 列，其中 $1\leqslant k\leqslant \min\{m, n\}$，位于 k 行和 k 列交叉处的 k^2 个元素，按照它们在矩阵 $\boldsymbol{A}$ 中相对应的位置组成的 k 阶行列式称为矩阵 $\boldsymbol{A}$ 的 k 阶子式.

定义 2.4.2 矩阵 $\boldsymbol{A}$ 的不等于零的子式的最高阶数称为 $\boldsymbol{A}$ 的行列式秩，简称为 $\boldsymbol{A}$ 的秩. 记作秩($\boldsymbol{A}$)或者 $R(\boldsymbol{A})$.

规定零矩阵的秩为零.

有关矩阵的秩的重要公式与结论：

(1)$0\leqslant R(\boldsymbol{A})\leqslant \min\{m, n\}$，其中 m，n 分别为矩阵 $\boldsymbol{A}$ 的行数和列数；

(2)$R(k\boldsymbol{A})=\begin{cases}0, & k=0,\\ R(\boldsymbol{A}), & k\neq 0;\end{cases}$

(3)$R(\boldsymbol{A}_1)\leqslant R(\boldsymbol{A})$，其中 $\boldsymbol{A}_1$ 为 $\boldsymbol{A}$ 的任意一个子矩阵；

(4)$R(\boldsymbol{A})=R(\boldsymbol{A}^T)=R(\boldsymbol{A}^T\boldsymbol{A})$；

(5)如果 $\boldsymbol{A}\neq\boldsymbol{O}$，那么 $R(\boldsymbol{A})\geqslant 1$；

(6)$R(\boldsymbol{A}+\boldsymbol{B})\leqslant R(\boldsymbol{A})+R(\boldsymbol{B})$；

(7)$R(\boldsymbol{AB})\leqslant \min\{R(\boldsymbol{A}), R(\boldsymbol{B})\}$；

(8)设 $\boldsymbol{A}$ 为 $m\times n$ 矩阵，$\boldsymbol{B}$ 为 $n\times s$ 矩阵，若 $\boldsymbol{AB}=\boldsymbol{O}$，则 $R(\boldsymbol{A})+R(\boldsymbol{B})\leqslant n$；

(9)若 $\boldsymbol{A}$ 可逆，则 $R(\boldsymbol{AB})=R(\boldsymbol{B})$；若 $\boldsymbol{B}$ 可逆，则 $R(\boldsymbol{AB})=R(\boldsymbol{A})$.

定理 2.4.1 一个矩阵的秩为 r 的充分必要条件为矩阵中有一个 r 阶子式不为零，同时所有 $r+1$ 阶子式(如果存在的话)全为零.

定理 2.4.2 设矩阵 $\boldsymbol{A}=(a_{ij})_{m\times n}$，那么 $\boldsymbol{A}$ 经过若干次初等行变换总可以化为阶梯形矩阵.

定理 2.4.3 如果矩阵 $\boldsymbol{A}$ 和 $\boldsymbol{B}$ 等价，那么 $R(\boldsymbol{A})=R(\boldsymbol{B})$.

定理 2.4.4 n 阶方阵 $\boldsymbol{A}$ 可逆 $\Leftrightarrow R(\boldsymbol{A})=n$.

例 2.4.1 求下列矩阵的秩.

(1)$\boldsymbol{A}=\begin{pmatrix}3 & 1 & 0 & 2\\ 1 & -1 & 2 & -1\\ 1 & 3 & -4 & 4\end{pmatrix}$；

(2)$\boldsymbol{B}=\begin{pmatrix}1 & 1 & 2\\ 2 & 3 & 2\\ 1 & 2 & 1\end{pmatrix}$；

(3)$C=\begin{pmatrix}2&-1&0&3&-2\\0&3&1&-2&5\\0&0&0&4&-3\\0&0&0&0&0\end{pmatrix}$.

解：(1)在矩阵 A 中，易看出 2 阶子式 $\begin{vmatrix}3&1\\1&-1\end{vmatrix}\neq 0$，$A$ 的 3 阶子式有四个，分别计算可得

$$\begin{vmatrix}3&1&0\\1&-1&2\\1&3&-4\end{vmatrix}=0,\ \begin{vmatrix}3&1&2\\1&-1&-1\\1&3&4\end{vmatrix}=0,$$

$$\begin{vmatrix}3&0&2\\1&2&-1\\1&-4&4\end{vmatrix}=0,\ \begin{vmatrix}1&0&2\\-1&2&-1\\3&-4&4\end{vmatrix}=0.$$

所以 $R(A)=2$.

(2)由于矩阵 B 的唯一的最高三阶子式

$$|B|=\begin{vmatrix}1&1&2\\2&3&2\\1&2&1\end{vmatrix}=1\neq 0,$$

所以 $R(B)=3$.

(3)对于 C，其非零行有 3 行，即已知矩阵 C 的所有 4 阶子式全为零，而以三个非零行的第一个非零元素为对角元素的 3 阶行列式

$$\begin{vmatrix}2&-1&3\\0&3&-2\\0&0&4\end{vmatrix}$$

为一个上三角形行列式，那么显然不等于零，所以 $R(C)=3$.

2.4.2 利用初等变换求矩阵的秩

例 2.4.2 设矩阵

$$A=\begin{pmatrix}0&1&2&3\\1&4&7&10\\-1&0&1&b\\a&2&3&4\end{pmatrix},$$

其中 a，b 为参数，讨论 $R(A)$.

解： $A=\begin{pmatrix}0&1&2&3\\1&4&7&10\\-1&0&1&b\\a&2&3&4\end{pmatrix}\xrightarrow{c_1\leftrightarrow c_2}\begin{pmatrix}1&0&2&3\\4&1&7&10\\0&-1&1&b\\2&a&3&4\end{pmatrix}$

$$\xrightarrow[r_4+r_1\times(-2)]{r_2+r_1\times(-4)}\begin{pmatrix}1&0&2&3\\0&1&-1&-2\\0&-1&1&b\\0&a&-1&-2\end{pmatrix}\xrightarrow[r_4+r_2\times(-1)]{r_3+r_2}\begin{pmatrix}1&0&2&3\\0&1&-1&-2\\0&0&0&b-2\\0&a-1&0&0\end{pmatrix},$$

当 $a\neq1$，$b\neq2$ 时，$R(A)=4$；

当 $a=1$，$b=2$ 时，$R(A)=2$；

当 $a=1$，$b\neq2$ 或 $a\neq1$，$b=2$ 时，$R(A)=R(B)=3$.

例 2.4.3 求下列矩阵的秩.

(1)$A=\begin{pmatrix}1&0&1&0&0\\1&1&0&0&0\\0&1&1&0&0\\0&0&1&1&0\\0&1&0&1&1\end{pmatrix}$；

(2)$B=\begin{pmatrix}1&2&3&4&5&6\\2&3&4&5&6&7\\3&4&5&6&7&8\\4&5&6&7&8&9\\5&6&7&8&9&10\end{pmatrix}$.

解：(1)$A=\begin{pmatrix}1&0&1&0&0\\1&1&0&0&0\\0&1&1&0&0\\0&0&1&1&0\\0&1&0&1&1\end{pmatrix}\xrightarrow{r_2-r_1}\begin{pmatrix}1&0&1&0&0\\0&1&-1&0&0\\0&1&1&0&0\\0&0&1&1&0\\0&1&0&1&1\end{pmatrix}$

$$\xrightarrow[r_5-r_2]{r_3-r_2}\begin{pmatrix}1&0&1&0&0\\0&1&-1&0&0\\0&0&2&0&0\\0&0&1&1&0\\0&0&1&1&1\end{pmatrix}\longrightarrow\begin{pmatrix}1&0&1&0&0\\0&1&0&0&0\\0&0&1&0&0\\0&0&0&1&0\\0&0&0&1&1\end{pmatrix},$$

因此 $R(A)=5$.

$$(2)\boldsymbol{B}=\begin{pmatrix}1&2&3&4&5&6\\2&3&4&5&6&7\\3&4&5&6&7&8\\4&5&6&7&8&9\\5&6&7&8&9&10\end{pmatrix}\xrightarrow[\text{一行依次减去前一行}]{\text{从最后一行开始，后}}\begin{pmatrix}1&2&3&4&5&6\\1&1&1&1&1&1\\1&1&1&1&1&1\\1&1&1&1&1&1\\1&1&1&1&1&1\end{pmatrix}$$

$$\longrightarrow\begin{pmatrix}1&2&3&4&5&6\\1&1&1&1&1&1\\0&0&0&0&0&0\\0&0&0&0&0&0\\0&0&0&0&0&0\end{pmatrix},$$

因此 $R(\boldsymbol{B})=2$.

例 2.4.4 已知

$$\boldsymbol{A}=\begin{pmatrix}2&1&0&1\\3&-1&-2&3\\4&3&1&-2\\9&3&-1&2\\1&3&2&-1\end{pmatrix},$$

确定它的秩.

解： 因为已知矩阵的行数大于列数，所以将原矩阵转置确定其秩.

$$\boldsymbol{A}^T=\begin{pmatrix}2&3&4&9&1\\1&-1&3&3&3\\0&-2&1&-1&2\\1&3&-2&2&-1\end{pmatrix}\xrightarrow{2\times r_2,\ 2\times r_4}\begin{pmatrix}2&3&4&9&1\\2&-2&6&6&6\\0&-2&1&-1&2\\2&6&-4&4&-2\end{pmatrix}\xrightarrow[r_4+(-1)\times r_1]{r_2+(-1)\times r_1}$$

$$\begin{pmatrix}2&3&4&9&1\\0&-5&2&-3&5\\0&-2&1&-1&2\\0&3&-8&-5&-3\end{pmatrix}\xrightarrow{5\times r_3,\ 5\times r_4}\begin{pmatrix}2&3&4&9&1\\0&-5&2&-3&5\\0&-10&5&-5&10\\0&15&-40&-25&-15\end{pmatrix}\xrightarrow[r_4+3\times r_2]{r_3+(-2)\times r_2}$$

$$\begin{pmatrix}2&3&4&9&1\\0&-5&2&-3&5\\0&0&1&1&0\\0&0&-34&-34&0\end{pmatrix}\xrightarrow{r_4+34\times r_3}\begin{pmatrix}2&3&4&9&1\\0&-5&2&-3&5\\0&0&1&1&0\\0&0&0&0&0\end{pmatrix}$$

$$\xrightarrow{\text{互换列的位置}}\begin{pmatrix}2&1&3&4&9\\0&5&-5&2&-3\\0&0&0&1&1\\0&0&0&0&0\end{pmatrix}$$，因此 $R(\boldsymbol{A})=R(\boldsymbol{A}^T)=3$.

例 2.4.5　设

$$\boldsymbol{A}=\begin{pmatrix}1&-2&2&-1\\2&-4&8&0\\-2&4&-2&3\\3&-6&0&-6\end{pmatrix},\quad \boldsymbol{b}=\begin{pmatrix}1\\2\\3\\4\end{pmatrix},$$

求矩阵 $\boldsymbol{A}$ 及矩阵 $\boldsymbol{B}=(\boldsymbol{A},\ \boldsymbol{b})$ 的秩.

解: 对矩阵 $\boldsymbol{B}$ 作初等行变换可得行阶梯形矩阵，设 $\boldsymbol{B}$ 的行阶梯形矩阵为 $\widetilde{\boldsymbol{B}}=(\widetilde{\boldsymbol{A}},\ \widetilde{\boldsymbol{B}})$，那么 $\widetilde{\boldsymbol{A}}$ 为 $\boldsymbol{A}$ 的行阶梯形矩阵，所以从 $\widetilde{\boldsymbol{B}}=(\widetilde{\boldsymbol{A}},\ \widetilde{\boldsymbol{B}})$ 中可看出 $R(\boldsymbol{A})$ 及 $R(\boldsymbol{B})$.

$$\boldsymbol{B}=\begin{pmatrix}1&-2&2&-1&1\\2&-4&8&0&2\\-2&4&-2&3&3\\3&-6&0&-6&4\end{pmatrix}\xrightarrow[r_4-3r_1]{\substack{r_2-2r_1\\r_3+2r_1}}\begin{pmatrix}1&-2&2&-1&1\\0&0&4&2&0\\0&0&2&1&5\\0&0&-6&-3&1\end{pmatrix}$$

$$\xrightarrow[r_4+3r_2]{\substack{r_2\div 2\\r_3-r_2}}\begin{pmatrix}1&-2&2&-1&1\\0&0&2&1&0\\0&0&0&0&5\\0&0&0&0&1\end{pmatrix}\xrightarrow[r_4-r_3]{r_3\div 5}\begin{pmatrix}1&-2&2&-1&1\\0&0&2&1&0\\0&0&0&0&1\\0&0&0&0&0\end{pmatrix},$$

所以 $R(\boldsymbol{A})=2$，$R(\boldsymbol{B})=3$.

例 2.4.6　设矩阵

$$\boldsymbol{A}=\begin{pmatrix}1&-1&1&2\\3&\lambda&-1&2\\5&3&\mu&6\end{pmatrix}.$$

已知 $R(\boldsymbol{A})=2$，求 λ 和 μ 的值.

解:

$$\boldsymbol{A}=\begin{pmatrix}1&-1&1&2\\3&\lambda&-1&2\\5&3&\mu&6\end{pmatrix}\xrightarrow[r_3-5r_1]{r_2-3r_1}\begin{pmatrix}1&-1&1&2\\0&\lambda+3&-4&-4\\0&8&\mu-5&-4\end{pmatrix}$$

$$\xrightarrow{r_3-r_2}\begin{pmatrix}1&-1&1&2\\0&\lambda+3&-4&-4\\0&5-\lambda&\mu-1&0\end{pmatrix},$$

因为 $R(\boldsymbol{A})=2$，所以

$$\begin{cases}5-\lambda=0,\\ \mu-1=0,\end{cases}$$

则可得

$$\lambda=5，\mu=1.$$

例 2.4.7 求矩阵

$$\boldsymbol{A}=\begin{pmatrix}1&-2&2&-1&1\\2&-4&8&0&2\\-2&4&-2&3&3\\3&-6&0&-6&4\end{pmatrix}$$

的秩.

解： 由于

$$\boldsymbol{A}=\begin{pmatrix}1&-2&2&-1&1\\2&-4&8&0&2\\-2&4&-2&3&3\\3&-6&0&-6&4\end{pmatrix}\xrightarrow[r_4+(-3)r_1]{\substack{r_2+(-2)r_1\\ r_3+2r_1}}$$

$$\begin{pmatrix}1&-2&2&-1&1\\0&0&4&2&0\\0&0&2&1&5\\0&0&-6&-3&1\end{pmatrix}\xrightarrow[r_4+3r_2]{\substack{\frac{1}{2}r_2\\ r_3+(-r_2)}}$$

$$\begin{pmatrix}1&-2&2&-1&1\\0&0&2&1&0\\0&0&0&0&5\\0&0&0&0&1\end{pmatrix}\xrightarrow[r_4+(-r_3)]{\frac{1}{5}r_3}\begin{pmatrix}1&-2&2&-1&1\\0&0&2&1&0\\0&0&0&0&1\\0&0&0&0&0\end{pmatrix},$$

所以

$$R(\boldsymbol{A})=3.$$

2.5 逆矩阵

定义 2.5.1 对于一个 n 阶矩阵 $\boldsymbol{A}$，如果有一个 n 阶矩阵 $\boldsymbol{B}$，使得

$$\boldsymbol{AB}=\boldsymbol{BA}=\boldsymbol{E},$$

则称 $\boldsymbol{A}$ 为可逆的(或非奇异的)，而 $\boldsymbol{B}$ 是 $\boldsymbol{A}$ 的逆矩阵.

从逆矩阵的定义可以看出：

(1) 矩阵 $\boldsymbol{A}$ 与 $\boldsymbol{B}$ 可交换，所以可逆矩阵 $\boldsymbol{A}$ 一定为方阵，且逆矩阵 $\boldsymbol{B}$ 也是同阶方阵；

(2)单位矩阵 $\boldsymbol{E}$ 为可逆的，即有 $\boldsymbol{E}^{-1}=\boldsymbol{E}$；

(3)零矩阵为不可逆的，即取不到 $\boldsymbol{B}$，使得 $\boldsymbol{OB}=\boldsymbol{BO}=\boldsymbol{E}$.

定理 2.5.1 如果矩阵 $\boldsymbol{A}$ 可逆，则它的逆矩阵一定为唯一的.

证明： 设$\boldsymbol{B}_1$，$\boldsymbol{B}_2$均为 $\boldsymbol{A}$ 的逆矩阵，则有

$$\boldsymbol{A}\boldsymbol{B}_1=\boldsymbol{B}_1\boldsymbol{A}=\boldsymbol{E},$$

$$\boldsymbol{A}\boldsymbol{B}_2=\boldsymbol{B}_2\boldsymbol{A}=\boldsymbol{E},$$

$$\boldsymbol{B}_1=\boldsymbol{B}_1\boldsymbol{E}=\boldsymbol{B}_1(\boldsymbol{A}\boldsymbol{B}_2)=(\boldsymbol{B}_1\boldsymbol{A})\boldsymbol{B}_2=\boldsymbol{E}\boldsymbol{B}_2=\boldsymbol{B}_2,$$

所以矩阵 $\boldsymbol{A}$ 的逆矩阵为唯一的.

定理 2.5.2 设 $\boldsymbol{A}$ 为 n 阶方阵，

(1)若 $\boldsymbol{A}$ 为可逆的，则 $\boldsymbol{A}^{-1}$也为可逆的，有

$$(\boldsymbol{A}^{-1})^{-1}=\boldsymbol{A};$$

(2)若 $\boldsymbol{A}$ 与 $\boldsymbol{B}$ 为同阶可逆，则 $\boldsymbol{AB}$ 也可逆，有

$$(\boldsymbol{AB})^{-1}=\boldsymbol{B}^{-1}\boldsymbol{A}^{-1};$$

(3)若 $\boldsymbol{A}$ 为可逆的，数 $k\neq0$，则 $k\boldsymbol{A}$ 也可逆，有

$$(k\boldsymbol{A})^{-1}=\frac{1}{k}\boldsymbol{A}^{-1};$$

(4)若 $\boldsymbol{A}$ 为可逆的，则 $\boldsymbol{A}^T$ 也可逆，有

$$(\boldsymbol{A}^T)^{-1}=(\boldsymbol{A}^{-1})^T;$$

(5)若 $\boldsymbol{A}$ 为可逆的，则有 $|\boldsymbol{A}^{-1}|=\dfrac{1}{|\boldsymbol{A}|}$.

证明： 因为结论(1)(3)(5)显然成立，所以在这里我们只证明结论(2)(4).

(2)由于

$$(\boldsymbol{AB})(\boldsymbol{B}^{-1}\boldsymbol{A}^{-1})=\boldsymbol{A}(\boldsymbol{BB}^{-1})\boldsymbol{A}^{-1}=\boldsymbol{AE}_n A^{-1}=\boldsymbol{AA}^{-1}=\boldsymbol{E}_n,$$

及其

$$(\boldsymbol{B}^{-1}\boldsymbol{A}^{-1})(\boldsymbol{AB})=\boldsymbol{B}^{-1}(\boldsymbol{A}^{-1}\boldsymbol{A})\boldsymbol{B}=\boldsymbol{B}^{-1}\boldsymbol{E}_n\boldsymbol{B}=\boldsymbol{B}^{-1}\boldsymbol{B}=\boldsymbol{E}_n,$$

所以 $\boldsymbol{AB}$ 可逆，并且有

$$(\boldsymbol{AB})^{-1}=\boldsymbol{B}^{-1}\boldsymbol{A}^{-1}.$$

(4)根据转置矩阵的性质可知

$$\boldsymbol{A}^T(\boldsymbol{A}^{-1})^T=(\boldsymbol{A}^{-1}\boldsymbol{A})^T=\boldsymbol{E}_n^T=\boldsymbol{E}_n,$$

及其

$$(\boldsymbol{A}^{-1})^T\boldsymbol{A}^T=(\boldsymbol{AA}^{-1})^T=\boldsymbol{E}_n^T=\boldsymbol{E}_n,$$

所以 $\boldsymbol{A}^T$ 也可逆，并且有

$$(\boldsymbol{A}^T)^{-1}=(\boldsymbol{A}^{-1})^T.$$

推论 2.5.1 设 $\boldsymbol{A}_1$，$\boldsymbol{A}_2$，…，$\boldsymbol{A}_m$ 为 m 个 n 阶可逆矩阵，那么 $\boldsymbol{A}_1\boldsymbol{A}_2\cdot\cdots\cdot\boldsymbol{A}_m$ 也可逆，并且有

$$(\boldsymbol{A}_1\boldsymbol{A}_2\cdot\cdots\cdot\boldsymbol{A}_m)^{-1}=\boldsymbol{A}_m^{-1}\boldsymbol{A}_{m-1}^{-1}\cdot\cdots\cdot\boldsymbol{A}_1^{-1}.$$

例 2.5.1 设 $f(x)=x^3-2x^2+3x-1$，n 阶方阵 $\boldsymbol{A}$ 满足 $f(\boldsymbol{A})=\boldsymbol{O}$，即

$$\boldsymbol{A}^3-2\boldsymbol{A}^2+3\boldsymbol{A}-\boldsymbol{E}_n=\boldsymbol{O},$$

求证：$\boldsymbol{A}$ 与 $\boldsymbol{A}-2\boldsymbol{E}_n$ 可逆，并用 $\boldsymbol{A}$ 的多项式表示 $\boldsymbol{A}^{-1}$ 及 $(\boldsymbol{A}-2\boldsymbol{E}_n)^{-1}$.

证明： 根据题意可知

$$\boldsymbol{A}(\boldsymbol{A}^2-2\boldsymbol{A}+3\boldsymbol{E}_n)=\boldsymbol{E}_n,$$

可得，$\boldsymbol{A}$ 可逆，且 $\boldsymbol{A}^{-1}=\boldsymbol{A}^2-2\boldsymbol{A}+\boldsymbol{E}_n$.

利用整除法，用 $x-2$ 除 x^3-2x^2+3x-1 所得商式为 x^2+3，余式为 5，见下列竖式：

$$\begin{array}{r|l}
 & \quad x^2+3 \\ \hline
x-2 & x^3-2x^2+3x-1 \\
 & \underline{x^3-2x^2} \\
 & \qquad\qquad 3x-1 \\
 & \qquad\qquad \underline{3x-6} \\
 & \qquad\qquad\quad 5
\end{array}$$

表示为多项式形式，得

$$(x-2)(x^2+3)=(x^3-2x^2+3x-1)-5.$$

以 $\boldsymbol{A}$ 代替 x 且利用矩阵的运算律，则有

$$(\boldsymbol{A}-2\boldsymbol{E}_n)(\boldsymbol{A}^2+3\boldsymbol{E}_n)=(\boldsymbol{A}^3-2\boldsymbol{A}^2+3\boldsymbol{A}-\boldsymbol{E}_n)-5\boldsymbol{E}_n=-5\boldsymbol{E}_n,$$

所以

$$\boldsymbol{A}-2\boldsymbol{E}_n\text{ 可逆，且}(\boldsymbol{A}-2\boldsymbol{E}_n)^{-1}=-\frac{1}{5}(\boldsymbol{A}^2+3\boldsymbol{E}_n).$$

例 2.5.2 下列矩阵是否可逆？如果可逆，求其逆矩阵.

(1) $\boldsymbol{A}=\begin{pmatrix}1&3&1\\2&6&1\\0&0&1\end{pmatrix}$； (2) $\boldsymbol{B}=\begin{pmatrix}1&3&1\\2&5&1\\0&0&1\end{pmatrix}$.

解： (1) $\begin{pmatrix}1&3&1&1&0&0\\2&6&1&0&1&0\\0&0&1&0&0&1\end{pmatrix}\to\begin{pmatrix}1&3&1&1&0&0\\0&0&-1&-2&1&0\\0&0&1&0&0&1\end{pmatrix}$

易知矩阵 $\boldsymbol{A}$ 不可逆.

(2) $\begin{pmatrix} 1 & 3 & 1 & 1 & 0 & 0 \\ 2 & 5 & 1 & 0 & 1 & 0 \\ 0 & 0 & 1 & 0 & 0 & 1 \end{pmatrix} \to \begin{pmatrix} 1 & 3 & 1 & 1 & 0 & 0 \\ 0 & -1 & -1 & -2 & 1 & 0 \\ 0 & 0 & 1 & 0 & 0 & 1 \end{pmatrix}$

$\to \begin{pmatrix} 1 & 0 & -2 & -5 & 3 & 0 \\ 0 & -1 & -1 & -2 & 1 & 0 \\ 0 & 0 & 1 & 0 & 0 & 1 \end{pmatrix} \to \begin{pmatrix} 1 & 0 & 0 & -5 & 3 & 2 \\ 0 & -1 & 0 & -2 & 1 & 1 \\ 0 & 0 & 1 & 0 & 0 & 1 \end{pmatrix}$

$\to \begin{pmatrix} 1 & 0 & 0 & -5 & 3 & 2 \\ 0 & 1 & 0 & 2 & -1 & -1 \\ 0 & 0 & 1 & 0 & 0 & 1 \end{pmatrix}$,

所以矩阵 $\boldsymbol{B}$ 为可逆的，其逆矩阵为

$$\boldsymbol{B}^{-1} = \begin{pmatrix} -5 & 3 & 2 \\ 2 & -1 & -1 \\ 0 & 0 & 1 \end{pmatrix}.$$

例 2.5.3 n 阶对角矩阵

$$\boldsymbol{A} = \begin{pmatrix} a_1 & 0 & 0 & \cdots & 0 \\ 0 & a_2 & 0 & \cdots & 0 \\ \vdots & \vdots & \vdots & & \vdots \\ 0 & 0 & 0 & \cdots & a_n \end{pmatrix}$$

且 $a_i \neq 0(i=1, 2, \cdots, n)$，求证：$\boldsymbol{A}$ 可逆，且

$$\boldsymbol{A}^{-1} = \begin{pmatrix} \frac{1}{a_1} & 0 & 0 & \cdots & 0 \\ 0 & \frac{1}{a_2} & 0 & \cdots & 0 \\ \vdots & \vdots & \vdots & & \vdots \\ 0 & 0 & 0 & \cdots & \frac{1}{a_n} \end{pmatrix}.$$

证明：由于

$$\begin{pmatrix} a_1 & 0 & 0 & \cdots & 0 \\ 0 & a_2 & 0 & \cdots & 0 \\ \vdots & \vdots & \vdots & & \vdots \\ 0 & 0 & 0 & \cdots & a_n \end{pmatrix} \begin{pmatrix} \frac{1}{a_1} & 0 & 0 & \cdots & 0 \\ 0 & \frac{1}{a_2} & 0 & \cdots & 0 \\ \vdots & \vdots & \vdots & & \vdots \\ 0 & 0 & 0 & \cdots & \frac{1}{a_n} \end{pmatrix}$$

$$=\begin{pmatrix} \frac{1}{a_1} & 0 & 0 & \cdots & 0 \\ 0 & \frac{1}{a_2} & 0 & \cdots & 0 \\ \vdots & \vdots & \vdots & & \vdots \\ 0 & 0 & 0 & \cdots & \frac{1}{a_n} \end{pmatrix}\begin{pmatrix} a_1 & 0 & 0 & \cdots & 0 \\ 0 & a_2 & 0 & \cdots & 0 \\ \vdots & \vdots & \vdots & & \vdots \\ 0 & 0 & 0 & \cdots & a_n \end{pmatrix}=\boldsymbol{E},$$

所以 $\boldsymbol{A}$ 可逆，且

$$\boldsymbol{A}^{-1}=\begin{pmatrix} \frac{1}{a_1} & 0 & 0 & \cdots & 0 \\ 0 & \frac{1}{a_2} & 0 & \cdots & 0 \\ \vdots & \vdots & \vdots & & \vdots \\ 0 & 0 & 0 & \cdots & \frac{1}{a_n} \end{pmatrix}.$$

例 2.5.4 求矩阵

$$\boldsymbol{A}=\begin{pmatrix} 0 & a_1 & & \\ & 0 & \ddots & \\ & & \ddots & a_{n-1} \\ a_n & & & 0 \end{pmatrix}$$

的逆矩阵，其中 $a_1a_2\cdot\cdots\cdot a_n\neq0$.

解：
$$\begin{pmatrix} 0 & a_1 & & \\ & 0 & \ddots & \\ & & \ddots & a_{n-1} \\ a_n & & & 0 \\ 1 & & & \\ & 1 & & \\ & & \ddots & \\ & & & 1 \end{pmatrix}\to\begin{pmatrix} a_1 & & & \\ & a_2 & & \\ & & \ddots & \\ & & & a_n \\ 0 & & & 1 \\ 1 & 0 & & \\ & \ddots & \ddots & \\ & & 1 & 0 \end{pmatrix}$$

$$\to\begin{pmatrix} 1 & & & \\ & 1 & & \\ & & \ddots & \\ & & & 1 \\ 0 & & & a_n^{-1} \\ a_1^{-1} & 0 & & \\ & \ddots & \ddots & \\ & & a_{n-1}^{-1} & 0 \end{pmatrix},$$

所以

$$\boldsymbol{A}^{-1}=\begin{pmatrix} 0 & & & a_n^{-1} \\ a_1^{-1} & 0 & & \\ & \ddots & \ddots & \\ & & a_{n-1}^{-1} & 0 \end{pmatrix}.$$

2.6 分块矩阵

对于行数与列数较大的矩阵通常需要把它分割成一些较小的矩阵(称为块)来进行讨论，然后把每个小块当元素，则由此所构成的以块为元素的新矩阵的“阶数”迅速减小. 这即是矩阵的分块. 这种方法在矩阵理论中非常有用，常常可以使问题变得简明扼要.

2.6.1 分块矩阵的定义

将一个大型矩阵分成若干小块，从而构成一个分块矩阵，这是矩阵运算中一个重要技巧. 所谓的矩阵分块，就是使用若干条纵线和横线把矩阵 $\boldsymbol{A}$ 分成许多小矩阵，每个小矩阵称之为 $\boldsymbol{A}$ 的子块，以子块作为元素，该种形式上的矩阵我们称之为分块矩阵.

对于一个矩阵可有许多种分块的方法.

例如：

$$\boldsymbol{A}=\begin{pmatrix} a_{11} & a_{12} & a_{13} & a_{14} \\ a_{21} & a_{22} & a_{23} & a_{24} \\ a_{31} & a_{32} & a_{33} & a_{34} \end{pmatrix},$$

我们在这里仅给出矩阵 $\boldsymbol{A}$ 的 5 种分块方法.

分法一：

$$\boldsymbol{A}=\left(\begin{array}{cc|cc} a_{11} & a_{12} & a_{13} & a_{14} \\ a_{21} & a_{22} & a_{23} & a_{24} \\ \hline a_{31} & a_{32} & a_{33} & a_{34} \end{array}\right).$$

分法二：

$$\boldsymbol{A}=\left(\begin{array}{c|c|c|c} a_{11} & a_{12} & a_{13} & a_{14} \\ \hline a_{21} & a_{22} & a_{23} & a_{24} \\ \hline a_{31} & a_{32} & a_{33} & a_{34} \end{array}\right).$$

分法三：

$$\boldsymbol{A}=\left(\begin{array}{c|cc|c} a_{11} & a_{12} & a_{13} & a_{14} \\ \hline a_{21} & a_{22} & a_{23} & a_{24} \\ \hline a_{31} & a_{32} & a_{33} & a_{34} \end{array}\right).$$

分法四：

$$\boldsymbol{A}=\left(\begin{array}{c|c|c|c} a_{11} & a_{12} & a_{13} & a_{14} \\ a_{21} & a_{22} & a_{23} & a_{24} \\ a_{31} & a_{32} & a_{33} & a_{34} \end{array}\right).$$

分法五：

$$\boldsymbol{A}=\left(\begin{array}{cccc} a_{11} & a_{12} & a_{13} & a_{14} \\ \hline a_{21} & a_{22} & a_{23} & a_{24} \\ \hline a_{31} & a_{32} & a_{33} & a_{34} \end{array}\right).$$

分法一可记作：

$$\boldsymbol{A}=\begin{pmatrix} \boldsymbol{A}_{11} & \boldsymbol{A}_{12} \\ \boldsymbol{A}_{21} & \boldsymbol{A}_{22} \end{pmatrix},$$

其中

$$\boldsymbol{A}_{11}=\begin{pmatrix} a_{11} & a_{12} \\ a_{21} & a_{22} \end{pmatrix},\ \boldsymbol{A}_{12}=\begin{pmatrix} a_{13} & a_{14} \\ a_{23} & a_{24} \end{pmatrix},$$

$$\boldsymbol{A}_{21}=(a_{31} \quad a_{32}),\ \boldsymbol{A}_{22}=(a_{33} \quad a_{34}).$$

分法四可记作：

$$\boldsymbol{A}=(\boldsymbol{A}_{11} \quad \boldsymbol{A}_{12} \quad \boldsymbol{A}_{13} \quad \boldsymbol{A}_{14}),$$

其中

$$\boldsymbol{A}_{11}=\begin{pmatrix} a_{11} \\ a_{21} \\ a_{31} \end{pmatrix},\ \boldsymbol{A}_{12}=\begin{pmatrix} a_{12} \\ a_{22} \\ a_{32} \end{pmatrix},\ \boldsymbol{A}_{13}=\begin{pmatrix} a_{13} \\ a_{23} \\ a_{33} \end{pmatrix},\ \boldsymbol{A}_{14}=\begin{pmatrix} a_{14} \\ a_{24} \\ a_{34} \end{pmatrix}.$$

分法五可记作：

$$\boldsymbol{A}=\begin{pmatrix} \boldsymbol{A}_{11} \\ \boldsymbol{A}_{21} \\ \boldsymbol{A}_{31} \end{pmatrix},$$

其中

$$\boldsymbol{A}_{11}=(a_{11} \quad a_{12} \quad a_{13} \quad a_{14}),$$

$$\boldsymbol{A}_{21}=(a_{21} \quad a_{22} \quad a_{23} \quad a_{24}),$$

$$\boldsymbol{A}_{31}=(a_{31} \quad a_{32} \quad a_{33} \quad a_{34}).$$

按照该种分法，如果把矩阵 $\boldsymbol{A}$ 的每个元素作为一个子块，此时 $\boldsymbol{A}$ 的分块依然记作

$$\boldsymbol{A}=\begin{pmatrix} a_{11} & a_{12} & a_{13} & a_{14} \\ a_{21} & a_{22} & a_{23} & a_{24} \\ a_{31} & a_{32} & a_{33} & a_{34} \end{pmatrix}.$$

2.6.2 分块矩阵的运算

2.6.2.1 分块矩阵的加法

设矩阵 $\boldsymbol{A}$，$\boldsymbol{B}$ 都是 $m\times n$ 矩阵，用相同的方法把 $\boldsymbol{A}$ 和 $\boldsymbol{B}$ 分块，

$$\boldsymbol{A}=\begin{pmatrix} \boldsymbol{A}_{11} & \boldsymbol{A}_{12} & \cdots & \boldsymbol{A}_{1t} \\ \boldsymbol{A}_{21} & \boldsymbol{A}_{22} & \cdots & \boldsymbol{A}_{2t} \\ \vdots & \vdots & & \vdots \\ \boldsymbol{A}_{s1} & \boldsymbol{A}_{s2} & \cdots & \boldsymbol{A}_{st} \end{pmatrix},\ \boldsymbol{B}=\begin{pmatrix} \boldsymbol{B}_{11} & \boldsymbol{B}_{12} & \cdots & \boldsymbol{B}_{1t} \\ \boldsymbol{B}_{21} & \boldsymbol{B}_{22} & \cdots & \boldsymbol{B}_{2t} \\ \vdots & \vdots & & \vdots \\ \boldsymbol{B}_{s1} & \boldsymbol{B}_{s2} & \cdots & \boldsymbol{B}_{st} \end{pmatrix},$$

其中 $\boldsymbol{A}_{ij}$ 和 $\boldsymbol{B}_{ij}$（$i=1$，2，…，s；$j=1$，2，…，t）的行数、列数相同，那么

$$\boldsymbol{A}+\boldsymbol{B}=\begin{pmatrix} \boldsymbol{A}_{11}+\boldsymbol{B}_{11} & \boldsymbol{A}_{12}+\boldsymbol{B}_{12} & \cdots & \boldsymbol{A}_{1t}+\boldsymbol{B}_{1t} \\ \boldsymbol{A}_{21}+\boldsymbol{B}_{21} & \boldsymbol{A}_{22}+\boldsymbol{B}_{22} & \cdots & \boldsymbol{A}_{2t}+\boldsymbol{B}_{2t} \\ \vdots & \vdots & & \vdots \\ \boldsymbol{A}_{s1}+\boldsymbol{B}_{s1} & \boldsymbol{A}_{s2}+\boldsymbol{B}_{s2} & \cdots & \boldsymbol{A}_{st}+\boldsymbol{B}_{st} \end{pmatrix}.$$

2.6.2.2 数乘分块矩阵

设 λ 为数，如果

$$\boldsymbol{A}=\begin{pmatrix} \boldsymbol{A}_{11} & \boldsymbol{A}_{12} & \cdots & \boldsymbol{A}_{1t} \\ \boldsymbol{A}_{21} & \boldsymbol{A}_{22} & \cdots & \boldsymbol{A}_{2t} \\ \vdots & \vdots & & \vdots \\ \boldsymbol{A}_{s1} & \boldsymbol{A}_{s2} & \cdots & \boldsymbol{A}_{st} \end{pmatrix},$$

那么

$$\lambda\boldsymbol{A}=\begin{pmatrix} \lambda\boldsymbol{A}_{11} & \lambda\boldsymbol{A}_{12} & \cdots & \lambda\boldsymbol{A}_{1t} \\ \lambda\boldsymbol{A}_{21} & \lambda\boldsymbol{A}_{22} & \cdots & \lambda\boldsymbol{A}_{2t} \\ \vdots & \vdots & & \vdots \\ \lambda\boldsymbol{A}_{s1} & \lambda\boldsymbol{A}_{s2} & \cdots & \lambda\boldsymbol{A}_{st} \end{pmatrix}.$$

2.6.2.3 分块矩阵的乘法

设 $\boldsymbol{A}=(a_{ik})_{s\times n}$，$\boldsymbol{B}=(b_{kj})_{n\times m}$，把 $\boldsymbol{A}$ 和 $\boldsymbol{B}$ 分成一些小矩阵，

$$\boldsymbol{A}=\begin{pmatrix}\boldsymbol{A}_{11} & \boldsymbol{A}_{12} & \cdots & \boldsymbol{A}_{1t}\\ \boldsymbol{A}_{21} & \boldsymbol{A}_{22} & \cdots & \boldsymbol{A}_{2t}\\ \vdots & \vdots & & \vdots\\ \boldsymbol{A}_{s1} & \boldsymbol{A}_{s2} & \cdots & \boldsymbol{A}_{st}\end{pmatrix}, \tag{2-6-1}$$

$$\boldsymbol{B}=\begin{pmatrix}\boldsymbol{B}_{11} & \boldsymbol{B}_{12} & \cdots & \boldsymbol{B}_{1r}\\ \boldsymbol{B}_{21} & \boldsymbol{B}_{22} & \cdots & \boldsymbol{B}_{2r}\\ \vdots & \vdots & & \vdots\\ \boldsymbol{B}_{t1} & \boldsymbol{B}_{t2} & \cdots & \boldsymbol{B}_{tr}\end{pmatrix}, \tag{2-6-2}$$

其中，$\boldsymbol{A}_{i1}$，$\boldsymbol{A}_{i2}$，…，$\boldsymbol{A}_{it}$ 的列数分别等于 $\boldsymbol{B}_{1j}$，$\boldsymbol{B}_{2j}$，…，$\boldsymbol{B}_{tj}$ 的行数，于是有

$$\boldsymbol{AB}=\begin{pmatrix}\boldsymbol{C}_{11} & \boldsymbol{C}_{12} & \cdots & \boldsymbol{C}_{1r}\\ \boldsymbol{C}_{21} & \boldsymbol{C}_{22} & \cdots & \boldsymbol{C}_{2r}\\ \vdots & \vdots & & \vdots\\ \boldsymbol{C}_{s1} & \boldsymbol{C}_{s2} & \cdots & \boldsymbol{C}_{sr}\end{pmatrix},$$

其中，$\boldsymbol{C}_{ij}=\boldsymbol{A}_{i1}\boldsymbol{B}_{1j}+\boldsymbol{A}_{i2}\boldsymbol{B}_{2j}+\cdots+\boldsymbol{A}_{il}\boldsymbol{B}_{lj}=\sum\limits_{k=1}^{l}\boldsymbol{A}_{ik}\boldsymbol{B}_{kj}$ $(i=1, 2, \cdots, s; j=1, 2, \cdots, r)$.

上述结果用矩阵乘积的定义可直接验证，值得注意的是式(2-6-1)中矩阵列的分法和式(2-6-2)中矩阵行的分法必须一致.

2.6.2.4 分块矩阵的转置

设分块矩阵为

$$\boldsymbol{A}=\begin{pmatrix}\boldsymbol{A}_{11} & \boldsymbol{A}_{12} & \cdots & \boldsymbol{A}_{1t}\\ \boldsymbol{A}_{21} & \boldsymbol{A}_{22} & \cdots & \boldsymbol{A}_{2t}\\ \vdots & \vdots & & \vdots\\ \boldsymbol{A}_{s1} & \boldsymbol{A}_{s2} & \cdots & \boldsymbol{A}_{st}\end{pmatrix},$$

则

$$\boldsymbol{A}^{T}=\begin{pmatrix}\boldsymbol{A}_{11}^{T} & \boldsymbol{A}_{21}^{T} & \cdots & \boldsymbol{A}_{s1}^{T}\\ \boldsymbol{A}_{12}^{T} & \boldsymbol{A}_{22}^{T} & \cdots & \boldsymbol{A}_{s2}^{T}\\ \vdots & \vdots & & \vdots\\ \boldsymbol{A}_{1t}^{T} & \boldsymbol{A}_{2t}^{T} & \cdots & \boldsymbol{A}_{st}^{T}\end{pmatrix}.$$

也就是说对分块矩阵求转置，不仅要将分块矩阵的行与列互换，还要对每一个子块求转置.

2.6.3 分块矩阵的应用

矩阵分块后矩阵之间的相互关系可以看得更加清楚，在定义矩阵的行秩和列秩时已经应用了分块的思想.

例 2.6.1 将矩阵 $\boldsymbol{A}_{5\times5}$ 和 $\boldsymbol{B}_{5\times4}$ 分成 2×2 的分块矩阵，并用分块矩阵计算 $\boldsymbol{AB}$，其中

$$\boldsymbol{A}=\begin{pmatrix}-1&0&1&2&3\\0&-1&-2&0&1\\0&0&3&0&0\\0&0&0&3&0\\0&0&0&0&3\end{pmatrix},\ \boldsymbol{B}=\begin{pmatrix}1&3&0&-1\\2&1&-1&0\\-1&2&0&0\\3&1&0&0\\2&3&0&0\end{pmatrix}.$$

解：易知，矩阵 $\boldsymbol{A}$ 可分成

$$\boldsymbol{A}=\left(\begin{array}{cc:ccc}-1&0&1&2&3\\0&-1&-2&0&1\\\hdashline 0&0&3&0&0\\0&0&0&3&0\\0&0&0&0&3\end{array}\right)=\begin{pmatrix}-\boldsymbol{E}_2&\boldsymbol{A}_{12}\\\boldsymbol{O}&3\boldsymbol{E}_3\end{pmatrix},$$

其中

$$\boldsymbol{A}_{12}=\begin{pmatrix}1&2&3\\-2&0&1\end{pmatrix}.$$

根据分块矩阵乘法，矩阵 $\boldsymbol{B}$ 的分法应与 $\boldsymbol{A}$ 的分法一致，即

$$\boldsymbol{B}=\left(\begin{array}{cc:cc}1&3&0&-1\\2&1&-1&0\\\hdashline -1&2&0&0\\3&1&0&0\\2&3&0&0\end{array}\right)=\begin{pmatrix}\boldsymbol{B}_{11}&-\boldsymbol{E}_2\\\boldsymbol{B}_{21}&\boldsymbol{O}\end{pmatrix},$$

其中

$$\boldsymbol{B}_{11}=\begin{pmatrix}1&3\\2&1\end{pmatrix},\ \boldsymbol{B}_{21}=\begin{pmatrix}-1&2\\3&1\\2&3\end{pmatrix}.$$

于是

$$\boldsymbol{AB}=\begin{pmatrix}-\boldsymbol{E}_2&\boldsymbol{A}_{12}\\\boldsymbol{O}&3\boldsymbol{E}_3\end{pmatrix}\begin{pmatrix}\boldsymbol{B}_{11}&-\boldsymbol{E}_2\\\boldsymbol{B}_{21}&\boldsymbol{O}\end{pmatrix}=\begin{pmatrix}-\boldsymbol{B}_{11}+\boldsymbol{A}_{12}\boldsymbol{B}_{21}&-\boldsymbol{E}_2(-\boldsymbol{E}_2)\\3\boldsymbol{E}_3\boldsymbol{B}_{21}&\boldsymbol{O}\end{pmatrix}.$$

因此

$$AB=\begin{pmatrix}10 & 10 & 1 & 0\\ 2 & -2 & 0 & 1\\ -3 & 6 & 0 & 0\\ 9 & 3 & 0 & 0\\ 6 & 9 & 0 & 0\end{pmatrix}.$$

例 2.6.2 证明

$$\begin{vmatrix}\boldsymbol{A} & \boldsymbol{O}\\ \boldsymbol{C} & \boldsymbol{B}\end{vmatrix}=|\boldsymbol{A}||\boldsymbol{B}|,$$

其中 $\boldsymbol{A}$，$\boldsymbol{B}$ 分别是 k 阶和 r 阶的可逆矩阵，$\boldsymbol{C}$ 是 $r\times k$ 矩阵，$\boldsymbol{O}$ 是 $k\times r$ 零矩阵.

证明：由于

$$\boldsymbol{D}=\begin{pmatrix}\boldsymbol{A} & \boldsymbol{O}\\ \boldsymbol{C} & \boldsymbol{B}\end{pmatrix}=\begin{pmatrix}\boldsymbol{A} & \boldsymbol{O}\\ \boldsymbol{O} & \boldsymbol{E}\end{pmatrix}\begin{pmatrix}\boldsymbol{E} & \boldsymbol{O}\\ \boldsymbol{C} & \boldsymbol{E}\end{pmatrix}\begin{pmatrix}\boldsymbol{E} & \boldsymbol{O}\\ \boldsymbol{O} & \boldsymbol{B}\end{pmatrix},$$

所以

$$|\boldsymbol{D}|=\begin{vmatrix}\boldsymbol{A} & \boldsymbol{O}\\ \boldsymbol{C} & \boldsymbol{B}\end{vmatrix}=\begin{vmatrix}\boldsymbol{A} & \boldsymbol{O}\\ \boldsymbol{O} & \boldsymbol{E}\end{vmatrix}\begin{vmatrix}\boldsymbol{E} & \boldsymbol{O}\\ \boldsymbol{C} & \boldsymbol{E}\end{vmatrix}\begin{vmatrix}\boldsymbol{E} & \boldsymbol{O}\\ \boldsymbol{O} & \boldsymbol{B}\end{vmatrix},$$

而

$$\begin{vmatrix}\boldsymbol{A} & \boldsymbol{O}\\ \boldsymbol{O} & \boldsymbol{E}\end{vmatrix}=|\boldsymbol{A}|,\quad \begin{vmatrix}\boldsymbol{E} & \boldsymbol{O}\\ \boldsymbol{C} & \boldsymbol{E}\end{vmatrix}=1,\quad \begin{vmatrix}\boldsymbol{E} & \boldsymbol{O}\\ \boldsymbol{O} & \boldsymbol{B}\end{vmatrix}=|\boldsymbol{B}|,$$

所以

$$|\boldsymbol{D}|=|\boldsymbol{A}||\boldsymbol{B}|,$$

即

$$\begin{vmatrix}\boldsymbol{A} & \boldsymbol{O}\\ \boldsymbol{C} & \boldsymbol{B}\end{vmatrix}=|\boldsymbol{A}||\boldsymbol{B}|,$$

同样可以证明

$$\begin{vmatrix}\boldsymbol{A} & \boldsymbol{C}\\ \boldsymbol{O} & \boldsymbol{B}\end{vmatrix}=|\boldsymbol{A}||\boldsymbol{B}|,$$

其中 $\boldsymbol{A}$，$\boldsymbol{B}$ 分别是 k 阶和 r 阶的可逆矩阵，$\boldsymbol{C}$ 是 $k\times r$ 矩阵，$\boldsymbol{O}$ 是 $r\times k$ 零矩阵.

定理 2.6.1 两个矩阵的和的秩不超过这两个矩阵的秩的和，即

$$R(\boldsymbol{A}+\boldsymbol{B})\leqslant R(\boldsymbol{A})+R(\boldsymbol{B}).$$

证明：设 $\boldsymbol{A}$，$\boldsymbol{B}$ 是两个 $s\times n$ 矩阵，用 $\boldsymbol{a}_1$，$\boldsymbol{a}_2$，…，$\boldsymbol{a}_s$ 和 $\boldsymbol{b}_1$，$\boldsymbol{b}_2$，…，$\boldsymbol{b}_s$ 来表示 $\boldsymbol{A}$ 和 $\boldsymbol{B}$ 的行向量，于是可将 $\boldsymbol{A}$，$\boldsymbol{B}$ 表示为分块矩阵：

$$\boldsymbol{A}=\begin{pmatrix}\boldsymbol{a}_1\\\boldsymbol{a}_2\\\vdots\\\boldsymbol{a}_s\end{pmatrix},\ \boldsymbol{B}=\begin{pmatrix}\boldsymbol{b}_1\\\boldsymbol{b}_2\\\vdots\\\boldsymbol{b}_s\end{pmatrix},$$

于是

$$\boldsymbol{A}+\boldsymbol{B}=\begin{pmatrix}\boldsymbol{a}_1+\boldsymbol{b}_1\\\boldsymbol{a}_2+\boldsymbol{b}_2\\\vdots\\\boldsymbol{a}_s+\boldsymbol{b}_s\end{pmatrix}.$$

这表明 $\boldsymbol{A}+\boldsymbol{B}$ 的行向量组可以由向量组 $\boldsymbol{a}_1$，$\boldsymbol{a}_2$，…，$\boldsymbol{a}_s$ 和 $\boldsymbol{b}_1$，$\boldsymbol{b}_2$，…，$\boldsymbol{b}_s$ 线性表示，因此

$$\begin{aligned}R(\boldsymbol{A}+\boldsymbol{B})&\leqslant R\{\boldsymbol{a}_1,\ \boldsymbol{a}_2,\ \cdots,\ \boldsymbol{a}_s,\ \boldsymbol{b}_1,\ \boldsymbol{b}_2,\ \cdots,\ \boldsymbol{b}_s\}\\&\leqslant R\{\boldsymbol{a}_1,\ \boldsymbol{a}_2,\ \cdots,\ \boldsymbol{a}_s\}+R\{\boldsymbol{b}_1,\ \boldsymbol{b}_2,\ \cdots,\ \boldsymbol{b}_s\}\\&=R(\boldsymbol{A})+R(\boldsymbol{B}).\end{aligned}$$

推广 一般地，$R(\boldsymbol{A}_1+\boldsymbol{A}_2+\cdots+\boldsymbol{A}_t)\leqslant R(\boldsymbol{A}_1)+R(\boldsymbol{A}_2)+\cdots+R(\boldsymbol{A}_t)$.

定理 2.6.2 矩阵乘积的秩不超过各因子的秩，即

$$R(\boldsymbol{AB})\leqslant\min\{R(\boldsymbol{A}),\ R(\boldsymbol{B})\}.$$

证明：设

$$\boldsymbol{A}=(a_{ij})_{s\times n},\ \boldsymbol{B}=(b_{ij})_{n\times m},$$

用 $\boldsymbol{b}_1$，$\boldsymbol{b}_2$，…，$\boldsymbol{b}_n$ 表示 $\boldsymbol{B}$ 的行向量，则

$$\boldsymbol{B}=\begin{pmatrix}\boldsymbol{b}_1\\\boldsymbol{b}_2\\\vdots\\\boldsymbol{b}_n\end{pmatrix},$$

于是

$$\begin{aligned}\boldsymbol{AB}&=\begin{pmatrix}a_{11}&a_{12}&\cdots&a_{1n}\\a_{21}&a_{22}&\cdots&a_{2n}\\\vdots&\vdots&&\vdots\\a_{s1}&a_{s2}&\cdots&a_{sn}\end{pmatrix}\begin{pmatrix}\boldsymbol{b}_1\\\boldsymbol{b}_2\\\vdots\\\boldsymbol{b}_n\end{pmatrix}\\&=\begin{pmatrix}a_{11}\boldsymbol{b}_1&a_{12}\boldsymbol{b}_2&\cdots&a_{1n}\boldsymbol{b}_n\\a_{21}\boldsymbol{b}_1&a_{22}\boldsymbol{b}_2&\cdots&a_{2n}\boldsymbol{b}_n\\\vdots&\vdots&&\vdots\\a_{s1}\boldsymbol{b}_1&a_{s2}\boldsymbol{b}_2&\cdots&a_{sn}\boldsymbol{b}_n\end{pmatrix}.\end{aligned}$$

说明 $\boldsymbol{AB}$ 的行向量可由 $\boldsymbol{B}$ 的行向量线性表示，故

$R(\boldsymbol{AB})\leqslant R(\boldsymbol{B})$.

用 $\boldsymbol{a}_1$，$\boldsymbol{a}_2$，…，$\boldsymbol{a}_n$ 表示 $\boldsymbol{A}$ 的列向量，则 $\boldsymbol{A}$ 的分块矩阵为

$\boldsymbol{A}=(\boldsymbol{a}_1, \boldsymbol{a}_2, \cdots, \boldsymbol{a}_n)$，

故

$$\boldsymbol{AB}=(\boldsymbol{a}_1, \boldsymbol{a}_2, \cdots, \boldsymbol{a}_n)\begin{pmatrix} b_{11} & b_{12} & \cdots & b_{1m} \\ b_{21} & b_{22} & \cdots & b_{2m} \\ \vdots & \vdots & & \vdots \\ b_{n1} & b_{n2} & \cdots & b_{nm} \end{pmatrix}$$

$$=\left(\sum_{k=1}^{n} b_{k1}\boldsymbol{a}_k \quad \sum_{k=1}^{n} b_{k2}\boldsymbol{a}_k \quad \cdots \quad \sum_{k=1}^{n} b_{km}\boldsymbol{a}_k\right).$$

说明 $\boldsymbol{AB}$ 的列向量可由 $\boldsymbol{A}$ 的列向量线性表示，故

$$R(\boldsymbol{AB})\leqslant R(\boldsymbol{A}).$$

综上可得，

$$R(\boldsymbol{AB})\leqslant \min\{R(\boldsymbol{A}), R(\boldsymbol{B})\}.$$

推广　一般地，$R(\boldsymbol{A}_1\boldsymbol{A}_2\cdot\cdots\cdot\boldsymbol{A}_t)\leqslant \min\{R(\boldsymbol{A}_1), R(\boldsymbol{A}_2), \cdots, R(\boldsymbol{A}_t)\}$.

定理 2.6.3　矩阵乘积的行列式等于矩阵因子的行列式的乘积，即

$$|\boldsymbol{AB}|=|\boldsymbol{A}|\cdot|\boldsymbol{B}|.$$

证明：设

$$\boldsymbol{A}=(a_{ij})_{n\times n}, \ \boldsymbol{B}=(b_{ij})_{n\times n},$$

其乘积为

$$\boldsymbol{C}=\boldsymbol{AB}=(c_{ij})_{n\times n},$$

其中

$$c_{ij}=a_{i1}b_{1j}+a_{i2}b_{2j}+\cdots+a_{in}b_{nj}.$$

另一方面通过 Laplace 定理可知 $2n$ 阶矩阵

$$\boldsymbol{D}=\begin{pmatrix} \boldsymbol{A} & \boldsymbol{O} \\ -\boldsymbol{E} & \boldsymbol{B} \end{pmatrix}$$

的行列式

$$|\boldsymbol{D}|=|\boldsymbol{A}|\cdot|\boldsymbol{B}|,$$

所以只要证得 $|\boldsymbol{D}|=|\boldsymbol{C}|$ 即可.

推广　一般地，$|\boldsymbol{A}_1\boldsymbol{A}_2\cdot\cdots\cdot\boldsymbol{A}_t|=|\boldsymbol{A}_1|\cdot|\boldsymbol{A}_2|\cdot\cdots\cdot|\boldsymbol{A}_t|$，其中，$\boldsymbol{A}_i$ 是 n 阶矩阵($i=1, 2, \cdots, t$).

第3章 向量组

向量不同于数量，它具有自身的一套运算体系，它在数学与物理学中有着广泛的应用. 另外，由于线性方程组解的情况与一个有序数组存在一一对应关系，因此，一个线性方程组就对应于若干个有序数组. 这样，对线性方程组的研究就可以转化成讨论若干个有序数组. 综上所述，我们引进向量组的概念. 为了在理论上深入研究与此相关的问题，我们还将引入向量空间等概念，讨论向量间的线性关系，并在此基础上，研究线性方程组解的性质和解的结构等问题.

3.1 向量组及其线性组合

定义 3.1.1 设 $\boldsymbol{\alpha}_1$，$\boldsymbol{\alpha}_2$，…，$\boldsymbol{\alpha}_s$ 都是数域 F 上的 n 维向量，如果存在数域 F 上的数 k_1，k_2，…，k_s，使得

$$\boldsymbol{\beta}=k_1\boldsymbol{\alpha}_1+k_2\boldsymbol{\alpha}_2+\cdots+k_s\boldsymbol{\alpha}_s,$$

则称 $\boldsymbol{\beta}$ 是向量 $\boldsymbol{\alpha}_1$，$\boldsymbol{\alpha}_2$，…，$\boldsymbol{\alpha}_s$ 的线性组合，或称 $\boldsymbol{\beta}$ 可由向量 $\boldsymbol{\alpha}_1$，$\boldsymbol{\alpha}_2$，…，$\boldsymbol{\alpha}_s$ 线性表出.

例如，向量 $\boldsymbol{\alpha}_1=(1, 1, 0)$，$\boldsymbol{\alpha}_2=(1, -1, 1)$，$\boldsymbol{\beta}=(2, 0, 1)$，则 $\boldsymbol{\beta}=\boldsymbol{\alpha}_1+\boldsymbol{\alpha}_2$，因此向量 $\boldsymbol{\beta}$ 是向量 $\boldsymbol{\alpha}_1$，$\boldsymbol{\alpha}_2$ 的线性组合，也可以说，$\boldsymbol{\beta}$ 可由向量 $\boldsymbol{\alpha}_1$，$\boldsymbol{\alpha}_2$ 线性表出.

设 n 维向量

$$\boldsymbol{\varepsilon}_1=(1, 0, \cdots, 0),\ \boldsymbol{\varepsilon}_2=(0, 1, \cdots, 0),\ \cdots,\ \boldsymbol{\varepsilon}_n=(0, 0, \cdots, 1),$$

则任何一个 n 维向量 $\boldsymbol{\alpha}=(a_1, a_2, \cdots, a_n)$，都可由 $\boldsymbol{\varepsilon}_1$，$\boldsymbol{\varepsilon}_2$，…，$\boldsymbol{\varepsilon}_n$ 线性表出：

$$\boldsymbol{\alpha}=a_1\boldsymbol{\varepsilon}_1+a_2\boldsymbol{\varepsilon}_2+\cdots+a_n\boldsymbol{\varepsilon}_n,$$

称 $\boldsymbol{\varepsilon}_1$，$\boldsymbol{\varepsilon}_2$，…，$\boldsymbol{\varepsilon}_n$ 为基本单位向量.

一般地，给定了一个 n 维向量 $\boldsymbol{\beta}$ 及一组 n 维向量 $\boldsymbol{\alpha}_1$，$\boldsymbol{\alpha}_2$，…，$\boldsymbol{\alpha}_s$，如何判别 $\boldsymbol{\beta}$ 能否由 $\boldsymbol{\alpha}_1$，$\boldsymbol{\alpha}_2$，…，$\boldsymbol{\alpha}_s$ 线性表出呢？若能表出，又能怎样表出呢？

把向量表示成列向量. 若向量 $\boldsymbol{\beta}=\begin{pmatrix} b_1 \\ b_2 \\ \vdots \\ b_n \end{pmatrix}$ 可由向量组 $\boldsymbol{\alpha}_j=\begin{pmatrix} a_{1j} \\ a_{2j} \\ \vdots \\ a_{nj} \end{pmatrix}$ $(j=1, 2, \cdots,$

s)线性表出，则有数 x_1，x_2，…，x_s，使得

$$x_1\boldsymbol{\alpha}_1+x_2\boldsymbol{\alpha}_2+\cdots+x_s\boldsymbol{\alpha}_s=(\boldsymbol{\alpha}_1,\ \boldsymbol{\alpha}_2,\ \cdots,\ \boldsymbol{\alpha}_s)\begin{pmatrix}x_1\\x_2\\\vdots\\x_s\end{pmatrix}=\boldsymbol{\beta}$$

成立. 上式按向量的分量写出，即

$$\begin{cases}a_{11}x_1+a_{12}x_2+\cdots+a_{1s}x_s=b_1,\\a_{21}x_1+a_{22}x_2+\cdots+a_{2s}x_s=b_2,\\\cdots,\\a_{n1}x_1+a_{n2}x_2+\cdots+a_{ns}x_s=b_n.\end{cases}$$

由此，得到下面的定理.

定理 3.1.1 设 n 维向量

$$\boldsymbol{\beta}=\begin{pmatrix}b_1\\b_2\\\vdots\\b_n\end{pmatrix},\ \boldsymbol{\alpha}_j=\begin{pmatrix}a_{1j}\\a_{2j}\\\vdots\\a_{nj}\end{pmatrix},\quad j=1,\ 2,\ \cdots,\ s.$$

记

$$\boldsymbol{A}_{n\times s}=(\boldsymbol{\alpha}_1,\ \boldsymbol{\alpha}_2,\ \cdots,\ \boldsymbol{\alpha}_s),\ (\boldsymbol{A},\ \boldsymbol{\beta})=(\boldsymbol{\alpha}_1,\ \boldsymbol{\alpha}_2,\ \cdots,\ \boldsymbol{\alpha}_s,\ \boldsymbol{\beta}),$$

则下面命题互为充分必要条件：

(1)$\boldsymbol{\beta}$ 可以由向量组 $\boldsymbol{\alpha}_1$，$\boldsymbol{\alpha}_2$，…，$\boldsymbol{\alpha}_s$ 线性表出；

(2)非齐次线性方程组 $\boldsymbol{AX}=\boldsymbol{\beta}$ 有解；

(3)$\mathrm{rank}(\boldsymbol{A})=\mathrm{rank}(\boldsymbol{A},\ \boldsymbol{\beta})$.

证明：(1)⇔(2)$\boldsymbol{\beta}$ 可由 $\boldsymbol{\alpha}_1$，$\boldsymbol{\alpha}_2$，…，$\boldsymbol{\alpha}_s$ 线性表出，系数设为 k_1，k_2，…，k_s，即

$$\boldsymbol{\beta}=k_1\boldsymbol{\alpha}_1+k_2\boldsymbol{\alpha}_2+\cdots+k_s\boldsymbol{\alpha}_s.$$

⇔方程组 $\boldsymbol{AX}=(\boldsymbol{\alpha}_1,\ \boldsymbol{\alpha}_2,\ \cdots,\ \boldsymbol{\alpha}_s)\begin{pmatrix}x_1\\x_2\\\vdots\\x_s\end{pmatrix}=\boldsymbol{\beta}$，即

$$\boldsymbol{\alpha}_1x_1+\boldsymbol{\alpha}_2x_2+\cdots+\boldsymbol{\alpha}_sx_s=\boldsymbol{\beta}$$

有解，且(x_1，x_2，…，x_s)=(k_1，k_2，…，k_s)是一个解.

(2)⇔(3)$\boldsymbol{AX}=\boldsymbol{\beta}$ 有解⇔$\mathrm{rank}(\boldsymbol{A})$⇔$\mathrm{rank}(\boldsymbol{A},\ \boldsymbol{\beta})$.

例 3.1.1 设 $\boldsymbol{\alpha}_1=(1,\ 2,\ 3)$，$\boldsymbol{\alpha}_2=(1,\ 3,\ 4)$，$\boldsymbol{\alpha}_3=(2,\ -1,\ 2)$，$\boldsymbol{\beta}=(2,\ 5,\ 8)$，则 $\boldsymbol{\beta}$ 能否由 $\boldsymbol{\alpha}_1$，$\boldsymbol{\alpha}_2$，$\boldsymbol{\alpha}_3$ 线性表出？若能表出，写出表达式.

解：将向量组处理成列向量，设

$$\boldsymbol{\beta}=\boldsymbol{\alpha}_1x_1+\boldsymbol{\alpha}_2x_2+\boldsymbol{\alpha}_3x_3,$$

按分量写出，即得线性方程组

$$\begin{cases}x_1+x_2+2x_3=2,\\2x_1+3x_2-x_3=5,\\3x_1+4x_2+2x_3=8.\end{cases}$$

将线性方程组的增广矩阵作初等变换化为阶梯形矩阵，得

$$(\boldsymbol{A},\ \boldsymbol{b})=\begin{pmatrix}1&1&2&2\\2&3&-1&5\\3&4&2&8\end{pmatrix}\to\begin{pmatrix}1&1&2&2\\0&1&-5&1\\0&1&-4&2\end{pmatrix}\to\begin{pmatrix}1&1&2&2\\0&1&-5&1\\0&0&1&1\end{pmatrix},$$

由阶梯形矩阵知 $\operatorname{rank}(\boldsymbol{A})=\operatorname{rank}(\boldsymbol{A},\ \boldsymbol{b})=3=n$(未知量个数)，故方程组有唯一解，且回代得解

$$(x_1,\ x_2,\ x_3)=(-6,\ 6,\ 1),$$

即 $\boldsymbol{\beta}$ 可由 $\boldsymbol{\alpha}_1$，$\boldsymbol{\alpha}_2$，$\boldsymbol{\alpha}_3$ 唯一线性表出，且

$$\boldsymbol{\beta}=-6\boldsymbol{\alpha}_1+6\boldsymbol{\alpha}_2+\boldsymbol{\alpha}_3.$$

3.2 向量组的线性相关性

3.2.1 线性相关与线性无关的概念

线性相关与线性无关是向量在线性运算下的一种性质. 首先，它来源于几何向量的共线、共面. 几何向量的共线、共面在线性代数中叫做线性相关，不共线、不共面则叫线性无关. 从线性组合的角度来看，确切地说，就是下述定义.

定义 3.2.1 设 $\boldsymbol{\alpha}_1$，$\boldsymbol{\alpha}_2$，…，$\boldsymbol{\alpha}_s$ 是一组 n 维向量，如果存在不全为零的数 k_1，k_2，…，k_s，使得

$$k_1\boldsymbol{\alpha}_1+k_2\boldsymbol{\alpha}_2+\cdots+k_s\boldsymbol{\alpha}_s=\boldsymbol{0},\tag{3 - 2 - 1}$$

则称向量组 $\boldsymbol{\alpha}_1$，$\boldsymbol{\alpha}_2$，…，$\boldsymbol{\alpha}_s$ 为线性相关，否则称为线性无关，即若不存在不全为零的数 k_1，k_2，…，k_s，使得式(3 - 2 - 1)成立，或者说“要使式(3 - 2 - 1)成立，k_1，k_2，…，k_s 必须全为零”，则向量组 $\boldsymbol{\alpha}_1$，$\boldsymbol{\alpha}_2$，…，$\boldsymbol{\alpha}_s$ 线性无关.

由定义可知，要说明向量组 $\boldsymbol{\alpha}_1$，$\boldsymbol{\alpha}_2$，…，$\boldsymbol{\alpha}_s$ 线性相关，只要找到不全为零的数 k_1，k_2，…，k_s 使式(3 - 2 - 1)成立即可.

例 3.2.1 设 $\boldsymbol{\alpha}_1=(1,\ 2,\ -1)$，$\boldsymbol{\alpha}_2=(2,\ -3,\ 1)$，$\boldsymbol{\alpha}_3=(4,\ 1,\ -1)$，它们是否线性相关?

解：由定义，设数 k_1，k_2，k_3，使

$$k_1\boldsymbol{\alpha}_1+k_2\boldsymbol{\alpha}_2+k_3\boldsymbol{\alpha}_3=\mathbf{0},$$

即

$$k_1(1,2,-1)+k_2(2,-3,1)+k_3(4,1,-1)=\mathbf{0},$$

比较等式两边，得

$$\begin{cases}k_1+2k_2+4k_3=0,\\2k_1-3k_2+k_3=0,\\-k_1+k_2-k_3=0,\end{cases}\tag{3-2-2}$$

它的系数行列式为

$$D=\begin{vmatrix}1&2&4\\2&-3&1\\-1&1&-1\end{vmatrix}=0.$$

因此，方程组有非零解，如 $k_1=2$，$k_2=1$，$k_3=-1$. 于是 $2\boldsymbol{\alpha}_1+\boldsymbol{\alpha}_2-\boldsymbol{\alpha}_3=\mathbf{0}$，从而向量组 $\boldsymbol{\alpha}_1$，$\boldsymbol{\alpha}_2$，$\boldsymbol{\alpha}_3$ 线性相关.

3.2.2 线性相关性的性质

下面给出向量组线性相关性的一些性质.

性质 3.2.1 含有零向量的向量组线性相关.

显然，$1\cdot\mathbf{0}+0\cdot\boldsymbol{\alpha}_2+\cdots+0\cdot\boldsymbol{\alpha}_s=\mathbf{0}$.

性质 3.2.2 向量组中若有一个部分组线性相关，则整个向量组也线性相关.

证明：不妨设 $\boldsymbol{\alpha}_1$，$\boldsymbol{\alpha}_2$，…，$\boldsymbol{\alpha}_t(t<s)$ 为向量组 $\boldsymbol{\alpha}_1$，$\boldsymbol{\alpha}_2$，…，$\boldsymbol{\alpha}_s$ 中的一个部分组，且它们线性相关，那么，存在一组不全为零的数 k_1，k_2，…，k_t，使得

$$k_1\boldsymbol{\alpha}_1+k_2\boldsymbol{\alpha}_2+\cdots+k_t\boldsymbol{\alpha}_t=\mathbf{0},$$

从而

$$k_1\boldsymbol{\alpha}_1+k_2\boldsymbol{\alpha}_2+\cdots+k_t\boldsymbol{\alpha}_t+0\cdot\boldsymbol{\alpha}_{t+1}+\cdots+0\cdot\boldsymbol{\alpha}_s=\mathbf{0},$$

由于 k_1，k_2，…，k_t，0，…，0 不全为零，因此 $\boldsymbol{\alpha}_1$，$\boldsymbol{\alpha}_2$，…，$\boldsymbol{\alpha}_s$ 线性相关.

性质 3.2.3 若向量组线性无关，则它的任意一个部分组也线性无关.

性质 3.2.4 若向量组

$$\boldsymbol{\alpha}_i=(a_{i1},a_{i2},\cdots,a_{in})\quad(i=1,2,\cdots,s)$$

线性相关，则去掉后 r 个分量($1\leqslant r<n$)后，所得到的向量组

$$\boldsymbol{\beta}_i=(a_{i1},a_{i2},\cdots,a_{i,n-r})\quad(i=1,2,\cdots,s)$$

也线性相关.

证明：由于 $\boldsymbol{\alpha}_1$，$\boldsymbol{\alpha}_2$，…，$\boldsymbol{\alpha}_s$ 线性相关，因此存在一组不全为零的数 k_1，k_2，…，k_s，使得 $k_1\boldsymbol{\alpha}_1+k_2\boldsymbol{\alpha}_2+\cdots+k_s\boldsymbol{\alpha}_s=\mathbf{0}$，

写成分量形式，即

$$\begin{cases} k_1a_{11}+k_2a_{21}+\cdots+k_sa_{s1}=0, \\ k_1a_{12}+k_2a_{22}+\cdots+k_sa_{s2}=0, \\ \qquad\cdots, \\ k_1a_{1,n-r}+k_2a_{2,n-r}+\cdots+k_sa_{s,n-r}=0, \\ \qquad\cdots, \\ k_1a_{1n}+k_2a_{2n}+\cdots+k_sa_{sn}=0. \end{cases} \tag{3-2-3}$$

取方程组(3-2-3)的前$(n-r)$个方程得到方程组

$$\begin{cases} k_1a_{11}+k_2a_{21}+\cdots+k_sa_{s1}=0, \\ k_1a_{12}+k_2a_{22}+\cdots+k_sa_{s2}=0, \\ \qquad\cdots, \\ k_1a_{1,n-r}+k_2a_{2,n-r}+\cdots+k_sa_{s,n-r}=0, \end{cases}$$

即存在不全为零的数 k_1，k_2，…，k_s，使得

$$k_1\boldsymbol{\beta}_1+k_2\boldsymbol{\beta}_2+\cdots+k_s\boldsymbol{\beta}_s=\mathbf{0},$$

因此，向量组 $\boldsymbol{\beta}_1$，$\boldsymbol{\beta}_2$，…，$\boldsymbol{\beta}_s$ 线性相关.

性质 3.2.5 若向量组 $\boldsymbol{\alpha}_i=(a_{i1},\ a_{i2},\ \cdots,\ a_{in})(i=1,\ 2,\ \cdots,\ s)$线性无关，则在每个向量上任意增加 r 个分量后所得到的向量组

$$\boldsymbol{\beta}_i=(a_{i1},\ a_{i2},\ \cdots,\ a_{in},\ a_{i,n+1},\ \cdots,\ a_{i,n+r})(i=1,\ 2,\ \cdots,\ s)$$

也线性无关.

3.2.3 向量组线性相关性的判别法

定理 3.2.1 n 维向量组$(\boldsymbol{\alpha}_1,\ \boldsymbol{\alpha}_2,\ \cdots,\ \boldsymbol{\alpha}_s)(s\geqslant 2)$线性相关的充分必要条件是其中至少有一个向量可以由其余向量线性表出.

证明： 充分性. 设 $\boldsymbol{\alpha}_1$，$\boldsymbol{\alpha}_2$，…，$\boldsymbol{\alpha}_s$ 中有一个向量

$$\boldsymbol{\alpha}_j=l_1\boldsymbol{\alpha}_1+\cdots+l_{j-1}\boldsymbol{\alpha}_{j-1}+l_{j+1}\boldsymbol{\alpha}_{j+1}+\cdots+l_s\boldsymbol{\alpha}_s,$$

则

$$l_1\boldsymbol{\alpha}_1+\cdots+l_{j-1}\boldsymbol{\alpha}_{j-1}-\boldsymbol{\alpha}_j+l_{j+1}\boldsymbol{\alpha}_{j+1}+\cdots+l_s\boldsymbol{\alpha}_s=\mathbf{0},$$

系数中有-1，因此 $\boldsymbol{\alpha}_1$，…，$\boldsymbol{\alpha}_{j-1}$，$\boldsymbol{\alpha}_j$，$\boldsymbol{\alpha}_{j+1}$，…，$\boldsymbol{\alpha}_s$ 线性相关.

必要性. 设 $\boldsymbol{\alpha}_1$，$\boldsymbol{\alpha}_2$，…，$\boldsymbol{\alpha}_s$ 线性相关，由定义有不全为零的 k_1，k_2，…，k_s，使得

$$k_1\boldsymbol{\alpha}_1+k_2\boldsymbol{\alpha}_2+\cdots+k_s\boldsymbol{\alpha}_s=\mathbf{0}.$$

不妨设 $k_i\neq 0$，于是

$$\boldsymbol{\alpha}_i=-\frac{k_1}{k_i}\boldsymbol{\alpha}_1-\cdots-\frac{k_{i-1}}{k_i}\boldsymbol{\alpha}_{i-1}-\frac{k_{i+1}}{k_i}\boldsymbol{\alpha}_{i+1}-\cdots-\frac{k_s}{k_i}\boldsymbol{\alpha}_s.$$

推论 3.2.1 向量组 $\boldsymbol{\alpha}_1$，$\boldsymbol{\alpha}_2$，…，$\boldsymbol{\alpha}_s(s\geqslant 2)$线性无关的充分必要条件是其中每一个向量都不能由其余向量线性表出.

定理 3.2.2 设向量组 $\boldsymbol{\alpha}_1$，$\boldsymbol{\alpha}_2$，…，$\boldsymbol{\alpha}_s$ 线性无关，而向量组 $\boldsymbol{\alpha}_1$，$\boldsymbol{\alpha}_2$，…，$\boldsymbol{\alpha}_s$，$\boldsymbol{\beta}$ 线性相关，则 $\boldsymbol{\beta}$ 可由 $\boldsymbol{\alpha}_1$，$\boldsymbol{\alpha}_2$，…，$\boldsymbol{\alpha}_s$ 线性表出，且表出方式唯一.

证明： 因为 $\boldsymbol{\alpha}_1$，$\boldsymbol{\alpha}_2$，…，$\boldsymbol{\alpha}_s$，$\boldsymbol{\beta}$ 线性相关，所以存在不全为零的数 k_1，k_2，…，k_s，k 使得

$$k_1\boldsymbol{\alpha}_1+k_2\boldsymbol{\alpha}_2+\cdots+k_s\boldsymbol{\alpha}_s+k\boldsymbol{\beta}=\mathbf{0}.$$

假设 $k=0$，则 k_1，k_2，…，k_s 不全为零. 于是从上式得出 $\boldsymbol{\alpha}_1$，$\boldsymbol{\alpha}_2$，…，$\boldsymbol{\alpha}_s$ 线性相关的结论，这与已知条件矛盾，因此 $k\neq0$，

$$\boldsymbol{\beta}=-\frac{k_1}{k}\boldsymbol{\alpha}_1-\frac{k_2}{k}\boldsymbol{\alpha}_2-\cdots-\frac{k_s}{k}\boldsymbol{\alpha}_s.$$

假设 $\boldsymbol{\beta}$ 有两种表出方式，

$$\boldsymbol{\beta}=k_1\boldsymbol{\alpha}_1+k_2\boldsymbol{\alpha}_2+\cdots+k_s\boldsymbol{\alpha}_s,\ \boldsymbol{\beta}=l_1\boldsymbol{\alpha}_1+l_2\boldsymbol{\alpha}_2+\cdots+l_s\boldsymbol{\alpha}_s,$$

则有

$$k_1\boldsymbol{\alpha}_1+k_2\boldsymbol{\alpha}_2+\cdots+k_s\boldsymbol{\alpha}_s=l_1\boldsymbol{\alpha}_1+l_2\boldsymbol{\alpha}_2+\cdots+l_s\boldsymbol{\alpha}_s,$$

即

$$(k_1-l_1)\boldsymbol{\alpha}_1+(k_2-l_2)\boldsymbol{\alpha}_2+\cdots+(k_s-l_s)\boldsymbol{\alpha}_s=\mathbf{0}.$$

由于 $\boldsymbol{\alpha}_1$，$\boldsymbol{\alpha}_2$，…，$\boldsymbol{\alpha}_s$ 线性无关，因此上式的 $k_i-l_i=0$，即

$$k_i=l_i,\ i=1,\ 2,\ \cdots,\ s,$$

这说明 $\boldsymbol{\beta}$ 的表出方式唯一. 证毕.

推论 3.2.2 设向量组 $\boldsymbol{\alpha}_1$，$\boldsymbol{\alpha}_2$，…，$\boldsymbol{\alpha}_s$ 线性无关，若向量 $\boldsymbol{\beta}$ 不能由 $\boldsymbol{\alpha}_1$，$\boldsymbol{\alpha}_2$，…，$\boldsymbol{\alpha}_s$ 线性表出，则 $\boldsymbol{\alpha}_1$，$\boldsymbol{\alpha}_2$，…，$\boldsymbol{\alpha}_s$，$\boldsymbol{\beta}$ 线性无关.

下面给出线性相关性的矩阵判别法.

设向量组

$$\boldsymbol{\alpha}_i=(a_{i1},\ a_{i2},\ \cdots,\ a_{in})\ (i=1,\ 2,\ \cdots,\ s)\text{或}\ \boldsymbol{\beta}_j=\begin{pmatrix}a_{1j}\\a_{2j}\\\vdots\\a_{sj}\end{pmatrix}\ (j=1,\ 2,\ \cdots,\ n),$$

以它们为行(或列)可确定一个矩阵

$$\mathbf{A}=\begin{pmatrix}\boldsymbol{\alpha}_1\\\boldsymbol{\alpha}_2\\\vdots\\\boldsymbol{\alpha}_s\end{pmatrix}=\begin{pmatrix}a_{11}&a_{12}&\cdots&a_{1n}\\a_{21}&a_{22}&\cdots&a_{2n}\\\vdots&\vdots&&\vdots\\a_{s1}&a_{s2}&\cdots&a_{sn}\end{pmatrix},$$

反之，若把矩阵 $\mathbf{A}$ 的每一行(或列)看成一个向量，则可确定一个向量组.

定理 3.2.3 向量组 $\boldsymbol{\alpha}_1$，$\boldsymbol{\alpha}_2$，…，$\boldsymbol{\alpha}_s$ 线性相关的充分必要条件是 $R(\mathbf{A})<s$.

证明： 必要性. 若 $\boldsymbol{\alpha}_1$，$\boldsymbol{\alpha}_2$，…，$\boldsymbol{\alpha}_s$ 线性相关，则其中至少有一个向量是其余向量的线性组合. 不妨设

$$\boldsymbol{\alpha}_s=k_1\boldsymbol{\alpha}_1+k_2\boldsymbol{\alpha}_2+\cdots+k_{s-1}\boldsymbol{\alpha}_{s-1}, \tag{3-2-4}$$

现在用$-k_1$，$-k_2$，…，$-k_{s-1}$分别乘矩阵$\boldsymbol{A}$的第1行，第2行，…，第$(s-1)$行，然后加到第s行上，则由式(3-2-4)可知，第s行所有元素全为0. 因此，当$s\leqslant n$时，矩阵$\boldsymbol{A}$的s阶子式全为零，因此$R(\boldsymbol{A})<s$；当$s>n$时，矩阵$\boldsymbol{A}$不存在s阶子式，显然$R(\boldsymbol{A})<s$.

充分性. 若$R(\boldsymbol{A})=r<s$，则不妨设$r>0$且矩阵$\boldsymbol{A}$左上角的r阶子式$D\neq 0$. 如果能证明$(r+1)$个行向量$\boldsymbol{\alpha}_1$，$\boldsymbol{\alpha}_2$，…，$\boldsymbol{\alpha}_{r+1}$线性相关，于是$\boldsymbol{A}$的$s$个行向量$\boldsymbol{\alpha}_1$，$\boldsymbol{\alpha}_2$，…，$\boldsymbol{\alpha}_s$线性相关.

为此，需找到不全为零的$(r+1)$个数k_1，k_2，…，k_{r+1}，使

$$k_1\boldsymbol{\alpha}_1+k_2\boldsymbol{\alpha}_2+\cdots+k_{r+1}\boldsymbol{\alpha}_{r+1}=\boldsymbol{0},$$

即

$$\begin{cases}k_1a_{11}+k_2a_{21}+\cdots+k_{r+1}a_{r+1,1}=0,\\ k_1a_{12}+k_2a_{22}+\cdots+k_{r+1}a_{r+1,2}=0,\\ \qquad\cdots,\\ k_1a_{1n}+k_2a_{2n}+\cdots+k_{r+1}a_{r+1,n}=0,\end{cases}$$

上式也可简写为

$$k_1a_{1t}+k_2a_{2t}+\cdots+k_{r+1}a_{r+1,t}=0(t=1,\ 2,\ \cdots,\ n). \tag{3-2-5}$$

下面求使式(3-2-5)成立的k_1，k_2，…，k_{r+1}.

为此将$\boldsymbol{A}$左上角的r阶子式D加上$\boldsymbol{A}$中的第$(r+1)$行和第t列的相应元素，构成$(r+1)$阶行列式

$$D_{r+1}=\begin{vmatrix}a_{11}&\cdots&a_{1r}&a_{1t}\\ \vdots&&\vdots&\vdots\\ a_{r1}&\cdots&a_{rr}&a_{rt}\\ a_{r+1,1}&\cdots&a_{r+1,r}&a_{r+1,t}\end{vmatrix},$$

其中，$1\leqslant t\leqslant n$.

当$t\leqslant r$时，由于D_{r+1}中有两列相同，因此$D_{r+1}=0$；当$t>r$时，由于D_{r+1}是$\boldsymbol{A}$的$(r+1)$阶子式，因此仍有$D_{r+1}=0$. 即当$t=1$，2，…，n时，总有$D_{r+1}=0$. 将D_{r+1}按第t列展开，得

$$A_1a_{1t}+A_2a_{2t}+\cdots+A_ra_{rt}+Da_{r+1,t}=0, \tag{3-2-6}$$

其中，A_1，A_2，…，A_r，D分别为a_{1t}，a_{2t}，…，a_{rt}，$a_{r+1,t}$的代数余子式. 显然，A_1，A_2，…，A_r，D都与t无关，比较(3-2-5)(3-2-6)两式，可知A_1，A_2，…，A_r，D就是要求的$(r+1)$个不全为零(至少D不为0)的数k_1，k_2，…，k_{r+1}. 因此$\boldsymbol{\alpha}_1$，$\boldsymbol{\alpha}_2$，…，$\boldsymbol{\alpha}_{r+1}$线性相关，从而$\boldsymbol{\alpha}_1$，$\boldsymbol{\alpha}_2$，…，$\boldsymbol{\alpha}_s$线性相关.

推论3.2.3 s个n维向量$\boldsymbol{\alpha}_1$，$\boldsymbol{\alpha}_2$，…，$\boldsymbol{\alpha}_s$线性无关的充分必要条件是以它们作为行向量构成的矩阵的秩为s.

推论 3.2.4 如果一个向量组中向量的个数 s 大于向量的维数 n，则该向量组线性相关；特别地，任意$(n+1)$个 n 维向量必定是线性相关的.

证明：以这 s 个向量作为行向量构成 $s\times n$ 矩阵 $\boldsymbol{A}$，则

$$R(\boldsymbol{A})\leqslant n<s,$$

由定理 3.2.3 可知，这 s 个向量线性相关.

推论 3.2.5 n 个 n 维向量 $\boldsymbol{\alpha}_1$，$\boldsymbol{\alpha}_2$，…，$\boldsymbol{\alpha}_n$ 线性相关(线性无关)的充要条件是

$$|\boldsymbol{A}|=\begin{vmatrix} a_{11} & a_{12} & \cdots & a_{1n} \\ a_{21} & a_{22} & \cdots & a_{2n} \\ \vdots & \vdots & & \vdots \\ a_{n1} & a_{n2} & \cdots & a_{nn} \end{vmatrix}=0(\neq 0).$$

例 3.2.2 判定下列向量组的线性相关性.

(1)$\boldsymbol{\alpha}_1=(1,0,0,0)$，$\boldsymbol{\alpha}_2=(0,3,-2,4)$，$\boldsymbol{\alpha}_3=(0,6,-4,2)$；

(2)$\boldsymbol{\alpha}_1=(2,-1,7,3)$，$\boldsymbol{\alpha}_2=(1,4,11,-2)$，$\boldsymbol{\alpha}_3=(3,-6,3,8)$.

解：(1)将 $\boldsymbol{\alpha}_1$，$\boldsymbol{\alpha}_2$，$\boldsymbol{\alpha}_3$ 组成矩阵，并求其秩.

$$\boldsymbol{A}=\begin{pmatrix} 1 & 0 & 0 & 0 \\ 0 & 3 & -2 & 4 \\ 0 & 6 & -4 & 2 \end{pmatrix}\to\begin{pmatrix} 1 & 0 & 0 & 0 \\ 0 & 3 & -2 & 4 \\ 0 & 0 & 0 & -6 \end{pmatrix},$$

显然，$R(\boldsymbol{A})=3$，因此 $\boldsymbol{\alpha}_1$，$\boldsymbol{\alpha}_2$，$\boldsymbol{\alpha}_3$ 线性无关.

(2)将向量 $\boldsymbol{\alpha}_1$，$\boldsymbol{\alpha}_2$，$\boldsymbol{\alpha}_3$ 组成矩阵，并求其秩.

$$\boldsymbol{A}=\begin{pmatrix} 2 & -1 & 7 & 3 \\ 1 & 4 & 11 & -2 \\ 3 & -6 & 3 & 8 \end{pmatrix}\to\begin{pmatrix} 1 & 4 & 11 & -2 \\ 2 & -1 & 7 & 3 \\ 3 & -6 & 3 & 8 \end{pmatrix}$$

$$\to\begin{pmatrix} 1 & 4 & 11 & -2 \\ 0 & -9 & -15 & 7 \\ 0 & -18 & -30 & 14 \end{pmatrix}\to\begin{pmatrix} 1 & 4 & 11 & -2 \\ 0 & -9 & -15 & 7 \\ 0 & 0 & 0 & 0 \end{pmatrix}.$$

显然，$R(\boldsymbol{A})=2<3$，因此 $\boldsymbol{\alpha}_1$，$\boldsymbol{\alpha}_2$，$\boldsymbol{\alpha}_3$ 线性相关.

例 3.2.3 已知向量组(1)$\boldsymbol{\alpha}_1$，$\boldsymbol{\alpha}_2$，(2)$\boldsymbol{\beta}_1$，$\boldsymbol{\beta}_2$，$\boldsymbol{\beta}_3$，(2)可由(1)线性表出，且有

$$\boldsymbol{\beta}_1=\boldsymbol{\alpha}_1+\boldsymbol{\alpha}_2,\ \boldsymbol{\beta}_2=\boldsymbol{\alpha}_1-\boldsymbol{\alpha}_2,\ \boldsymbol{\beta}_3=2\boldsymbol{\alpha}_1-3\boldsymbol{\alpha}_2.$$

求证：向量组 $\boldsymbol{\beta}_1$，$\boldsymbol{\beta}_2$，$\boldsymbol{\beta}_3$ 线性相关.

证明：要证 $\boldsymbol{\beta}_1$，$\boldsymbol{\beta}_2$，$\boldsymbol{\beta}_3$ 线性相关，只需证明存在不全为零的数 k_1，k_2，k_3，使得

$$k_1\boldsymbol{\beta}_1+k_2\boldsymbol{\beta}_2+k_3\boldsymbol{\beta}_3=\boldsymbol{0} \tag{3-2-7}$$

成立，代入已知条件，并整理得

$$k_1(\boldsymbol{\alpha}_1+\boldsymbol{\alpha}_2)+k_2(\boldsymbol{\alpha}_1-\boldsymbol{\alpha}_2)+k_3(2\boldsymbol{\alpha}_1-3\boldsymbol{\alpha}_2)=\boldsymbol{0},$$

$$(k_1+k_2+2k_3)\boldsymbol{\alpha}_1+(k_1-k_2-3k_3)\boldsymbol{\alpha}_2=\boldsymbol{0}. \tag{3-2-8}$$

要使式(3－2－8)成立，只需

$$\begin{cases}k_1+k_2+2k_3=0,\\ k_1-k_2-3k_3=0,\end{cases} \tag{3-2-9}$$

方程组(3－2－9)中方程个数小于未知量个数，因此必有非零解，如

$$k_1=1,\ k_2=-5,\ k_3=2,$$

从而

$$\boldsymbol{\beta}_1-5\boldsymbol{\beta}_2+2\boldsymbol{\beta}_3=\boldsymbol{0}.$$

因此，$\boldsymbol{\beta}_1$，$\boldsymbol{\beta}_2$，$\boldsymbol{\beta}_3$ 线性相关.

3.3 向量组的秩

3.3.1 向量组的极大线性无关组与秩

定义 3.3.1 设向量组 B：$\boldsymbol{\beta}_1$，$\boldsymbol{\beta}_2$，…，$\boldsymbol{\beta}_r(m\geqslant r\geqslant 2)$是从向量组 A：$\boldsymbol{\alpha}_1$，$\boldsymbol{\alpha}_2$，…，$\boldsymbol{\alpha}_m(m\geqslant 2)$中抽取 r 个向量所构成的，那么，我们称向量组 B 是向量组 A 的部分组或子组.

定义 3.3.2 如果向量组 A：$\boldsymbol{\alpha}_1$，$\boldsymbol{\alpha}_2$，…，$\boldsymbol{\alpha}_m(m\geqslant 2)$和向量组 B：$\boldsymbol{\beta}_1$，$\boldsymbol{\beta}_2$，…，$\boldsymbol{\beta}_r(m\geqslant r\geqslant 2)$满足如下条件：

(1)向量组 B：$\boldsymbol{\beta}_1$，$\boldsymbol{\beta}_2$，…，$\boldsymbol{\beta}_r(m\geqslant r\geqslant 2)$是向量组 A：$\boldsymbol{\alpha}_1$，$\boldsymbol{\alpha}_2$，…，$\boldsymbol{\alpha}_m(m\geqslant 2)$的部分组或子组；

(2)向量组 B：$\boldsymbol{\beta}_1$，$\boldsymbol{\beta}_2$，…，$\boldsymbol{\beta}_r(m\geqslant r\geqslant 2)$线性无关；

(3)向量组 A：$\boldsymbol{\alpha}_1$，$\boldsymbol{\alpha}_2$，…，$\boldsymbol{\alpha}_m(m\geqslant 2)$中的任意一个向量都可以由向量组 B：$\boldsymbol{\beta}_1$，$\boldsymbol{\beta}_2$，…，$\boldsymbol{\beta}_r(m\geqslant r\geqslant 2)$线性表示出来.

那么，我们称向量组 B：$\boldsymbol{\beta}_1$，$\boldsymbol{\beta}_2$，…，$\boldsymbol{\beta}_r(m\geqslant r\geqslant 2)$是向量组 A：$\boldsymbol{\alpha}_1$，$\boldsymbol{\alpha}_2$，…，$\boldsymbol{\alpha}_m(m\geqslant 2)$的一个极大线性无关组.

定理 3.3.1 如果向量组 B：$\boldsymbol{\beta}_1$，$\boldsymbol{\beta}_2$，…，$\boldsymbol{\beta}_r(r\geqslant 2)$可以由向量组 A：$\boldsymbol{\alpha}_1$，$\boldsymbol{\alpha}_2$，…，$\boldsymbol{\alpha}_m(m\geqslant 2)$线性表示出来，且 $r>m$，则向量组 B：$\boldsymbol{\beta}_1$，$\boldsymbol{\beta}_2$，…，$\boldsymbol{\beta}_r(r\geqslant 2)$线性相关.

证明： 设

$$\boldsymbol{\beta}_j=\sum_{i=1}^{m}k_{ij}\boldsymbol{\alpha}_i(j=1,\ 2,\ \cdots,\ r),$$

即

$$(\boldsymbol{\beta}_1, \boldsymbol{\beta}_2, \cdots, \boldsymbol{\beta}_r)=(\boldsymbol{\alpha}_1, \boldsymbol{\alpha}_2, \cdots, \boldsymbol{\alpha}_m)\begin{pmatrix} k_{11} & k_{12} & \cdots & k_{1r} \\ k_{21} & k_{22} & \cdots & k_{2r} \\ \vdots & \vdots & & \vdots \\ k_{m1} & k_{m2} & \cdots & k_{mr} \end{pmatrix},$$

则

$$R(\boldsymbol{\beta}_1, \boldsymbol{\beta}_2, \cdots, \boldsymbol{\beta}_r)=R\left((\boldsymbol{\alpha}_1, \boldsymbol{\alpha}_2, \cdots, \boldsymbol{\alpha}_m)\begin{pmatrix} k_{11} & k_{12} & \cdots & k_{1r} \\ k_{21} & k_{22} & \cdots & k_{2r} \\ \vdots & \vdots & & \vdots \\ k_{m1} & k_{m2} & \cdots & k_{mr} \end{pmatrix}\right)$$

$$\leqslant R\begin{pmatrix} k_{11} & k_{12} & \cdots & k_{1r} \\ k_{21} & k_{22} & \cdots & k_{2r} \\ \vdots & \vdots & & \vdots \\ k_{m1} & k_{m2} & \cdots & k_{mr} \end{pmatrix}\leqslant m<r,$$

故而，向量组 B：$\boldsymbol{\beta}_1$，$\boldsymbol{\beta}_2$，…，$\boldsymbol{\beta}_r(r\geqslant 2)$线性相关.

推论 3.3.1 如果向量组 B：$\boldsymbol{\beta}_1$，$\boldsymbol{\beta}_2$，…，$\boldsymbol{\beta}_r(r\geqslant 2)$是一个线性无关组，而且其中的任意一个向量都可以由向量组 A：$\boldsymbol{\alpha}_1$，$\boldsymbol{\alpha}_2$，…，$\boldsymbol{\alpha}_m(m\geqslant 2)$线性表示出来，那么

$$r\leqslant m.$$

证明略.

定理 3.3.2 一个向量组中任意两个极大线性无关组所含向量个数相同.

证明：设向量组 A：$\boldsymbol{\alpha}_1$，$\boldsymbol{\alpha}_2$，…，$\boldsymbol{\alpha}_m(m\geqslant 2)$的两个极大线性无关组分别为 $\boldsymbol{\beta}_1$，$\boldsymbol{\beta}_2$，…，$\boldsymbol{\beta}_s$ 和 $\boldsymbol{\gamma}_1$，$\boldsymbol{\gamma}_2$，…，$\boldsymbol{\gamma}_r$. 下面证明 $s=r$.

由于向量组 $\boldsymbol{\beta}_1$，$\boldsymbol{\beta}_2$，…，$\boldsymbol{\beta}_s$ 是向量组 A：$\boldsymbol{\alpha}_1$，$\boldsymbol{\alpha}_2$，…，$\boldsymbol{\alpha}_m(m\geqslant 2)$的极大线性无关组，因此由极大线性无关组的定义可知，向量组 $\boldsymbol{\gamma}_1$，$\boldsymbol{\gamma}_2$，…，$\boldsymbol{\gamma}_r$ 中的每一个向量都可以由向量组 $\boldsymbol{\beta}_1$，$\boldsymbol{\beta}_2$，…，$\boldsymbol{\beta}_s$ 线性表示出来. 又因为向量组 $\boldsymbol{\gamma}_1$，$\boldsymbol{\gamma}_2$，…，$\boldsymbol{\gamma}_r$ 线性无关，故而有

$$r\leqslant s.$$

同理，我们也可以证明

$$r\geqslant s.$$

所以

$$r=s.$$

定理 3.3.3 向量组都与它的任意一个极大线性无关组等价.

定义 3.3.3 向量组 $\boldsymbol{\alpha}_1$，$\boldsymbol{\alpha}_2$，…，$\boldsymbol{\alpha}_m(m\geqslant 2)$的极大线性无关组的个数称为向量组 $\boldsymbol{\alpha}_1$，$\boldsymbol{\alpha}_2$，…，$\boldsymbol{\alpha}_m(m\geqslant 2)$的秩，记作 $R(\boldsymbol{\alpha}_1, \boldsymbol{\alpha}_2, \cdots, \boldsymbol{\alpha}_m)$.

事实上，向量组往往会作为矩阵的行向量或列向量，故而，关于向量组的秩，还有一种更为全面的定义方法.

定义 3.3.4 设有 $m\times n$ 矩阵

$$\boldsymbol{A}=\begin{pmatrix} a_{11} & a_{12} & \cdots & a_{1n} \\ a_{21} & a_{22} & \cdots & a_{2n} \\ \vdots & \vdots & & \vdots \\ a_{m1} & a_{m2} & \cdots & a_{mn} \end{pmatrix},$$

将其按行分块为 $\boldsymbol{A}=\begin{pmatrix} \boldsymbol{\alpha}_1 \\ \boldsymbol{\alpha}_2 \\ \vdots \\ \boldsymbol{\alpha}_m \end{pmatrix}$，其中 $\boldsymbol{\alpha}_i=(a_{i1},\ a_{i2},\ \cdots,\ a_{in})(i=1,\ 2,\ \cdots,\ m)$ 为 n 维行向量，我们称行向量组 $\boldsymbol{\alpha}_1,\ \boldsymbol{\alpha}_2,\ \cdots,\ \boldsymbol{\alpha}_m$ 的秩为矩阵 $\boldsymbol{A}$ 的行秩；将矩阵 $\boldsymbol{A}$ 按列分块为 $\boldsymbol{A}=(\boldsymbol{\beta}_1,\ \boldsymbol{\beta}_2,\ \cdots,\ \boldsymbol{\beta}_n)$，其中 $\boldsymbol{\beta}_j=\begin{pmatrix} a_{1j} \\ a_{2j} \\ \vdots \\ a_{mj} \end{pmatrix}(j=1,\ 2,\ \cdots,\ n)$ 为 m 维列向量，我们称向量组 $\boldsymbol{\beta}_1,\ \boldsymbol{\beta}_2,\ \cdots,\ \boldsymbol{\beta}_n$ 的秩为矩阵 $\boldsymbol{A}$ 的列秩.

例 3.3.1 求矩阵

$$\boldsymbol{A}=\begin{pmatrix} 0 & 1 & 2 & 4 & 0 & -1 & 0 \\ 0 & 0 & 0 & 0 & 1 & 6 & 0 \\ 0 & 0 & 0 & 0 & 0 & 0 & 1 \\ 0 & 0 & 0 & 0 & 0 & 0 & 0 \end{pmatrix}$$

的行秩与列秩.

解： 将原矩阵按列分块，可得列向量组

$$\boldsymbol{\beta}_1=\begin{pmatrix} 0 \\ 0 \\ 0 \\ 0 \end{pmatrix},\ \boldsymbol{\beta}_2=\begin{pmatrix} 1 \\ 0 \\ 0 \\ 0 \end{pmatrix},\ \boldsymbol{\beta}_3=\begin{pmatrix} 2 \\ 0 \\ 0 \\ 0 \end{pmatrix},\ \boldsymbol{\beta}_4=\begin{pmatrix} 4 \\ 0 \\ 0 \\ 0 \end{pmatrix},\ \boldsymbol{\beta}_5=\begin{pmatrix} 0 \\ 1 \\ 0 \\ 0 \end{pmatrix},\ \boldsymbol{\beta}_6=\begin{pmatrix} -1 \\ 6 \\ 0 \\ 0 \end{pmatrix},\ \boldsymbol{\beta}_7=\begin{pmatrix} 0 \\ 0 \\ 1 \\ 0 \end{pmatrix},$$

显然，向量组

$$\boldsymbol{\beta}_2=\begin{pmatrix} 1 \\ 0 \\ 0 \\ 0 \end{pmatrix},\ \boldsymbol{\beta}_5=\begin{pmatrix} 0 \\ 1 \\ 0 \\ 0 \end{pmatrix},\ \boldsymbol{\beta}_7=\begin{pmatrix} 0 \\ 0 \\ 1 \\ 0 \end{pmatrix}$$

是线性无关的，且

$$\boldsymbol{\beta}_3=2\boldsymbol{\beta}_2,\ \boldsymbol{\beta}_4=4\boldsymbol{\beta}_2,\ \boldsymbol{\beta}_6=-\boldsymbol{\beta}_2+6\boldsymbol{\beta}_5,$$

所以向量组 $\boldsymbol{\beta}_2$，$\boldsymbol{\beta}_5$，$\boldsymbol{\beta}_7$ 是矩阵的列向量组的一个极大线性无关组.

故而原矩阵的列向量组的秩为 3，即矩阵的列秩为 3.

将原矩阵按行分块，可得行向量组

$$\boldsymbol{\alpha}_1=\begin{pmatrix}0\\1\\2\\4\\0\\-1\\0\end{pmatrix}^T,\ \boldsymbol{\alpha}_2=\begin{pmatrix}0\\0\\0\\0\\1\\6\\0\end{pmatrix}^T,\ \boldsymbol{\alpha}_3=\begin{pmatrix}0\\0\\0\\0\\0\\0\\1\end{pmatrix}^T,\ \boldsymbol{\alpha}_4=\begin{pmatrix}0\\0\\0\\0\\0\\0\\0\end{pmatrix}^T.$$

设

$$k_1\boldsymbol{\alpha}_1+k_2\boldsymbol{\alpha}_2+k_3\boldsymbol{\alpha}_3=k_1\begin{pmatrix}0\\1\\2\\4\\0\\-1\\0\end{pmatrix}^T+k_2\begin{pmatrix}0\\0\\0\\0\\1\\6\\0\end{pmatrix}^T+k_3\begin{pmatrix}0\\0\\0\\0\\0\\0\\1\end{pmatrix}^T=\boldsymbol{\alpha}_4=\begin{pmatrix}0\\0\\0\\0\\0\\0\\0\end{pmatrix}^T,$$

解得

$$k_1=k_2=k_3=0,$$

所以向量组 $\boldsymbol{\alpha}_1$，$\boldsymbol{\alpha}_2$，$\boldsymbol{\alpha}_3$ 线性无关且为向量组 $\boldsymbol{\alpha}_1$，$\boldsymbol{\alpha}_2$，$\boldsymbol{\alpha}_3$，$\boldsymbol{\alpha}_4$ 的极大线性无关组，所以原矩阵的行秩为 3.

3.3.2 向量组的秩的性质

定理 3.3.4 (1)只含有零向量的向量组没有极大线性无关组，其秩为零；

(2)如果向量组 A：$\boldsymbol{\alpha}_1$，$\boldsymbol{\alpha}_2$，…，$\boldsymbol{\alpha}_m$ 可以由向量组 B：$\boldsymbol{\beta}_1$，$\boldsymbol{\beta}_2$，…，$\boldsymbol{\beta}_d$ 线性表示，那么必然有 $R(\boldsymbol{\alpha}_1, \boldsymbol{\alpha}_2, \cdots, \boldsymbol{\alpha}_m)\leqslant R(\boldsymbol{\beta}_1, \boldsymbol{\beta}_2, \cdots, \boldsymbol{\beta}_d)$；

(3)等价向量组的秩相等.

证明：这里只证明(2).

不妨设向量组 A：$\boldsymbol{\alpha}_1$，$\boldsymbol{\alpha}_2$，…，$\boldsymbol{\alpha}_m$ 和向量组 B：$\boldsymbol{\beta}_1$，$\boldsymbol{\beta}_2$，…，$\boldsymbol{\beta}_d$ 分别有极大线性无关组 C，D，且向量组 C，D 分别含有 s，t 个向量，则

$$R(\boldsymbol{\alpha}_1, \boldsymbol{\alpha}_2, \cdots, \boldsymbol{\alpha}_m)=R(C)=s,\ R(\boldsymbol{\beta}_1, \boldsymbol{\beta}_2, \cdots, \boldsymbol{\beta}_d)=R(D)=t,$$

因为向量组 A：$\boldsymbol{\alpha}_1$，$\boldsymbol{\alpha}_2$，…，$\boldsymbol{\alpha}_m$ 与向量组 C 等价，且向量组 B：$\boldsymbol{\beta}_1$，$\boldsymbol{\beta}_2$，…，$\boldsymbol{\beta}_d$ 与向量组 D 等价，又因为向量组 A：$\boldsymbol{\alpha}_1$，$\boldsymbol{\alpha}_2$，…，$\boldsymbol{\alpha}_m$ 可以由向量组 B：$\boldsymbol{\beta}_1$，$\boldsymbol{\beta}_2$，…，$\boldsymbol{\beta}_d$ 线性表示出来，所以向量组 C 可以由向量组 D 线性表示出来，显然有

$$s=R(\boldsymbol{\alpha}_1, \boldsymbol{\alpha}_2, \cdots, \boldsymbol{\alpha}_m)\leqslant R(\boldsymbol{\beta}_1, \boldsymbol{\beta}_2, \cdots, \boldsymbol{\beta}_d)=t.$$

定理 3.3.5 (1)向量组 A：$\boldsymbol{\alpha}_1$，$\boldsymbol{\alpha}_2$，…，$\boldsymbol{\alpha}_n$ 线性无关的充要条件是 $R(\boldsymbol{\alpha}_1, \boldsymbol{\alpha}_2, \cdots, \boldsymbol{\alpha}_n)=n$.

(2)向量组 A：$\boldsymbol{\alpha}_1$，$\boldsymbol{\alpha}_2$，…，$\boldsymbol{\alpha}_n$ 线性相关的充要条件是 $R(\boldsymbol{\alpha}_1, \boldsymbol{\alpha}_2, \cdots, \boldsymbol{\alpha}_n)<n$.

(3)如果向量组 A：$\boldsymbol{\alpha}_1$，$\boldsymbol{\alpha}_2$，…，$\boldsymbol{\alpha}_n$ 的秩为 $R(\boldsymbol{\alpha}_1, \boldsymbol{\alpha}_2, \cdots, \boldsymbol{\alpha}_n)=r$，那么该向量组中任意 r 个向量所构成的向量组都是该向量组的极大线性无关组.

证明略.

定理 3.3.6 矩阵 $\boldsymbol{A}$ 的秩等于它行向量的秩，也等于它列向量的秩.

证明： 设矩阵

$$\boldsymbol{A}=\begin{pmatrix} a_{11} & a_{12} & \cdots & a_{1n} \\ a_{21} & a_{22} & \cdots & a_{2n} \\ \vdots & \vdots & & \vdots \\ a_{m1} & a_{m2} & \cdots & a_{mn} \end{pmatrix}=\begin{pmatrix} \boldsymbol{\alpha}_1 \\ \boldsymbol{\alpha}_2 \\ \vdots \\ \boldsymbol{\alpha}_m \end{pmatrix},$$

且

$$R(\boldsymbol{\alpha}_1, \boldsymbol{\alpha}_2, \cdots, \boldsymbol{\alpha}_m)=r.$$

若 $r=m$，则向量组 $\boldsymbol{\alpha}_1$，$\boldsymbol{\alpha}_2$，…，$\boldsymbol{\alpha}_m$ 线性无关，可得

$$R(\boldsymbol{A})=m=r.$$

若 $r<m$，则向量组 $\boldsymbol{\alpha}_1$，$\boldsymbol{\alpha}_2$，…，$\boldsymbol{\alpha}_m$ 的任意一个极大线性无关组中都只含有 r 个向量，我们将其设为 $\boldsymbol{\alpha}_1$，$\boldsymbol{\alpha}_2$，…，$\boldsymbol{\alpha}_r$，那么矩阵 $\boldsymbol{A}$ 中必然有一个 r 阶子式不等于零. 又由于向量组 $\boldsymbol{\alpha}_1$，$\boldsymbol{\alpha}_2$，…，$\boldsymbol{\alpha}_m$ 中的任意$(r+1)$个向量线性相关，则矩阵 $\boldsymbol{A}$ 的所有$(r+1)$阶子式都等于零. 所以

$$R(\boldsymbol{A})=r.$$

同时有

$$R(\boldsymbol{A})=R(\boldsymbol{A}^T),$$

故而，矩阵 $\boldsymbol{A}^T$ 的行秩就等于矩阵 $\boldsymbol{A}$ 的列秩.

综上，矩阵 $\boldsymbol{A}$ 的秩等于它行向量的秩，也等于它列向量的秩.

综上所述，我们可以总结出求向量组的秩、极大线性无关组及其把其余向量表示为极大线性无关组的线性组合的简单方法. 对于列向量组，以向量组的向量为列作矩阵 $\boldsymbol{A}$，通过初等行变换将其先化为行阶梯形矩阵，然后再化为行最简形. 秩等于行阶梯形矩阵的非零行的行数. 行阶梯形矩阵(或行最简形矩阵)中每行首个非零元所在列对应的原矩阵 $\boldsymbol{A}$ 的相应列向量，就构成它的一个极大线性无关组. 用行最简形矩阵可以直接将其余向量表示为所求极大线性无关组的线性组合. 对于行向量组，可以先转置变为列向量组，或者对称地仅用初等列变换化为列最简形矩阵去进行.

例 3.3.2 已知向量组

$$\boldsymbol{\alpha}_1=\begin{pmatrix}1\\-2\\5\\-3\end{pmatrix},\ \boldsymbol{\alpha}_2=\begin{pmatrix}4\\-1\\-2\\3\end{pmatrix},\ \boldsymbol{\alpha}_3=\begin{pmatrix}5\\4\\-19\\15\end{pmatrix},\ \boldsymbol{\alpha}_4=\begin{pmatrix}-10\\-1\\16\\-15\end{pmatrix},$$

求出这个向量组的一个极大线性无关组，并把不属于极大线性无关组的向量用极大线性无关组线性表示.

解：以向量组中的四个向量为列向量构建矩阵

$$\boldsymbol{A}=(\boldsymbol{\alpha}_1,\ \boldsymbol{\alpha}_2,\ \boldsymbol{\alpha}_3,\ \boldsymbol{\alpha}_4)=\begin{pmatrix}1&4&5&-10\\-2&-1&4&-1\\5&-2&-19&16\\-3&3&15&-15\end{pmatrix},$$

对矩阵 $\boldsymbol{A}$ 进行初等行变换将其化为行阶梯形矩阵，即

$$\boldsymbol{A}=\begin{pmatrix}1&4&5&-10\\-2&-1&4&-1\\5&-2&-19&16\\-3&3&15&-15\end{pmatrix}\rightarrow\begin{pmatrix}1&4&5&-10\\0&7&14&-21\\0&-22&-44&66\\0&15&30&-45\end{pmatrix}$$

$$\rightarrow\begin{pmatrix}1&4&5&-10\\0&1&2&-3\\0&0&0&0\\0&0&0&0\end{pmatrix}\rightarrow\begin{pmatrix}1&0&-3&2\\0&1&2&-3\\0&0&0&0\\0&0&0&0\end{pmatrix}=\boldsymbol{B}.$$

则有

$$R(\boldsymbol{A})=R(\boldsymbol{B})=2,$$

故而，原向量组的秩为2，即该向量组的极大线性无关组含有2个向量. 而两个非零行的非零首元在1，2两列，所以向量组 $\boldsymbol{\alpha}_1$，$\boldsymbol{\alpha}_2$ 为向量组 $\boldsymbol{\alpha}_1$，$\boldsymbol{\alpha}_2$，$\boldsymbol{\alpha}_3$，$\boldsymbol{\alpha}_4$ 的一个极大线性无关组，而且，其余两向量 $\boldsymbol{\alpha}_3$，$\boldsymbol{\alpha}_4$ 可以用向量组 $\boldsymbol{\alpha}_1$，$\boldsymbol{\alpha}_2$ 表示为

$$\boldsymbol{\alpha}_3=-3\boldsymbol{\alpha}_1+2\boldsymbol{\alpha}_2,\ \boldsymbol{\alpha}_4=2\boldsymbol{\alpha}_1-3\boldsymbol{\alpha}_2.$$

例 3.3.3 求向量组 $\boldsymbol{\alpha}_1=\begin{pmatrix}3\\3\\2\\1\end{pmatrix}$，$\boldsymbol{\alpha}_2=\begin{pmatrix}2\\-2\\0\\6\end{pmatrix}$，$\boldsymbol{\alpha}_3=\begin{pmatrix}0\\3\\1\\-4\end{pmatrix}$，$\boldsymbol{\alpha}_4=\begin{pmatrix}5\\6\\5\\-1\end{pmatrix}$，$\boldsymbol{\alpha}_5=\begin{pmatrix}0\\-1\\-3\\4\end{pmatrix}$ 的秩.

解：先将向量组的向量作为列向量构建矩阵 $\boldsymbol{A}$，然后对矩阵 $\boldsymbol{A}$ 进行初等行变换，即

$$\boldsymbol{A}=(\boldsymbol{\alpha}_1, \boldsymbol{\alpha}_2, \boldsymbol{\alpha}_3, \boldsymbol{\alpha}_4, \boldsymbol{\alpha}_5)=\begin{pmatrix}3 & 2 & 0 & 5 & 0\\3 & -2 & 3 & 6 & -1\\2 & 0 & 1 & 5 & -3\\1 & 6 & -4 & -1 & 4\end{pmatrix}$$

$$\xrightarrow{r_1\leftrightarrow r_4}\begin{pmatrix}1 & 6 & -4 & -1 & 4\\3 & -2 & 3 & 6 & -1\\2 & 0 & 1 & 5 & -3\\3 & 2 & 0 & 5 & 0\end{pmatrix}\xrightarrow{r_2-r_4}\begin{pmatrix}1 & 6 & -4 & -1 & 4\\0 & -4 & 3 & 1 & -1\\2 & 0 & 1 & 5 & -3\\3 & 2 & 0 & 5 & 0\end{pmatrix}$$

$$\xrightarrow{r_3-2r_1}\begin{pmatrix}1 & 6 & -4 & -1 & 4\\0 & -4 & 3 & 1 & -1\\0 & -12 & 9 & 7 & -11\\3 & 2 & 0 & 5 & 0\end{pmatrix}\xrightarrow{r_4-3r_1}\begin{pmatrix}1 & 6 & -4 & -1 & 4\\0 & -4 & 3 & 1 & -1\\0 & -12 & 9 & 7 & -11\\0 & -16 & 12 & 8 & -12\end{pmatrix}$$

$$\xrightarrow{r_3-3r_2}\begin{pmatrix}1 & 6 & -4 & -1 & 4\\0 & -4 & 3 & 1 & -1\\0 & 0 & 0 & 4 & -8\\0 & -16 & 12 & 8 & -12\end{pmatrix}\xrightarrow{r_4-4r_2}\begin{pmatrix}1 & 6 & -4 & -1 & 4\\0 & -4 & 3 & 1 & -1\\0 & 0 & 0 & 4 & -8\\0 & 0 & 0 & 4 & -8\end{pmatrix}$$

$$\xrightarrow{r_4-r_3}\begin{pmatrix}1 & 6 & -4 & -1 & 4\\0 & -4 & 3 & 1 & -1\\0 & 0 & 0 & 4 & -8\\0 & 0 & 0 & 0 & 0\end{pmatrix}.$$

可得 $R(\boldsymbol{A})=3$，所以原向量组的秩为 3.

3.4 向量空间

定义 3.4.1 如果由 n 维向量组成非空集合 V，并且该集合关于加法和数乘运算闭合，那么我们就称集合 V 为向量空间. 如果一个向量空间中的元素含有复向量，那么该向量空间又称作复向量空间；如果一个向量空间中的元素都是实向量，那么该向量空间又称作实向量空间.

显然，n 维向量的线性运算的八条运算规律在 n 维向量空间 V 中也成立.

实数域 $\mathbf{R}$ 上 n 维向量的全体 $\mathbf{R}^n$ 是一个向量空间，即

$$\mathbf{R}^n=\{\boldsymbol{\alpha}=(a_1, a_2, \cdots, a_n)\,|\,a_i\in\mathbf{R}, i=1, 2, \cdots, n\}$$

或

$$\mathbf{R}^n=\left\{\boldsymbol{\alpha}=\begin{pmatrix}a_1\\a_2\\\vdots\\a_n\end{pmatrix}\middle| a_i\in\mathbf{R},\ i=1,\ 2,\ \cdots,\ n\right\}.$$

显然

$$(0,\ 0,\ \cdots,\ 0)\in\{\boldsymbol{\alpha}=(a_1,\ a_2,\ \cdots,\ a_n)\mid a_i\in\mathbf{R},\ i=1,\ 2,\ \cdots,\ n\}$$

或

$$\begin{pmatrix}0\\0\\\vdots\\0\end{pmatrix}\in\left\{\boldsymbol{\alpha}=\begin{pmatrix}a_1\\a_2\\\vdots\\a_n\end{pmatrix}\middle| a_i\in\mathbf{R},\ i=1,\ 2,\ \cdots,\ n\right\}.$$

故而，无论哪种情形，$\mathbf{R}^n$ 都是非空集合，而且有

$\forall\boldsymbol{\alpha}=(a_1,\ a_2,\ \cdots,\ a_n)$，$\boldsymbol{\beta}=(b_1,\ b_2,\ \cdots,\ b_n)\in\{\boldsymbol{\alpha}=(a_1,\ a_2,\ \cdots,\ a_n)\mid a_i\in\mathbf{R},\ i=1,\ 2,\ \cdots,\ n\}$，

以及任意常数 k，有

$\boldsymbol{\alpha}+\boldsymbol{\beta}=(a_1+b_1,\ a_2+b_2,\ \cdots,\ a_n+b_n)\in\{\boldsymbol{\alpha}=(a_1,\ a_2,\ \cdots,\ a_n)\mid a_i\in\mathbf{R},\ i=1,\ 2,\ \cdots,\ n\}$，

$k\boldsymbol{\alpha}=(ka_1,\ ka_2,\ \cdots,\ ka_n)\in\{\boldsymbol{\alpha}=(a_1,\ a_2,\ \cdots,\ a_n)\mid a_i\in\mathbf{R},\ i=1,\ 2,\ \cdots,\ n\}$；

或

$$\forall\boldsymbol{\alpha}=\begin{pmatrix}a_1\\a_2\\\vdots\\a_n\end{pmatrix},\ \boldsymbol{\beta}=\begin{pmatrix}b_1\\b_2\\\vdots\\b_n\end{pmatrix}\in\left\{\boldsymbol{\alpha}=\begin{pmatrix}a_1\\a_2\\\vdots\\a_n\end{pmatrix}\middle| a_i\in\mathbf{R},\ i=1,\ 2,\ \cdots,\ n\right\},$$

以及任意常数 k，有

$$\boldsymbol{\alpha}+\boldsymbol{\beta}=\begin{pmatrix}a_1+b_1\\a_2+b_2\\\vdots\\a_n+b_n\end{pmatrix}\in\left\{\boldsymbol{\alpha}=\begin{pmatrix}a_1\\a_2\\\vdots\\a_n\end{pmatrix}\middle| a_i\in\mathbf{R},\ i=1,\ 2,\ \cdots,\ n\right\},$$

$$k\boldsymbol{\alpha}=\begin{pmatrix}ka_1\\ka_2\\\vdots\\ka_n\end{pmatrix}\in\left\{\boldsymbol{\alpha}=\begin{pmatrix}a_1\\a_2\\\vdots\\a_n\end{pmatrix}\middle| a_i\in\mathbf{R},\ i=1,\ 2,\ \cdots,\ n\right\}.$$

所以，无论哪种情况，$\mathbf{R}^n$ 都是一个向量空间.

定义 3.4.2 仅由零向量构成的向量集合对向量的加法与数乘运算也是封闭的，故而$\{\mathbf{0}\}$也是一个向量空间，我们将其称为零空间.

定义 3.4.3 设向量集合 V，W 都是向量空间，如果 $V\subset W$，那么向量空间 V 就是向量空间 W 的子空间.

如果向量空间 V 是由所有 n 维向量构成的向量空间，那么，$\mathbf{R}^n$ 就是向量空间 V 的一个子空间；如果向量空间 V 是由任意 n 维实向量构成的向量空间，那么，向量空间 V 是 $\mathbf{R}^n$ 的子空间.

对于向量空间 V，零空间和它本身也是它的子空间，我们将其称为向量空间 V 的平凡子空间，其他子空间称作向量空间 V 的非平凡子空间.

3.5 线性方程组的解的结构

方程组

$$\begin{cases} a_{11}x_1+a_{12}x_2+\cdots+a_{1n}x_n=b_1, \\ a_{21}x_1+a_{22}x_2+\cdots+a_{2n}x_n=b_2, \\ \cdots, \\ a_{m1}x_1+a_{m2}x_2+\cdots+a_{mn}x_n=b_m \end{cases} \tag{3-5-1}$$

称为 n 元非齐次线性方程组(b_i 不全为 0，$i=1$，2，…，m). 若记

$$\boldsymbol{A}=\begin{pmatrix} a_{11} & a_{12} & \cdots & a_{1n} \\ a_{21} & a_{22} & \cdots & a_{2n} \\ \vdots & \vdots & & \vdots \\ a_{m1} & a_{m2} & \cdots & a_{mn} \end{pmatrix}, \quad \boldsymbol{x}=\begin{pmatrix} x_1 \\ x_2 \\ \vdots \\ x_n \end{pmatrix}, \quad \boldsymbol{b}=\begin{pmatrix} b_1 \\ b_2 \\ \vdots \\ b_n \end{pmatrix},$$

则方程组(3 - 5 - 1)可改为如下矩阵形式

$$\boldsymbol{Ax}=\boldsymbol{b}.$$

令

$$\boldsymbol{\alpha}_j=\begin{pmatrix} a_{1j} \\ a_{2j} \\ \vdots \\ a_{mj} \end{pmatrix}, \quad j=1, 2, \cdots, n,$$

则方程组(3 - 5 - 1)可改写为如下向量形式：

$$x_1\boldsymbol{\alpha}_1+x_2\boldsymbol{\alpha}_2+\cdots+x_n\boldsymbol{\alpha}_n=\boldsymbol{b}.$$

矩阵

$$\overline{\boldsymbol{A}}=(\boldsymbol{A} \mid \boldsymbol{b})=\left(\begin{array}{cccc:c} a_{11} & a_{12} & \cdots & a_{1n} & b_1 \\ a_{21} & a_{22} & \cdots & a_{2n} & b_2 \\ \vdots & \vdots & & \vdots & \vdots \\ a_{m1} & a_{m2} & \cdots & a_{mn} & b_m \end{array}\right)$$

称为线性方程组的增广矩阵.

方程组

$$\begin{cases} a_{11}x_1+a_{12}x_2+\cdots+a_{1n}x_n=0, \\ a_{21}x_1+a_{22}x_2+\cdots+a_{2n}x_n=0, \\ \cdots\cdots \\ a_{m1}x_1+a_{m2}x_2+\cdots+a_{mn}x_n=0 \end{cases}$$

称为 n 元齐次线性方程组，它是非齐次线性方程组的导出组. 其矩阵形式为 $\boldsymbol{Ax}=\boldsymbol{0}$，向量形式为 $x_1\boldsymbol{\alpha}_1+x_2\boldsymbol{\alpha}_2+\cdots+x_n\boldsymbol{\alpha}_n=\boldsymbol{0}$.

3.5.1 基础解系的概念

设 $\boldsymbol{\eta}_1$，$\boldsymbol{\eta}_2$，…，$\boldsymbol{\eta}_s$ 是齐次线性方程组 $\boldsymbol{Ax}=\boldsymbol{0}$ 的一组线性无关解，如果方程组 $\boldsymbol{Ax}=\boldsymbol{0}$ 的任意一个解均可由 $\boldsymbol{\eta}_1$，$\boldsymbol{\eta}_2$，…，$\boldsymbol{\eta}_s$ 线性表出，则称 $\boldsymbol{\eta}_1$，$\boldsymbol{\eta}_2$，…，$\boldsymbol{\eta}_s$ 是齐次线性方程组 $\boldsymbol{Ax}=\boldsymbol{0}$ 的一个基础解系.

设 $\boldsymbol{A}$ 为 $m\times n$ 矩阵，若 $r(\boldsymbol{A})=r<n$，则齐次线性方程组 $\boldsymbol{Ax}=\boldsymbol{0}$ 存在基础解系，且基础解系包含 $(n-r)$ 个线性无关的解向量，此时方程组的通解可表示为

$$\boldsymbol{x}=k_1\boldsymbol{\eta}_1+k_2\boldsymbol{\eta}_2+\cdots+k_{n-r}\boldsymbol{\eta}_{n-r},$$

其中，k_1，k_2，…，k_{n-r} 为任意常数，$\boldsymbol{\eta}_1$，$\boldsymbol{\eta}_2$，…，$\boldsymbol{\eta}_{n-r}$ 为齐次方程组的一个基础解系.

3.5.2 线性方程组的性质

齐次线性方程组 $\boldsymbol{Ax}=\boldsymbol{0}$ 的解具有如下性质.

性质 3.5.1 齐次线性方程组 $\boldsymbol{Ax}=\boldsymbol{0}$ 的两个解向量的和仍为它的解向量.

性质 3.5.2 齐次线性方程组 $\boldsymbol{Ax}=\boldsymbol{0}$ 的一个解向量乘常数 k 仍为它的解向量.

非齐次线性方程组 $\boldsymbol{Ax}=\boldsymbol{b}$ 的解具有如下性质.

性质 3.5.3 设 $\boldsymbol{\eta}_1$，$\boldsymbol{\eta}_2$ 是 $\boldsymbol{Ax}=\boldsymbol{b}$ 的解，则 $\boldsymbol{x}=\boldsymbol{\eta}_1-\boldsymbol{\eta}_2$ 是对应的齐次方程组(称为 $\boldsymbol{Ax}=\boldsymbol{b}$ 的导出组)$\boldsymbol{Ax}=\boldsymbol{0}$ 的解.

性质 3.5.4 若 $\boldsymbol{\eta}$ 是 $\boldsymbol{Ax}=\boldsymbol{b}$ 的解，$\boldsymbol{\xi}$ 是 $\boldsymbol{Ax}=\boldsymbol{0}$ 的解，则 $\boldsymbol{x}=\boldsymbol{\eta}+\boldsymbol{\xi}$ 是 $\boldsymbol{Ax}=\boldsymbol{b}$ 的解.

例 3.5.1 设 $\boldsymbol{A}=\begin{pmatrix} 1 & 0 & 3 & 1 & 2 \\ 2 & 1 & 7 & 4 & 3 \\ -1 & 2 & -1 & 3 & 0 \end{pmatrix}$，则 $\boldsymbol{Ax}=\boldsymbol{0}$ 的基础解系中所含解向量的个数是________.

分析：由于 $\boldsymbol{Ax}=\boldsymbol{0}$ 的基础解系由 $(n-r(\boldsymbol{A}))$ 个解向量所构成，因此应计算秩 $r(\boldsymbol{A})$.

解：由于

$$A=\begin{pmatrix}1&0&3&1&2\\2&1&7&4&3\\-1&2&-1&3&0\end{pmatrix}\to\begin{pmatrix}1&0&3&1&2\\0&1&1&2&-1\\0&2&2&4&2\end{pmatrix}\to\begin{pmatrix}1&0&3&1&2\\0&1&1&2&-1\\0&0&0&0&4\end{pmatrix},$$

因此 $r(\boldsymbol{A})=3$，$n-r(\boldsymbol{A})=5-3=2$，

所以 $\boldsymbol{Ax}=\boldsymbol{0}$ 的基础解系中所含解向量个数为 2.

例 3.5.2 齐次方程组

$$\begin{cases}x_1+x_2+3x_4-x_5=0,\\2x_2+x_3+2x_4+x_5=0,\\x_4+3x_5=0\end{cases}$$

的基础解系是________.

解：系数矩阵 $\boldsymbol{A}=\begin{pmatrix}1&1&0&3&-1\\0&2&1&2&1\\0&0&0&1&3\end{pmatrix}$ 已是阶梯形，于是由秩 $r(\boldsymbol{A})=3$ 可知

$$n-r(\boldsymbol{A})=5-3=2.$$

令 $x_3=1$，$x_5=0$，解得 $x_4=0$，$x_2=-\dfrac{1}{2}$，$x_1=\dfrac{1}{2}$；

令 $x_3=0$，$x_5=1$，解得 $x_4=-3$，$x_2=\dfrac{5}{2}$，$x_1=\dfrac{15}{2}$.

因此基础解系为

$$\boldsymbol{\eta}_1=\left(\frac{1}{2},\ -\frac{1}{2},\ 1,\ 0,\ 0\right)^T,\quad \boldsymbol{\eta}_2=\left(\frac{15}{2},\ \frac{5}{2},\ 0,\ -3,\ 1\right)^T.$$

自由变量的确定与赋值一般通过以下步骤来实现：

(1)对系数矩阵作初等行变换化为阶梯形.

(2)由秩 $r(\boldsymbol{A})$确定自由变量的个数 $n-r(\boldsymbol{A})$.

(3)找出一个秩为 $r(\boldsymbol{A})$的矩阵，则其余的$(n-r(\boldsymbol{A}))$列对应的变量就是自由变量.

(4)每次给一个自由变量赋值为 1，其余的自由变量赋值为 0(注意共需赋值$(n-r(\boldsymbol{A}))$次).

例 3.5.3 已知齐次线性方程组

$$\begin{cases}(1+a)x_1+x_2+\cdots+x_n=0,\\2x_1+(2+a)x_2+\cdots+2x_n=0,\\\qquad\cdots,\\nx_1+nx_2+\cdots+(n+a)x_n=0,\end{cases}$$

在这里 $n\geqslant2$，试确定 a 的值使该方程组有非零解，并求其通解.

解：显然，原方程组是一个 n 元 n 式齐次线性方程组，其系数矩阵

$$A=\begin{pmatrix}1+a & 1 & 1 & \cdots & 1\\ 2 & 2+a & 2 & \cdots & 2\\ \vdots & \vdots & \vdots & & \vdots\\ n & n & n & \cdots & n+a\end{pmatrix}$$

对应的行列式

$$|A|=\begin{vmatrix}1+a & 1 & 1 & \cdots & 1\\ 2 & 2+a & 2 & \cdots & 2\\ \vdots & \vdots & \vdots & & \vdots\\ n & n & n & \cdots & n+a\end{vmatrix}=\left(a+\frac{n(n+1)}{2}\right)a^{n-1},$$

令 $|A|=0$，则有

$$\left(a+\frac{n(n+1)}{2}\right)a^{n-1}=0,$$

解得

$$a=0\text{ 或 }a=-\frac{n(n+1)}{2}.$$

所以当 $a=0$ 或 $a=-\frac{n(n+1)}{2}$ 时，方程组有非零解.

当 $a=0$ 时，对系数矩阵 A 进行初等变换可得

$$A=\begin{pmatrix}1 & 1 & 1 & \cdots & 1\\ 2 & 2 & 2 & \cdots & 2\\ \vdots & \vdots & \vdots & & \vdots\\ n & n & n & \cdots & n\end{pmatrix}\to\begin{pmatrix}1 & 1 & 1 & \cdots & 1\\ 0 & 0 & 0 & \cdots & 0\\ \vdots & \vdots & \vdots & & \vdots\\ 0 & 0 & 0 & \cdots & 0\end{pmatrix},$$

原方程组的同解方程为

$x_1+x_2+\cdots+x_n=0$，

其基础解系为

$$\boldsymbol{\eta}_1=\begin{pmatrix}-1\\ 1\\ 0\\ \vdots\\ 0\end{pmatrix},\ \boldsymbol{\eta}_2=\begin{pmatrix}-1\\ 0\\ 1\\ \vdots\\ 0\end{pmatrix},\ \cdots,\ \boldsymbol{\eta}_{n-1}=\begin{pmatrix}-1\\ 0\\ 0\\ \vdots\\ 1\end{pmatrix},$$

方程组的通解可以表示为

$$\boldsymbol{\eta}=d_1\boldsymbol{\eta}_1+d_2\boldsymbol{\eta}_2+\cdots+d_{n-1}\boldsymbol{\eta}_{n-1}.$$

其中，d_1，d_2，…，d_{n-1} 为任意常数.

当 $a=-\frac{n(n+1)}{2}$ 时，对系数矩阵 $\boldsymbol{A}$ 进行初等变换，

$$\boldsymbol{A}=\begin{pmatrix}1+a & 1 & 1 & \cdots & 1\\ 2 & 2+a & 2 & \cdots & 2\\ \vdots & \vdots & \vdots & & \vdots\\ n & n & n & \cdots & n+a\end{pmatrix}\rightarrow\begin{pmatrix}1+a & 1 & 1 & \cdots & 1\\ -2a & a & 0 & \cdots & 0\\ \vdots & \vdots & \vdots & & \vdots\\ -na & 0 & 0 & \cdots & a\end{pmatrix}$$

$$\rightarrow\begin{pmatrix}1+a & 1 & 1 & \cdots & 1\\ -2 & 1 & 0 & \cdots & 0\\ \vdots & \vdots & \vdots & & \vdots\\ -n & 0 & 0 & \cdots & 1\end{pmatrix}\rightarrow\begin{pmatrix}0 & 0 & 0 & \cdots & 0\\ -2 & 1 & 0 & \cdots & 0\\ \vdots & \vdots & \vdots & & \vdots\\ -n & 0 & 0 & \cdots & 1\end{pmatrix},$$

可得原方程组的同解方程组为

$$\begin{cases}-2x_1+x_2=0,\\ -3x_1+x_3=0,\\ \qquad\cdots,\\ -nx_1+x_n=0,\end{cases}$$

得基础解系为 $\boldsymbol{\eta}_1=\begin{pmatrix}1\\2\\\vdots\\n\end{pmatrix}$，方程组的通解为 $\boldsymbol{X}=d\boldsymbol{\eta}_1=d\begin{pmatrix}1\\2\\\vdots\\n\end{pmatrix}$，其中 d 为任意常数.

例 3.5.4 设有线性方程组

$$\begin{cases}x_1+a_1x_2+a_1^2x_3=a_1^3,\\ x_1+a_2x_2+a_2^2x_3=a_2^3,\\ x_1+a_3x_2+a_3^2x_3=a_3^3,\\ x_1+a_4x_2+a_4^2x_3=a_4^3.\end{cases}$$

(1)证明若 a_1，a_2，a_3，a_4 两两不相等，则此线性方程组无解；

(2)设 $a_1=a_3=k$，$a_2=a_4=-k\,(k\neq0)$，且已知 $\boldsymbol{\beta}_1$，$\boldsymbol{\beta}_2$ 是该方程组的两个解，其中 $\boldsymbol{\beta}_1=\begin{pmatrix}-1\\1\\1\end{pmatrix}$，$\boldsymbol{\beta}_2=\begin{pmatrix}1\\1\\-1\end{pmatrix}$，写出此方程组的通解.

证明：(1)原方程组的增广矩阵为

$$\overline{\boldsymbol{A}}=\begin{pmatrix}1 & a_1 & a_1^2 & a_1^3\\ 1 & a_2 & a_2^2 & a_2^3\\ 1 & a_3 & a_3^2 & a_3^3\\ 1 & a_4 & a_4^2 & a_4^3\end{pmatrix},$$

对应的行列式的转置为范德蒙行列式，则

$$|\overline{\mathbf{A}}|=\begin{vmatrix}1 & a_1 & a_1^2 & a_1^3\\ 1 & a_2 & a_2^2 & a_2^3\\ 1 & a_3 & a_3^2 & a_3^3\\ 1 & a_4 & a_4^2 & a_4^3\end{vmatrix}=(a_4-a_3)(a_4-a_2)(a_4-a_1)(a_3-a_2)(a_3-a_1)(a_2-a_1),$$

由于 a_1，a_2，a_3，a_4 两两不相等，所以 $|\overline{\mathbf{A}}|\neq 0$，$R(\overline{\mathbf{A}})=4$，$R(\mathbf{A})<R(\overline{\mathbf{A}})$，因此，原方程组无解.

解：(2)当 $a_1=a_3=k$，$a_2=a_4=-k(k\neq 0)$时，方程组为

$$\begin{cases}x_1+kx_2+k^2x_3=k^3,\\ x_1-kx_2+k^2x_3=-k^3,\\ x_1+kx_2+k^2x_3=k^3,\\ x_1-kx_2+k^2x_3=-k^3,\end{cases}$$

即

$$\begin{cases}x_1+kx_2+k^2x_3=k^3,\\ x_1-kx_2+k^2x_3=-k^3,\end{cases}$$

显然，有 $R(\overline{\mathbf{A}})=R(\mathbf{A})=2$，从而，原方程组的导出组的基础解系中只含有一个解向量.

由于 $\boldsymbol{\beta}_1$，$\boldsymbol{\beta}_2$ 是原方程组的两个解，故而 $\boldsymbol{\eta}=\boldsymbol{\beta}_1-\boldsymbol{\beta}_2=\begin{pmatrix}-1\\1\\1\end{pmatrix}-\begin{pmatrix}1\\1\\-1\end{pmatrix}=\begin{pmatrix}-2\\0\\2\end{pmatrix}$ 是原方程组的导出组的解，又因为 $\boldsymbol{\eta}=\begin{pmatrix}-2\\0\\2\end{pmatrix}\neq 0$，所以 $\boldsymbol{\eta}=\begin{pmatrix}-2\\0\\2\end{pmatrix}$ 是原方程组的导出组的一个基础解系，故而原非齐次线性方程组的通解可以表示为 $\boldsymbol{\beta}=\boldsymbol{\beta}_1+k\boldsymbol{\eta}=\begin{pmatrix}-1\\1\\1\end{pmatrix}+k\begin{pmatrix}-2\\0\\2\end{pmatrix}$，其中 k 为任意常数.

第4章　线性空间与线性变换

线性空间的概念是 n 维向量空间概念的抽象和提高，是线性代数最基本的概念之一，其本质特征是具有元素的加法和数乘运算，并满足一些运算律的非空集合. 线性变换是高等代数中重要组成部分，也是主要研究对象，它是研究线性空间中向量联系的工具，其中包含着丰富的数学思想方法. 线性空间是抽象代数学中的一个重要组成部分，其理论方法在数学其他分支和物理、化学、计算机科学、管理学等领域中都有着广泛的应用.

4.1　线性空间的概念

定义 4.1.1　设 V 是一个非空集合，F 是一个数域，在 V 中的元素间定义一种运算法则，称为加法. 按此法则，如果对于任意两个元素 $\boldsymbol{\alpha}$，$\boldsymbol{\beta}\in V$ 总有唯一确定的一个元素 $\boldsymbol{\gamma}\in V$ 与之对应，称 $\boldsymbol{\gamma}$ 为 $\boldsymbol{\alpha}$ 与 $\boldsymbol{\beta}$ 的和，记为 $\boldsymbol{\gamma}=\boldsymbol{\alpha}+\boldsymbol{\beta}$. 在 F 中的数与 V 中的元素之间也定义一种运算，称为数乘. 对于任一数 $k\in F$ 及任一元素 $\boldsymbol{\alpha}\in V$，有唯一确定的一个 $\boldsymbol{\delta}\in V$ 与之对应，称为 k 与 $\boldsymbol{\alpha}$ 的积，记为 $\boldsymbol{\delta}=k\boldsymbol{\alpha}$. 如果加法与数乘运算满足以下八条运算法则：

(1)$\boldsymbol{\alpha}+\boldsymbol{\beta}=\boldsymbol{\beta}+\boldsymbol{\alpha}$；

(2)$(\boldsymbol{\alpha}+\boldsymbol{\beta})+\boldsymbol{\gamma}=\boldsymbol{\alpha}+(\boldsymbol{\beta}+\boldsymbol{\gamma})$；

(3)在 V 中存在零元素 $\mathbf{0}$，对任意 $\boldsymbol{\alpha}\in V$，都有 $\boldsymbol{\alpha}+\mathbf{0}=\boldsymbol{\alpha}$；

(4)对任意 $\boldsymbol{\alpha}\in V$，存在 $\boldsymbol{\beta}\in V$，使 $\boldsymbol{\alpha}+\boldsymbol{\beta}=\mathbf{0}$，称 $\boldsymbol{\beta}$ 为 $\boldsymbol{\alpha}$ 的负元素；

(5)$1\cdot\boldsymbol{\alpha}=\boldsymbol{\alpha}$；

(6)$k(l\boldsymbol{\alpha})=(kl)\boldsymbol{\alpha}$；

(7)$(k+l)\boldsymbol{\alpha}=k\boldsymbol{\alpha}+l\boldsymbol{\alpha}$；

(8)$k(\boldsymbol{\alpha}+\boldsymbol{\beta})=k\boldsymbol{\alpha}+k\boldsymbol{\beta}$.

则称 V 是数域 F 上的一个线性空间. 其中 $\boldsymbol{\alpha}$，$\boldsymbol{\beta}$，$\boldsymbol{\gamma}$ 是 V 中的任意元素，k，l 是数域 F 中的任意数.

由于线性空间与 n 维向量空间有许多相同的性质，因此也常把线性空间称为向量空间，线性空间 V 中的元素不论本来的性质如何，统称为向量. 线性空间中的零元素也称为零向量，$\boldsymbol{\alpha}$ 的负元素也称为 $\boldsymbol{\alpha}$ 的负向量.

实数域 $\mathbf{R}$ 上的线性空间称为实线性空间，实线性空间中的向量称为实向量. 显然，$\mathbf{R}^n$ 是实线性空间的一个具体例子.

线性空间的内容十分丰富，当提到某具体线性空间时，须说明两条：

(1)V 中具体的元素代表什么；

(2)V 上的加法与数乘运算含义，同时要验证加法与数乘运算是否满足八条运算规律.

例 4.1.1 证明：实数域 $\mathbf{R}$ 上的 n 次多项式的全体

$Q[x]_n=\{q(x)=a_nx^n+\cdots+a_1x+a_0 \mid a_n,\ \cdots,\ a_1,\ a_0\in\mathbf{R},\ a_n\neq 0\}$

对于通常的多项式加法和数乘运算不构成线性空间.

证明：因为

$$q_1(x)=a_nx^n+\cdots+a_1x+a_0\in Q[x]_n,$$
$$q_2(x)=-a_nx^n+\cdots+a_1x+a_0\in Q[x]_n,$$

而

$$q_1(x)+q_2(x)=2a_{n-1}x^{n-1}+\cdots+2a_1x+2a_0\notin Q[x]_n,$$

所以对加法运算不是封闭的. 因为 $0\cdot q_1(x)=0\notin Q[x]_n$，所以 $Q[x]_n$ 对数乘运算不封闭. 故 $Q[x]_n$ 对于通常的多项式加法和数乘运算不构成线性空间.

检验一个集合是否构成线性空间，当然不能只检验对运算的封闭性(若所定义的加法和数乘运算不是通常的实数间的加、乘运算)，还应检验是否满足八条线性运算法则.

为了对线性运算的理解更具有一般性，请看下例.

例 4.1.2 正实数的全体记为 $\mathbf{R}^+$，为了与一般的加法、乘法运算区别，在其中定义加法与数乘运算分别用记号$\oplus$，$\otimes$表示，即

$$a\oplus b=ab,\ a,\ b\in\mathbf{R}^+,$$
$$\lambda\otimes a=a^\lambda,\ \lambda\in\mathbf{R},\ a\in\mathbf{R}^+,$$

验证 $\mathbf{R}^+$ 对上述加法与数乘运算构成实数域 $\mathbf{R}$ 上的线性空间.

证明：首先，验证 $\mathbf{R}^+$ 对运算$\oplus$，$\otimes$的封闭性. 对任意的 a，$b\in\mathbf{R}^+$，有 $a\oplus b=ab\in\mathbf{R}^+$ 且唯一；对任意的 $\lambda\in\mathbf{R}$，$a\in\mathbf{R}^+$，有 $\lambda\otimes a=a^\lambda\in\mathbf{R}^+$ 且唯一.

其次，验证上述两种运算为线性运算，即验证八条运算规律成立.

(1)$a\oplus b=ab=ba=b\oplus a$.

(2)$(a\oplus b)\oplus c=(ab)c=a(bc)=a\oplus(b\oplus c)$.

(3)$\mathbf{R}^+$ 中存在元素 1，对任何 $a\in\mathbf{R}^+$，有 $a\oplus 1=a\cdot 1=a$.

(4)对任何 $a\in\mathbf{R}^+$，有负元素 $a^{-1}\in\mathbf{R}^+$，使 $a\oplus a^{-1}=aa^{-1}=1$.

(5)$1\otimes a=a^1=a$.

(6)$\lambda\otimes(\mu\otimes a)=\lambda\otimes a^\mu=(a^\mu)^\lambda=a^{\lambda\mu}=(\lambda\mu)\otimes a$.

(7)$(\lambda+\mu)\otimes a=a^{\lambda+\mu}=a^\lambda a^\mu=a^\lambda\oplus a^\mu=\lambda\otimes a\oplus\mu\otimes a$.

(8)$\lambda\otimes(a\oplus b)=\lambda\otimes(ab)=(ab)^\lambda=a^\lambda b^\lambda=a^\lambda\oplus b^\lambda=\lambda\otimes a\oplus\lambda\otimes b$.

因此，$\mathbf{R}^+$ 对于所定义的加法与数乘运算构成实数域 $\mathbf{R}$ 上的线性空间. 证毕.

4.2 线性空间的基、维数与坐标

定义 4.2.1 在线性空间 V 中，如果存在 n 个元素 $\boldsymbol{\alpha}_1$，$\boldsymbol{\alpha}_2$，…，$\boldsymbol{\alpha}_n$，且满足：

(1)向量组 $\boldsymbol{\alpha}_1$，$\boldsymbol{\alpha}_2$，…，$\boldsymbol{\alpha}_n$ 线性无关；

(2)线性空间 V 中的任一元素 $\boldsymbol{\alpha}$ 都可以由线性无关向量组 $\boldsymbol{\alpha}_1$，$\boldsymbol{\alpha}_2$，…，$\boldsymbol{\alpha}_n$ 线性表示.

那么我们称向量组 $\boldsymbol{\alpha}_1$，$\boldsymbol{\alpha}_2$，…，$\boldsymbol{\alpha}_n$ 为线性空间 V 的一个基，向量组 $\boldsymbol{\alpha}_1$，$\boldsymbol{\alpha}_2$，…，$\boldsymbol{\alpha}_n$ 中向量的个数 n 称作线性空间 V 的维数，记作 $\dim V=n$. 线性空间 V 也称作 n 维线性空间，记作 V_n. 而只含有一个零向量的线性空间没有基，称作零维向量空间，n 维线性空间与零维向量空间统称有限维向量空间.

例如，线性空间 $P^{2\times2}$ 是数域 P 上的二行二列矩阵的全体，任意矩阵 $\boldsymbol{A}=\begin{pmatrix}a_{11} & a_{12}\\ a_{21} & a_{22}\end{pmatrix}$ 可由单位矩阵组成的矩阵组 $\boldsymbol{E}_{11}=\begin{pmatrix}1 & 0\\ 0 & 0\end{pmatrix}$，$\boldsymbol{E}_{12}=\begin{pmatrix}0 & 1\\ 0 & 0\end{pmatrix}$，$\boldsymbol{E}_{21}=\begin{pmatrix}0 & 0\\ 1 & 0\end{pmatrix}$，$\boldsymbol{E}_{22}=\begin{pmatrix}0 & 0\\ 0 & 1\end{pmatrix}$ 线性表示为 $\boldsymbol{A}=a_{11}\boldsymbol{E}_{11}+a_{12}\boldsymbol{E}_{12}+a_{21}\boldsymbol{E}_{21}+a_{22}\boldsymbol{E}_{22}$，且 $\boldsymbol{E}_{11}$，$\boldsymbol{E}_{12}$，$\boldsymbol{E}_{21}$，$\boldsymbol{E}_{22}$ 是线性无关的，故而 $P^{2\times2}$ 是一个 4 维线性空间，$\boldsymbol{E}_{11}$，$\boldsymbol{E}_{12}$，$\boldsymbol{E}_{21}$，$\boldsymbol{E}_{22}$ 是线性空间 $P^{2\times2}$ 的一组基.

定理 4.2.1 向量组 $\boldsymbol{\alpha}_1$，$\boldsymbol{\alpha}_2$，…，$\boldsymbol{\alpha}_n$ 为线性空间 V 的一个基，那么线性空间 V 的每一个向量 $\boldsymbol{\alpha}$ 都可以唯一地由向量组 $\boldsymbol{\alpha}_1$，$\boldsymbol{\alpha}_2$，…，$\boldsymbol{\alpha}_n$ 线性表示.

证明：因为向量组 $\boldsymbol{\alpha}_1$，$\boldsymbol{\alpha}_2$，…，$\boldsymbol{\alpha}_n$ 为线性空间 V 的一个基，所以线性空间 V 的每一个向量 $\boldsymbol{\alpha}$ 都可以由向量组 $\boldsymbol{\alpha}_1$，$\boldsymbol{\alpha}_2$，…，$\boldsymbol{\alpha}_n$ 线性表示成

$\boldsymbol{\alpha}=x_1\boldsymbol{\alpha}_1+x_2\boldsymbol{\alpha}_2+\cdots+x_n\boldsymbol{\alpha}_n$.

在这里我们只需要确定唯一性. 如果设还有

$\boldsymbol{\alpha}=y_1\boldsymbol{\alpha}_1+y_2\boldsymbol{\alpha}_2+\cdots+y_n\boldsymbol{\alpha}_n$，

那么，只需证明

$(x_1-y_1)\boldsymbol{\alpha}_1+(x_2-y_2)\boldsymbol{\alpha}_2+\cdots+(x_n-y_n)\boldsymbol{\alpha}_n=\boldsymbol{0}$.

又由线性空间的基的定义可知向量组 $\boldsymbol{\alpha}_1$，$\boldsymbol{\alpha}_2$，…，$\boldsymbol{\alpha}_n$ 是线性无关组，所以若 $(x_1-y_1)\boldsymbol{\alpha}_1+(x_2-y_2)\boldsymbol{\alpha}_2+\cdots+(x_n-y_n)\boldsymbol{\alpha}_n=\boldsymbol{0}$，

则

$$x_i-y_i=0(i=1, 2, \cdots, n),$$

即

$$x_i=y_i(i=1, 2, \cdots, n).$$

根据定理4.2.1，若设向量组$\boldsymbol{\alpha}_1$，$\boldsymbol{\alpha}_2$，…，$\boldsymbol{\alpha}_n$为定义在数域$\mathbf{Q}$上的n维线性空间V_n的一个基，那么V_n可以表示成

$$V_n=\{\boldsymbol{\gamma}\,|\,\boldsymbol{\gamma}=x_1\boldsymbol{\alpha}_1+x_2\boldsymbol{\alpha}_2+\cdots+x_n\boldsymbol{\alpha}_n;\ x_1, x_2, \cdots, x_n\in\mathbf{Q}\}.$$

这样，定义在数域$\mathbf{Q}$上的n维线性空间V_n的任意一个元素$\boldsymbol{\gamma}$就与有序数组x_1，x_2，…，x_n有了一一对应关系.

定义4.2.2 若向量组$\boldsymbol{\alpha}_1$，$\boldsymbol{\alpha}_2$，…，$\boldsymbol{\alpha}_n$为定义在数域$\mathbf{Q}$上的n维线性空间V_n的一个基，那么对于任意向量$\boldsymbol{\gamma}\in V_n$，总有且仅有一组有序数$x_1$，$x_2$，…，$x_n\in\mathbf{Q}$使得

$$\boldsymbol{\gamma}=x_1\boldsymbol{\alpha}_1+x_2\boldsymbol{\alpha}_2+\cdots+x_n\boldsymbol{\alpha}_n,$$

我们称x_1，x_2，…，x_n为向量$\boldsymbol{\gamma}$关于基$\boldsymbol{\alpha}_1$，$\boldsymbol{\alpha}_2$，…，$\boldsymbol{\alpha}_n$的坐标，记作$(x_1, x_2, \cdots, x_n)$.

由于线性空间V_n的基不唯一，因此，对于V_n中元素$\boldsymbol{\alpha}$，在不同的基下，其坐标一般是不同的，即$\boldsymbol{\alpha}$的坐标是相对于V_n的基而言的.

例如，多项式函数$f(x)=a_0+a_1x+\cdots+a_nx^n$在$P[x]_n$的基1，$x$，$x^2$，$x^3$，…，$x^n$下的坐标为$a_0$，$a_1$，$a_2$，$a_3$，…，$a_n$，此时，可记作

$f(x)=(a_0, a_1, a_2, a_3, \cdots, a_n)$.

利用泰勒公式，我们还可得到$f(x)$在$P[x]_n$的另一组基1，$x-1$，$(x-1)^2$，…，$(x-1)^n$下的坐标.

在线性空间V_n中，引入元素的坐标概念后，就可把V_n中抽象向量$\boldsymbol{\alpha}$与具体的数组向量$(x_1, x_2, \cdots, x_n)$联系起来了，并且可把V_n中抽象的线性运算与数组向量的线性运算联系起来.

设$\boldsymbol{\alpha}$，$\boldsymbol{\beta}\in V_n$，$\boldsymbol{\alpha}=x_1\boldsymbol{\alpha}_1+x_2\boldsymbol{\alpha}_2+\cdots+x_n\boldsymbol{\alpha}_n$，$\boldsymbol{\beta}=y_1\boldsymbol{\alpha}_1+y_2\boldsymbol{\alpha}_2+\cdots+y_n\boldsymbol{\alpha}_n$，

于是

$$\boldsymbol{\alpha}+\boldsymbol{\beta}=(x_1+y_1)\boldsymbol{\alpha}_1+(x_2+y_2)\boldsymbol{\alpha}_2+\cdots+(x_n+y_n)\boldsymbol{\alpha}_n,$$
$$\lambda\boldsymbol{\alpha}=(\lambda x_1)\boldsymbol{\alpha}_1+(\lambda x_2)\boldsymbol{\alpha}_2+\cdots+(\lambda x_n)\boldsymbol{\alpha}_n,$$

即$\boldsymbol{\alpha}+\boldsymbol{\beta}$的坐标是

$(x_1+y_1, x_2+y_2, \cdots, x_n+y_n)=(x_1, x_2, \cdots, x_n)+(y_1, y_2, \cdots, y_n)$,

$\lambda\boldsymbol{\alpha}$的坐标是

$$(\lambda x_1, \lambda x_2, \cdots, \lambda x_n)=\lambda(x_1, x_2, \cdots, x_n).$$

总之，在n维线性空间V_n中取定一个基$\boldsymbol{\alpha}_1$，$\boldsymbol{\alpha}_2$，…，$\boldsymbol{\alpha}_n$，则V_n中的向量$\boldsymbol{\alpha}$与n维数组向量空间$\mathbf{R}^n$中的向量$(x_1, x_2, \cdots, x_n)$之间就有一个一一对应的关系，且这个对应关系具有下述性质：

若$\boldsymbol{\alpha}\leftrightarrow(x_1, x_2, \cdots, x_n)$，$\boldsymbol{\beta}\leftrightarrow(y_1, y_2, \cdots, y_n)$，则

$\boldsymbol{\alpha}+\boldsymbol{\beta}\leftrightarrow(x_1, x_2, \cdots, x_n)+(y_1, y_2, \cdots, y_n)$，$\lambda\boldsymbol{\alpha}\leftrightarrow\lambda(x_1, x_2, \cdots, x_n)$.

即这个对应关系保持线性运算的对应. 因此，我们可以说 V_n 与 $\mathbf{R}^n$ 具有相同的结构，称 V_n 与 $\mathbf{R}^n$ 同构，一般地，有下面定义.

定义 4.2.3 设 V 和 U 是两个线性空间. 如果在它们的元素之间存在一一对应关系，且这种对应关系保持元素之间线性运算的对应，则称线性空间 V 与 U 同构.

可以验证，线性空间的同构关系，具有自反性、对称性与传递性. 任何 n 维线性空间都与 $\mathbf{R}^n$ 同构. 因此，维数相等的线性空间都是同构的. 或者说，有限维线性空间同构的充要条件是它们具有相同的维数. 从而可知，线性空间是否同构完全被其维数所决定.

同构的概念除元素一一对应外，主要是保持线性运算的对应关系. 因此，V_n 中的抽象的线性运算就可转化为 $\mathbf{R}^n$ 中的线性运算，并且 $\mathbf{R}^n$ 中凡是只涉及线性运算的性质就都适用于 V_n，但 $\mathbf{R}^n$ 中超出线性运算的性质，在 V_n 中就不一定具备. 例如 $\mathbf{R}^n$ 中的内积概念在 V_n 中就不一定有意义.

例 4.2.1 在 n 维向量空间 $\mathbf{R}^n$ 中，显然

$$\begin{cases}\boldsymbol{\alpha}_1=(1,\ 0,\ 0,\ \cdots,\ 0)^T,\\ \boldsymbol{\alpha}_2=(0,\ 1,\ 0,\ \cdots,\ 0)^T,\\ \cdots,\\ \boldsymbol{\alpha}_n=(0,\ 0,\ 0,\ \cdots,\ 1)^T\end{cases}$$

是一个基，每一个向量 $\boldsymbol{\alpha}=\begin{pmatrix}\boldsymbol{\alpha}_1\\ \boldsymbol{\alpha}_2\\ \vdots\\ \boldsymbol{\alpha}_n\end{pmatrix}$ 在这组基下的坐标就是其本身，如果在向量空间 $\mathbf{R}^n$ 中另取一组基

$$\begin{cases}\boldsymbol{\alpha}'_1=(1,\ 1,\ 1,\ \cdots,\ 1)^T,\\ \boldsymbol{\alpha}'_2=(0,\ 1,\ 1,\ \cdots,\ 1)^T,\\ \cdots,\\ \boldsymbol{\alpha}'_n=(0,\ 0,\ 0,\ \cdots,\ 1)^T,\end{cases}$$

因为

$$\boldsymbol{\alpha}=\boldsymbol{\alpha}_1^T\boldsymbol{\alpha}_1'+(\boldsymbol{\alpha}_2-\boldsymbol{\alpha}_1)^T\boldsymbol{\alpha}'_2+\cdots+(\boldsymbol{\alpha}_n-\boldsymbol{\alpha}_{n-1})^T\boldsymbol{\alpha}'_n,$$

所以，$\boldsymbol{\alpha}$ 在这个基下的坐标为

$$(\boldsymbol{\alpha}_1\quad \boldsymbol{\alpha}_2-\boldsymbol{\alpha}_1\quad \cdots\quad \boldsymbol{\alpha}_n-\boldsymbol{\alpha}_{n-1})^T.$$

4.3 欧氏空间

4.3.1 欧氏空间的概念

解析几何中两个向量$\boldsymbol{\alpha}$与$\boldsymbol{\beta}$的数乘积$\boldsymbol{\alpha}\cdot\boldsymbol{\beta}$称为$\boldsymbol{\alpha}$与$\boldsymbol{\beta}$的内积，记为$(\boldsymbol{\alpha},\boldsymbol{\beta})$，我们回顾几何空间$\mathbf{R}^3$中向量的长度和夹角与向量内积的关系：两个非零向量$\boldsymbol{\alpha}$与$\boldsymbol{\beta}$的内积定义为实数

$$(\boldsymbol{\alpha},\boldsymbol{\beta})=|\boldsymbol{\alpha}||\boldsymbol{\beta}|\cos\theta, \tag{4-3-1}$$

其中θ为$\boldsymbol{\alpha}$与$\boldsymbol{\beta}$的夹角，$|\boldsymbol{\alpha}|$表示$\boldsymbol{\alpha}$的长度，当$\boldsymbol{\alpha}$与$\boldsymbol{\beta}$中有零向量时，定义$(\boldsymbol{\alpha},\boldsymbol{\beta})=0$，反之，由(4-3-1)知可用内积表示向量的长度和夹角：

$$|\boldsymbol{\alpha}|=\sqrt{(\boldsymbol{\alpha},\boldsymbol{\alpha})},$$

$$\theta=\arccos\frac{(\boldsymbol{\alpha},\boldsymbol{\beta})}{|\boldsymbol{\alpha}||\boldsymbol{\beta}|}.$$

这表明，要在$\mathbf{R}$上线性空间中引进长度和夹角概念，可从内积入手，但定义内积不能从式(4-3-1)出发，因为它依赖于长度和夹角这两个尚待定义的概念，因此只能从$\mathbf{R}^3$内积的本质属性来刻画内积这个概念.

$\mathbf{R}^3$中，内积具有下列性质：

(1)$(\boldsymbol{\alpha},\boldsymbol{\beta})=(\boldsymbol{\beta},\boldsymbol{\alpha})$；

(2)$(\boldsymbol{\alpha}+\boldsymbol{\beta},\boldsymbol{\gamma})=(\boldsymbol{\alpha},\boldsymbol{\gamma})+(\boldsymbol{\beta},\boldsymbol{\gamma})$；

(3)$(k\boldsymbol{\alpha},\boldsymbol{\beta})=k(\boldsymbol{\beta},\boldsymbol{\alpha})$；

(4)当$\boldsymbol{\alpha}\neq\mathbf{0}$时，$(\boldsymbol{\alpha},\boldsymbol{\alpha})>0$.

这里，$\boldsymbol{\alpha}$，$\boldsymbol{\beta}$，$\boldsymbol{\gamma}$是$\mathbf{R}^3$中的任意向量，k是$\mathbf{R}$中任意数.

上述四条性质是内积的本质属性，因此，对一般情况，我们有：

定义 4.3.1 设V是$\mathbf{R}$上线性空间，如果对$\forall\boldsymbol{\alpha}$，$\boldsymbol{\beta}\in V$，有确定的实数记作$(\boldsymbol{\alpha},\boldsymbol{\beta})$与它们对应，并且下列条件被满足：

(1)$(\boldsymbol{\alpha},\boldsymbol{\beta})=(\boldsymbol{\beta},\boldsymbol{\alpha})$；

(2)$(\boldsymbol{\alpha}+\boldsymbol{\beta},\boldsymbol{\gamma})=(\boldsymbol{\alpha},\boldsymbol{\gamma})+(\boldsymbol{\beta},\boldsymbol{\gamma})$；

(3)$(k\boldsymbol{\alpha},\boldsymbol{\beta})=k(\boldsymbol{\beta},\boldsymbol{\alpha})$；

(4)当$\boldsymbol{\alpha}\neq\mathbf{0}$时，$(\boldsymbol{\alpha},\boldsymbol{\alpha})>0$.

这里$\boldsymbol{\alpha}$，$\boldsymbol{\beta}$，$\boldsymbol{\gamma}$是V的任意向量，k是任意实数，那么$(\boldsymbol{\alpha},\boldsymbol{\beta})$称为向量$\boldsymbol{\alpha}$与$\boldsymbol{\beta}$的内积，而$V$称为欧几里得空间(简称欧氏空间).

由定义可知，内积是定义在$V\times V$上而取值在$\mathbf{R}$内的一个函数，且此函数满足上述四条性质.

例 4.3.1 设 n 为一个正整数，$\mathbf{R}_n[x]$是零多项式和次数不超过 n 的多项式构成的向量空间. 对任意 $f(x)$，$g(x)\in\mathbf{R}_n[x]$规定

$$(f,\ g)=\int_{-1}^{1}f(x)g(x)\mathrm{d}x.$$

由于多项式函数是连续函数，内积条件易被满足，因而 $\mathbf{R}_n[x]$关于这个内积构成一个欧氏空间.

例 4.3.2 令 $C[a,\ b]$是指定义在$[a,\ b]$上一切连续实函数所成的 $\mathbf{R}$ 上线性空间，$\forall f(x)$，$g(x)\in C[a,\ b]$，我们定义内积：

$$(f(x),\ g(x))=\int_{a}^{b}f(x)g(x)\mathrm{d}x\ .$$

由定积分的基本性质可知，定义内积的条件被满足，所以 $C[a,\ b]$构成一个欧氏空间.

例 4.3.3 在 $\mathbf{R}^n$ 中，任意两个向量

$$\boldsymbol{\alpha}=(x_1,\ x_2,\ \cdots,\ x_n),$$
$$\boldsymbol{\beta}=(y_1,\ y_2,\ \cdots,\ y_n),$$

定义

$$(\boldsymbol{\alpha},\ \boldsymbol{\beta})=x_1y_1+x_2y_2+\cdots+x_ny_n, \tag{4-3-2}$$

不难验证定义内积的条件被满足，因而 $\mathbf{R}^n$ 构成一个欧几里得空间.

从上述例题可看出，欧氏空间是线性空间与内积的总体，对于同一个 $\mathbf{R}$ 上线性空间，可定义不同的内积，从而得出不同的欧氏空间. 我们约定，今后说到“欧氏空间 $\mathbf{R}^n$”时，是指例 4.3.3 中内积(4 - 3 - 2)所构成的欧氏空间.

从而可知，有些连续函数的问题我们可将其放在欧氏空间中进行考虑.

由欧氏空间的定义易得到下面简单的性质.

(1)$(\mathbf{0},\ \boldsymbol{\alpha})=(\boldsymbol{\alpha},\ \mathbf{0})=0$.

(2)$(\boldsymbol{\alpha},\ k\boldsymbol{\beta})=k(\boldsymbol{\alpha},\ \boldsymbol{\beta})$.

(3)$(\sum\limits_{i=1}^{t}a_i\boldsymbol{\alpha}_i,\ \sum\limits_{j=1}^{s}b_j\boldsymbol{\beta}_j)=\sum\limits_{i=1}^{t}\sum\limits_{j=1}^{s}a_ib_j(\boldsymbol{\alpha}_i,\ \boldsymbol{\beta}_j)$.

在这里 $\boldsymbol{\alpha}$，$\boldsymbol{\beta}$，$\boldsymbol{\alpha}_i$，$\boldsymbol{\beta}_j$ 均为欧氏空间中的向量，k，a_i，$b_j\in\mathbf{R}$，$i=1,\ 2,\ \cdots,\ t$，$j=1,\ 2,\ \cdots,\ s$. 由于对欧氏空间的任意向量 $\boldsymbol{\alpha}$ 来说，$(\boldsymbol{\alpha},\ \boldsymbol{\alpha})$总是一个非负实数，因此可合理地引入向量长度的概念.

4.3.2 欧氏空间的性质

设 V 是一个欧氏空间，我们有：

性质 4.3.1 零向量与任意向量的内积是零.

事实上，在内积性质(3)中令 $k=0$，即知 $\forall\boldsymbol{\beta}\in V$，有$(\mathbf{0},\ \boldsymbol{\beta})=0$，再由性质(1)得$(\boldsymbol{\beta},\ \mathbf{0})=0$.

性质 4.3.2 $\boldsymbol{\alpha}=\mathbf{0}\Leftrightarrow(\boldsymbol{\alpha}, \boldsymbol{\alpha})=0$.

事实上，由性质 4.3.1 有 $\boldsymbol{\alpha}=\mathbf{0}\Rightarrow(\boldsymbol{\alpha}, \boldsymbol{\alpha})=0$，反之，由内积性质(4)，有$(\boldsymbol{\alpha}, \boldsymbol{\alpha})=0\Rightarrow\boldsymbol{\alpha}=\mathbf{0}$，从而结论得证.

性质 4.3.3 $\forall \boldsymbol{\alpha}, \boldsymbol{\beta}_1, \boldsymbol{\beta}_2, \cdots, \boldsymbol{\beta}_t \in V$，$l_1, l_2, \cdots, l_t \in \mathbf{R}$ 有

$$(\boldsymbol{\alpha}, l_1\boldsymbol{\beta}_1+l_2\boldsymbol{\beta}_2+\cdots+l_t\boldsymbol{\beta}_t)=\sum_{i=1}^{t} l_i(\boldsymbol{\alpha}, \boldsymbol{\beta}_i),$$

利用内积的性质，对向量的个数 t 进行数学归纳法可证之.

性质 4.3.4 $\forall \boldsymbol{\alpha}_1, \boldsymbol{\alpha}_2, \cdots, \boldsymbol{\alpha}_s, \boldsymbol{\beta}_1, \boldsymbol{\beta}_2, \cdots, \boldsymbol{\beta}_t \in V$，$\forall k_1, k_2, \cdots, k_s, l_1, l_2, \cdots, l_t \in \mathbf{R}$，有

$$\left(\sum_{i=1}^{s} k_i\boldsymbol{\alpha}_i, \sum_{j=1}^{t} l_j\boldsymbol{\beta}_j\right)=\sum_{i=1}^{s}\sum_{j=1}^{t} k_i l_j(\boldsymbol{\alpha}_i+\boldsymbol{\beta}_j).$$

4.3.3 欧氏空间的线性变换

定义 4.3.2 称欧氏空间 V，U 之间线性映射 $\boldsymbol{A}$：$V\rightarrow U$ 为保距映射，如果

$$(\boldsymbol{A}(\boldsymbol{\alpha}), \boldsymbol{A}(\boldsymbol{\beta}))=(\boldsymbol{\alpha}, \boldsymbol{\beta}), \ \forall \boldsymbol{\alpha}, \boldsymbol{\beta}\in V.$$

双射的保距映射称为保距同构. 如果存在保距同构 $\boldsymbol{A}$：$V\rightarrow U$，则称欧氏空间 V 与 U 同构，称 $\boldsymbol{A}$ 为欧氏空间同构映射.

将欧氏空间 V 的保距的线性变换 $\boldsymbol{A}$：$V\rightarrow V$ 称之为正交变换.

其相关性质如下：

(1)保距映射 $\boldsymbol{A}$ 为单映射.

如果 $\boldsymbol{A}(\boldsymbol{\alpha})=\mathbf{0}$，则有

$$(\boldsymbol{A}(\boldsymbol{\alpha}), \boldsymbol{A}(\boldsymbol{\alpha}))=(\boldsymbol{\alpha}, \boldsymbol{\alpha})=0,$$

所以 $\boldsymbol{\alpha}=\mathbf{0}$，即有 $\mathrm{Ker}(\boldsymbol{A})=\mathbf{0}$.

(2)满射的保距映射为保距同构.

(3)有限维欧氏空间的正交变换为保距自同构.

证明： 由于正交变换 $\boldsymbol{A}$：$V\rightarrow V$ 的定义域空间和值域空间相同，为有限维欧氏空间 V，因此根据性质(1)，可知保距映射为单映射，从而易知其为自同构.

定理 4.3.1 设 V，U 为欧氏空间，且设 $\boldsymbol{\varepsilon}_1, \boldsymbol{\varepsilon}_2, \cdots, \boldsymbol{\varepsilon}_n$ 为空间 V 的一组基，又设 $\boldsymbol{A}$：$V\rightarrow U$ 为线性映射，若

$$(\boldsymbol{A}(\boldsymbol{\varepsilon}_i), \boldsymbol{A}(\boldsymbol{\varepsilon}_j))=(\boldsymbol{\varepsilon}_i, \boldsymbol{\varepsilon}_j), \ \forall i, j=1, 2, \cdots, n,$$

则 $\boldsymbol{A}$ 为保距映射.

证明： 对于任意 $\boldsymbol{\alpha}$，$\boldsymbol{\beta}\in V$，设

$$\boldsymbol{\alpha}=\sum_{i=1}^{n} a_i\boldsymbol{\varepsilon}_i, \ \boldsymbol{\beta}=\sum_{j=1}^{n} b_j\boldsymbol{\varepsilon}_j,$$

则有

$$
\begin{aligned}
(\boldsymbol{A}(\boldsymbol{\alpha}),\ \boldsymbol{A}(\boldsymbol{\beta})) &= \left(\sum_{i=1}^{n} a_i \boldsymbol{A}(\boldsymbol{\varepsilon}_i),\ \sum_{j=1}^{n} b_j \boldsymbol{A}(\boldsymbol{\varepsilon}_j)\right) \\
&= \sum_{i,\ j=1}^{n} a_i b_j (\boldsymbol{A}(\boldsymbol{\varepsilon}_i),\ \boldsymbol{A}(\boldsymbol{\varepsilon}_j)) \\
&= \sum_{i,\ j=1}^{n} a_i b_j (\boldsymbol{\varepsilon}_i,\ \boldsymbol{\varepsilon}_j) \\
&= \left(\sum_{i=1}^{n} a_i \boldsymbol{\varepsilon}_i,\ \sum_{j=1}^{n} b_j \boldsymbol{\varepsilon}_j\right) \\
&= (\boldsymbol{\alpha},\ \boldsymbol{\beta}).
\end{aligned}
$$

命题 4.3.1 在欧氏空间 V 的标准正交基 $\boldsymbol{\gamma}_1$，$\boldsymbol{\gamma}_2$，…，$\boldsymbol{\gamma}_n$ 之下的坐标映射为从空间 V 到(赋典型内积) $\mathbf{R}^n$ 的欧氏空间映射；特别地，两向量的内积与其坐标在 $\mathbf{R}^n$ 中的典型内积相等.

证明：坐标映射 $\boldsymbol{R}$：$V \to \mathbf{R}^n$ 满足

$(\boldsymbol{R}(\boldsymbol{\gamma}_i),\ \boldsymbol{R}(\boldsymbol{\gamma}_j)) = (\boldsymbol{\varepsilon}_i,\ \boldsymbol{\varepsilon}_j) = \delta_{ij} = (\boldsymbol{\gamma}_i,\ \boldsymbol{\gamma}_j)$，

其中 $\boldsymbol{\varepsilon}_1$，$\boldsymbol{\varepsilon}_2$，…，$\boldsymbol{\varepsilon}_n$ 为 $\mathbf{R}^n$ 的典型基底，且

$$
\delta_{ij} = \begin{cases} 1, & i = j, \\ 0, & i \neq j. \end{cases}
$$

我们也可采用如下方法证明：

设

$$
\boldsymbol{X} = (x_1,\ x_2,\ \cdots,\ x_n)^T,\ \boldsymbol{Y} = (y_1,\ y_2,\ \cdots,\ y_n)^T
$$

分别为 $\boldsymbol{\alpha}$，$\boldsymbol{\beta} \in V$ 在此组基下的坐标. 这里需要注意 $(\boldsymbol{\gamma}_i,\ \boldsymbol{\gamma}_j) = \delta_{ij}$，即可得

$$
\begin{aligned}
(\boldsymbol{\alpha},\ \boldsymbol{\beta}) &= \left(\sum_{s=1}^{n} x_s \boldsymbol{\gamma}_s,\ \sum_{t=1}^{n} y_t \boldsymbol{\gamma}_t\right) \\
&= \sum_{s,\ t=1}^{n} x_s y_t (\boldsymbol{\gamma}_s,\ \boldsymbol{\gamma}_t) \\
&= \sum_{s=1}^{n} x_s y_s \\
&= (\boldsymbol{X},\ \boldsymbol{Y}).
\end{aligned}
$$

命题 4.3.2 设 $\boldsymbol{A}$ 为欧氏空间的线性变换，那么有如下三条相互等价：

(1) $\boldsymbol{A}$ 为正交变换；

(2)如果 $\boldsymbol{\gamma}_1$，$\boldsymbol{\gamma}_2$，…，$\boldsymbol{\gamma}_n$ 为标准正交基，那么 $\boldsymbol{A}(\boldsymbol{\gamma}_1)$，$\boldsymbol{A}(\boldsymbol{\gamma}_2)$，…，$\boldsymbol{A}(\boldsymbol{\gamma}_n)$ 也为标准正交基；

(3) $\boldsymbol{A}$ 在 V 的标准正交基 $\boldsymbol{\gamma}_1$，$\boldsymbol{\gamma}_2$，…，$\boldsymbol{\gamma}_n$ 下的矩阵 $\boldsymbol{B}$ 为正交矩阵.

证明：由(1)推(2).

$$
(\boldsymbol{A}(\boldsymbol{\gamma}_s),\ \boldsymbol{A}(\boldsymbol{\gamma}_t)) = (\boldsymbol{\gamma}_s,\ \boldsymbol{\gamma}_t) = \begin{cases} 1, & s = t, \\ 0, & s \neq t. \end{cases}
$$

由(2)推(3).

由于 $\boldsymbol{A}$ 的矩阵为 $\boldsymbol{B}$，即有

$$(\boldsymbol{A}(\boldsymbol{\gamma}_1),\ \boldsymbol{A}(\boldsymbol{\gamma}_2),\ \cdots,\ \boldsymbol{A}(\boldsymbol{\gamma}_n))=(\boldsymbol{\gamma}_1,\ \boldsymbol{\gamma}_2,\ \cdots,\ \boldsymbol{\gamma}_n)\boldsymbol{B};$$

且 $\boldsymbol{A}(\boldsymbol{\gamma}_1)$，$\boldsymbol{A}(\boldsymbol{\gamma}_2)$，…，$\boldsymbol{A}(\boldsymbol{\gamma}_n)$为标准正交基，易知矩阵 $\boldsymbol{B}$ 为正交矩阵.

由(3)推(1).

设 $\boldsymbol{X}$，$\boldsymbol{Y}\in\mathbf{R}^n$ 分别为 $\boldsymbol{\alpha}$，$\boldsymbol{\beta}$ 的坐标，则 $\boldsymbol{BX}$，$\boldsymbol{BY}$ 分别为 $\boldsymbol{A}(\boldsymbol{\alpha})$，$\boldsymbol{A}(\boldsymbol{\beta})$的坐标，从而可得

$$(\boldsymbol{A}(\boldsymbol{\alpha}),\ \boldsymbol{A}(\boldsymbol{\beta}))=(\boldsymbol{BX},\ \boldsymbol{BY})=(\boldsymbol{X},\ \boldsymbol{Y})=(\boldsymbol{\alpha},\ \boldsymbol{\beta}),$$

所以 $\boldsymbol{A}$ 为正交变换.

命题 4.3.3 对于欧氏空间 V 的线性变换 $\boldsymbol{A}$，存在唯一线性变换 $\boldsymbol{A}^*$ 满足

$$(\boldsymbol{A}(\boldsymbol{\alpha}),\ \boldsymbol{\beta})=(\boldsymbol{\alpha},\ \boldsymbol{A}^*(\boldsymbol{\beta})),\ \forall\,\boldsymbol{\alpha},\ \boldsymbol{\beta}\in V,$$

若在 V 的标准正交基下 $\boldsymbol{A}$ 的矩阵为$\boldsymbol{A}$，那么 $\boldsymbol{A}^*$ 的矩阵为转置矩阵$\boldsymbol{A}^T$.

定义 4.3.3 命题 4.3.3 的 $\boldsymbol{A}^*$ 称为 $\boldsymbol{A}$ 的共轭变换，或者伴随变换.

推论 4.3.1 欧氏空间 V 的线性变换 $\boldsymbol{A}$ 是对称变换当且仅当在标准正交基下其矩阵$\boldsymbol{A}$ 为对称矩阵.

定理 4.3.2 (对称变换主轴定理)设 $\boldsymbol{A}$ 为 n 维欧氏空间 V 的对称变换，那么存在 V 的标准正交基 $\boldsymbol{\delta}_1$，…，$\boldsymbol{\delta}_n$ 使得

$$\boldsymbol{A}(\boldsymbol{\delta}_j)=\lambda_j\boldsymbol{\delta}_j,\ \lambda_j\in\mathbf{R},\ j=1,\ 2,\ \cdots,\ n,$$

即 $\boldsymbol{A}$ 的矩阵为对角形 $\mathrm{diag}(\lambda_1,\ \lambda_2,\ \cdots,\ \lambda_n)$.

4.4 线性变换

4.4.1 线性变换的定义及性质

定义 4.4.1 设 V 是数域 P 上的线性空间，$\boldsymbol{\sigma}$ 是 V 到 V 自身的一个映射，即对任意 $\boldsymbol{\alpha}\in V$，在 $\boldsymbol{\sigma}$ 之下都有 V 中唯一的一个元素 $\boldsymbol{\sigma}(\boldsymbol{\alpha})\in V$ 与之对应，则称 $\boldsymbol{\sigma}$ 为 V 上的一个变换. 若变换 $\boldsymbol{\sigma}$ 还满足：

(1)$\boldsymbol{\sigma}(\boldsymbol{\alpha}+\boldsymbol{\beta})=\boldsymbol{\sigma}(\boldsymbol{\alpha})+\boldsymbol{\sigma}(\boldsymbol{\beta})$，

(2)$\boldsymbol{\sigma}(k\boldsymbol{\alpha})=k\boldsymbol{\sigma}(\boldsymbol{\alpha})$，$\forall\,\boldsymbol{\alpha}$，$\boldsymbol{\beta}\in V$，$k\in P$，

则称 $\boldsymbol{\sigma}$ 为 V 上的一个线性变换.

在 V 上的线性变换中，有两个变换具有特别的地位，即把 V 中每个元素 $\boldsymbol{\alpha}$ 对应到零元素 $\mathbf{0}$ 的变换 $\boldsymbol{\sigma}$：$\boldsymbol{\alpha}\to\mathbf{0}$. 验证它是一个线性变换，称为零变换，记为 $\boldsymbol{O}$：$\boldsymbol{O}(\boldsymbol{\alpha})=\mathbf{0}$. 另一个是把 V 中每个元素 $\boldsymbol{\alpha}$ 映射到自身的变换 $\boldsymbol{\sigma}$：$\boldsymbol{\alpha}\to\boldsymbol{\alpha}$. 显然其是一

个线性变换，称为单位变换，记为 $\boldsymbol{I}$：$\boldsymbol{I}(\boldsymbol{\alpha})=\boldsymbol{\alpha}$.

下面讨论线性变换的一些基本性质.

定理 4.4.1 设 $\boldsymbol{\sigma}$ 是线性空间 V 上线性变换，则

(1)$\boldsymbol{\sigma}(\mathbf{0})=\mathbf{0}$;

(2)$\boldsymbol{\sigma}(-\boldsymbol{\alpha})=-\boldsymbol{\sigma}(\boldsymbol{\alpha})$;

(3)$\boldsymbol{\sigma}(k_1\boldsymbol{\alpha}_1+k_2\boldsymbol{\alpha}_2+\cdots+k_r\boldsymbol{\alpha}_r)=k_1\boldsymbol{\sigma}(\boldsymbol{\alpha}_1)+k_2\boldsymbol{\sigma}(\boldsymbol{\alpha}_2)+\cdots+k_r\boldsymbol{\sigma}(\boldsymbol{\alpha}_r)$;

(4)若 $\boldsymbol{\alpha}_1$，$\boldsymbol{\alpha}_2$，…，$\boldsymbol{\alpha}_m$ 线性相关，则 $\boldsymbol{\sigma}(\boldsymbol{\alpha}_1)$，$\boldsymbol{\sigma}(\boldsymbol{\alpha}_2)$，…，$\boldsymbol{\sigma}(\boldsymbol{\alpha}_m)$也线性相关.

证明：

(1)$\boldsymbol{\sigma}(\mathbf{0})=\boldsymbol{\sigma}(0\cdot\boldsymbol{\alpha})=0\cdot\boldsymbol{\sigma}(\boldsymbol{\alpha})=\mathbf{0}$.

(2)$\boldsymbol{\sigma}(-\boldsymbol{\alpha})=\boldsymbol{\sigma}((-1)\boldsymbol{\alpha})=(-1)\boldsymbol{\sigma}(\boldsymbol{\alpha})=-\boldsymbol{\sigma}(\boldsymbol{\alpha})$.

(3)$\boldsymbol{\sigma}(k_1\boldsymbol{\alpha}_1+k_2\boldsymbol{\alpha}_2+\cdots+k_r\boldsymbol{\alpha}_r)=\boldsymbol{\sigma}(k_1\boldsymbol{\alpha}_1)+\boldsymbol{\sigma}(k_2\boldsymbol{\alpha}_2)+\cdots+\boldsymbol{\sigma}(k_r\boldsymbol{\alpha}_r)=k_1\boldsymbol{\sigma}(\boldsymbol{\alpha}_1)+k_2\boldsymbol{\sigma}(\boldsymbol{\alpha}_2)+\cdots+k_r\boldsymbol{\sigma}(\boldsymbol{\alpha}_r)$.

(4)若 $\boldsymbol{\alpha}_1$，$\boldsymbol{\alpha}_2$，…，$\boldsymbol{\alpha}_m$ 线性相关，则有不全为 0 的数 k_1，k_2，…，k_m 使

$$k_1\boldsymbol{\alpha}_1+k_2\boldsymbol{\alpha}_2+\cdots+k_m\boldsymbol{\alpha}_m=\mathbf{0},$$

由上面已证的(1)及(3)，有

$\mathbf{0}=\boldsymbol{\sigma}(\mathbf{0})=\boldsymbol{\sigma}(k_1\boldsymbol{\alpha}_1+k_2\boldsymbol{\alpha}_2+\cdots+k_m\boldsymbol{\alpha}_m)=k_1\boldsymbol{\sigma}(\boldsymbol{\alpha}_1)+k_2\boldsymbol{\sigma}(\boldsymbol{\alpha}_2)+\cdots+k_m\boldsymbol{\sigma}(\boldsymbol{\alpha}_m)$,

此式即说明 $\boldsymbol{\sigma}(\boldsymbol{\alpha}_1)$，$\boldsymbol{\sigma}(\boldsymbol{\alpha}_2)$，…，$\boldsymbol{\sigma}(\boldsymbol{\alpha}_m)$线性相关. 证明完毕.

注意定理 4.4.1 中性质(4)的逆是不成立的，即线性变换可能把线性无关的元素组变为线性相关的，如零变换即是.

定理 4.4.2 设 V 是数域 P 上的线性空间，$\boldsymbol{\sigma}$ 是 V 上的变换，则 $\boldsymbol{\sigma}$ 为线性变换的充分必要条件是

$$\boldsymbol{\sigma}(k_1\boldsymbol{\alpha}+k_2\boldsymbol{\beta})=k_1\boldsymbol{\sigma}(\boldsymbol{\alpha})+k_2\boldsymbol{\sigma}(\boldsymbol{\beta})$$

对任何 $\boldsymbol{\alpha}$，$\boldsymbol{\beta}\in V$，k_1，$k_2\in P$ 成立.

证明： 必要性. 由线性变换的定义得

$$\boldsymbol{\sigma}(k_1\boldsymbol{\alpha}+k_2\boldsymbol{\beta})=\boldsymbol{\sigma}(k_1\boldsymbol{\alpha})+\boldsymbol{\sigma}(k_2\boldsymbol{\beta})=k_1\boldsymbol{\sigma}(\boldsymbol{\alpha})+k_2\boldsymbol{\sigma}(\boldsymbol{\beta}).$$

充分性. 分别取 $k_1=k_2=1$ 及 $k_2=0$ 得到

$$\boldsymbol{\sigma}(\boldsymbol{\alpha}+\boldsymbol{\beta})=\boldsymbol{\sigma}(1\cdot\boldsymbol{\alpha}+1\cdot\boldsymbol{\beta})=1\cdot\boldsymbol{\sigma}(\boldsymbol{\alpha})+1\cdot\boldsymbol{\sigma}(\boldsymbol{\beta})=\boldsymbol{\sigma}(\boldsymbol{\alpha})+\boldsymbol{\sigma}(\boldsymbol{\beta}),$$

$$k_1\boldsymbol{\sigma}(\boldsymbol{\alpha})=\boldsymbol{\sigma}(k_1\boldsymbol{\alpha}_1+0\cdot\boldsymbol{\beta})=\boldsymbol{\sigma}(k_1\boldsymbol{\alpha}).$$

证毕.

设 W 是线性空间 V 的子空间，$\boldsymbol{\sigma}$ 是 V 的线性变换，有下列定义.

定义 4.4.2 令 $\boldsymbol{\sigma}(W)=\{\boldsymbol{\sigma}(w)\mid w\in W\}$，称其为 W 在 $\boldsymbol{\sigma}$ 之下的像，$\boldsymbol{\sigma}^{-1}(W)=\{\boldsymbol{\alpha}\mid\boldsymbol{\alpha}\in W,\ \boldsymbol{\sigma}(\boldsymbol{\alpha})\in V\}$，称为 W 在 $\boldsymbol{\sigma}$ 之下的原像.

定理 4.4.3 设 W 是 V 的子空间，$\boldsymbol{\sigma}$ 是 V 的线性变换，则 $\boldsymbol{\sigma}(W)$，$\boldsymbol{\sigma}^{-1}(W)$ 都是 V 的子空间.

证明： 由于 $\mathbf{0}=\boldsymbol{\sigma}(\mathbf{0})$，故 $\mathbf{0}\in\boldsymbol{\sigma}(W)$，从而 $\boldsymbol{\sigma}(W)\neq\varnothing$，因此，只要证明 $\boldsymbol{\sigma}(W)$ 对加法和数乘运算封闭即可.

任取 $\boldsymbol{\alpha}$，$\boldsymbol{\beta}\in\boldsymbol{\sigma}(W)$，则有 $\boldsymbol{\alpha}_0$，$\boldsymbol{\beta}_0\in W$ 使

$$\boldsymbol{\sigma}(\boldsymbol{\alpha}_0)=\boldsymbol{\alpha},\ \boldsymbol{\sigma}(\boldsymbol{\beta}_0)=\boldsymbol{\beta},$$

从而

$$\boldsymbol{\alpha}+\boldsymbol{\beta}=\boldsymbol{\sigma}(\boldsymbol{\alpha}_0)+\boldsymbol{\sigma}(\boldsymbol{\beta}_0)=\boldsymbol{\sigma}(\boldsymbol{\alpha}_0+\boldsymbol{\beta}_0),$$

而 W 是子空间，故由 $\boldsymbol{\alpha}_0$，$\boldsymbol{\beta}_0\in W$，得到 $\boldsymbol{\alpha}+\boldsymbol{\beta}\in\boldsymbol{\sigma}(W)$.

又 $k\boldsymbol{\alpha}=k\boldsymbol{\sigma}(\boldsymbol{\alpha}_0)=\boldsymbol{\sigma}(k\boldsymbol{\alpha}_0)$，而 $k\boldsymbol{\alpha}_0\in W$，所以 $k\boldsymbol{\alpha}\in\boldsymbol{\sigma}(W)$，这样就证明了 $\boldsymbol{\sigma}(W)$ 是 V 的子空间.

再证 $\boldsymbol{\sigma}^{-1}(W)$ 是子空间. 由 $\mathbf{0}=\boldsymbol{\sigma}(\mathbf{0})\in W$，有 $\mathbf{0}\in\boldsymbol{\sigma}^{-1}(W)$，于是 $\boldsymbol{\sigma}^{-1}(W)\neq\varnothing$.

任取 $\boldsymbol{\alpha}$，$\boldsymbol{\beta}\in\boldsymbol{\sigma}^{-1}(W)$，则 $\boldsymbol{\sigma}(\boldsymbol{\alpha})$，$\boldsymbol{\sigma}(\boldsymbol{\beta})\in W$，有 $\boldsymbol{\sigma}(\boldsymbol{\alpha})+\boldsymbol{\sigma}(\boldsymbol{\beta})=\boldsymbol{\sigma}(\boldsymbol{\alpha}+\boldsymbol{\beta})\in W$，即得 $\boldsymbol{\alpha}+\boldsymbol{\beta}\in\boldsymbol{\sigma}^{-1}(W)$. 又 $k\boldsymbol{\sigma}(\boldsymbol{\alpha})=\boldsymbol{\sigma}(k\boldsymbol{\alpha})\in W$，得 $k\boldsymbol{\alpha}\in\boldsymbol{\sigma}^{-1}(W)$，所以 $\boldsymbol{\sigma}^{-1}(W)$ 也是 V 的子空间. 证明完毕.

4.4.2 线性变换的运算

设 V 是一个线性空间，在 V 上有各种不同的线性变换，任一个 n 阶矩阵都可给出一个 $\mathbf{R}^n$ 上的线性变换. 在 V 上所有线性变换中可以定义一些运算关系，就像函数可以进行运算一样.

定义 4.4.3 设 $\boldsymbol{\sigma}$，$\boldsymbol{\tau}$ 是线性空间 V 的两个线性变换，令

$$(\boldsymbol{\sigma}+\boldsymbol{\tau})(\boldsymbol{\alpha})=\boldsymbol{\sigma}(\boldsymbol{\alpha})+\boldsymbol{\tau}(\boldsymbol{\alpha}),$$
$$(k\boldsymbol{\sigma})(\boldsymbol{\alpha})=k\boldsymbol{\sigma}(\boldsymbol{\alpha}),$$
$$(\boldsymbol{\sigma}\boldsymbol{\tau})(\boldsymbol{\alpha})=\boldsymbol{\sigma}[\boldsymbol{\tau}(\boldsymbol{\alpha})],$$
$$\forall\boldsymbol{\alpha}\in V,\ k\in P,$$

它们分别称为 $\boldsymbol{\sigma}$ 与 $\boldsymbol{\tau}$ 的和，$\boldsymbol{\sigma}$ 与数 k 的数乘，$\boldsymbol{\sigma}$ 与 $\boldsymbol{\tau}$ 的乘积.

显然 $\boldsymbol{\sigma}+\boldsymbol{\tau}$，$k\boldsymbol{\sigma}$，$\boldsymbol{\sigma}\boldsymbol{\tau}$ 仍是 V 上的变换. 下面定理证明了它们还是线性变换.

定理 4.4.4 设 $\boldsymbol{\sigma}$，$\boldsymbol{\tau}$ 是线性空间 V 的两个线性变换，则 $\boldsymbol{\sigma}+\boldsymbol{\tau}$，$k\boldsymbol{\sigma}$，$\boldsymbol{\sigma}\boldsymbol{\tau}$ 都是 V 的线性变换.

证明： 由于

$$\begin{aligned}(\boldsymbol{\sigma}+\boldsymbol{\tau})(k_1\boldsymbol{\alpha}+k_2\boldsymbol{\beta})&=\boldsymbol{\sigma}(k_1\boldsymbol{\alpha}+k_2\boldsymbol{\beta})+\boldsymbol{\tau}(k_1\boldsymbol{\alpha}+k_2\boldsymbol{\beta})\\&=k_1\boldsymbol{\sigma}(\boldsymbol{\alpha})+k_2\boldsymbol{\sigma}(\boldsymbol{\beta})+k_1\boldsymbol{\tau}(\boldsymbol{\alpha})+k_2\boldsymbol{\tau}(\boldsymbol{\beta})\\&=k_1(\boldsymbol{\sigma}(\boldsymbol{\alpha})+\boldsymbol{\tau}(\boldsymbol{\alpha}))+k_2(\boldsymbol{\sigma}(\boldsymbol{\beta})+\boldsymbol{\tau}(\boldsymbol{\beta}))\\&=k_1(\boldsymbol{\sigma}+\boldsymbol{\tau})(\boldsymbol{\alpha})+k_2(\boldsymbol{\sigma}+\boldsymbol{\tau})(\boldsymbol{\beta}),\end{aligned}$$

由定理 4.4.2 可知，$\boldsymbol{\sigma}+\boldsymbol{\tau}$ 是线性变换.

又由

$(k\boldsymbol{\sigma})(k_1\boldsymbol{\alpha}+k_2\boldsymbol{\beta})=k\boldsymbol{\sigma}(k_1\boldsymbol{\alpha})+k\boldsymbol{\sigma}(k_2\boldsymbol{\beta})=kk_1\boldsymbol{\sigma}(\boldsymbol{\alpha})+kk_2\boldsymbol{\sigma}(\boldsymbol{\beta})$

$=k_1[k\boldsymbol{\sigma}(\boldsymbol{\alpha})]+k_2[k\boldsymbol{\sigma}(\boldsymbol{\beta})]=k_1(k\boldsymbol{\sigma})(\boldsymbol{\alpha})+k_2(k\boldsymbol{\sigma})(\boldsymbol{\beta})$

及

$\boldsymbol{\sigma\tau}(k_1\boldsymbol{\alpha}+k_2\boldsymbol{\beta})=\boldsymbol{\sigma}(\boldsymbol{\tau}(k_1\boldsymbol{\alpha}+k_2\boldsymbol{\beta}))=\boldsymbol{\sigma}[k_1\boldsymbol{\tau}(\boldsymbol{\alpha})+k_2\boldsymbol{\tau}(\boldsymbol{\beta})]$

$=k_1\boldsymbol{\sigma}[\boldsymbol{\tau}(\boldsymbol{\alpha})]+k_2\boldsymbol{\sigma}[\boldsymbol{\tau}(\boldsymbol{\beta})]=k_1(\boldsymbol{\sigma\tau})(\boldsymbol{\alpha})+k_2(\boldsymbol{\sigma\tau})(\boldsymbol{\beta})$，

由定理 4.4.2 可知，$k\boldsymbol{\sigma}$，$\boldsymbol{\sigma\tau}$ 也都是线性变换. 证明完毕.

由定义易直接验证，线性变换的和满足交换律和结合律，即设 $\boldsymbol{\sigma}$，$\boldsymbol{\tau}$，$\boldsymbol{\rho}$ 均为线性空间 V 上的线性变换，则

$$\boldsymbol{\sigma}+\boldsymbol{\tau}=\boldsymbol{\tau}+\boldsymbol{\sigma},\ (\boldsymbol{\sigma}+\boldsymbol{\tau})+\boldsymbol{\rho}=\boldsymbol{\sigma}+(\boldsymbol{\tau}+\boldsymbol{\rho}).$$

零变换 $\boldsymbol{O}$ 在线性变换的加法运算中有特殊地位，即

$$\boldsymbol{\sigma}+\boldsymbol{0}=\boldsymbol{0}+\boldsymbol{\sigma}=\boldsymbol{\sigma}$$

对一切 V 上的线性变换 $\boldsymbol{\sigma}$ 成立. 这就是说，零变换在线性变换加法中的地位相当于数 0 在数的加法中的地位.

可以引入线性变换 $\boldsymbol{\sigma}$ 的负变换：

$$(-\boldsymbol{\sigma})(\boldsymbol{\alpha})=-\boldsymbol{\sigma}(\boldsymbol{\alpha}),\ \forall\boldsymbol{\alpha}\in V,$$

验证

$$\boldsymbol{\sigma}+(-\boldsymbol{\sigma})=\boldsymbol{0},$$

线性变换的数乘运算满足：

$$1\cdot\boldsymbol{\sigma}=\boldsymbol{\sigma},\ k(l\boldsymbol{\sigma})=(kl)\boldsymbol{\sigma},$$

此外，还有数乘对加法的分配律：

$$k(\boldsymbol{\sigma}+\boldsymbol{\tau})=k\boldsymbol{\sigma}+k\boldsymbol{\tau},\ (k+l)\boldsymbol{\sigma}=k\boldsymbol{\sigma}+l\boldsymbol{\sigma},$$

这几个运算律均可由定义直接验证，请读者自己完成.

以上运算律说明，V 上的线性变换全体在加法和数乘运算之下也满足线性空间定义中的八条，从而也构成一个线性空间.

线性变换的乘积满足结合律及乘法对加法的分配律：

$$\boldsymbol{\sigma}(\boldsymbol{\tau\rho})=(\boldsymbol{\sigma\tau})\boldsymbol{\rho},\ (\boldsymbol{\sigma}+\boldsymbol{\tau})\boldsymbol{\rho}=\boldsymbol{\sigma\rho}+\boldsymbol{\tau\rho},\ \boldsymbol{\sigma}(\boldsymbol{\tau}+\boldsymbol{\rho})=\boldsymbol{\sigma\tau}+\boldsymbol{\sigma\rho}.$$

应当注意，如同矩阵乘法不满足变换律一样，线性变换的乘法不满足交换律，即一般地，

$$\boldsymbol{\sigma\tau}\neq\boldsymbol{\tau\sigma}.$$

在线性变换的乘法中，单位变换 $\boldsymbol{I}$ 有着特殊的地位，即

$$\boldsymbol{\sigma I}=\boldsymbol{I\sigma}=\boldsymbol{\sigma}$$

对任何 V 上的线性变换 $\boldsymbol{\sigma}$ 成立. 这说明 $\boldsymbol{I}$ 在线性变换乘法运算中所起的作用相当于数 1 在数的乘法中的作用. 由此还可引出逆变换的概念.

定义 4.4.4 设 $\boldsymbol{\sigma}$ 是线性空间 V 的线性变换，若存在 V 中的线性变换 $\boldsymbol{\tau}$ 使

$$\boldsymbol{\sigma\tau}=\boldsymbol{\tau\sigma}=\boldsymbol{I},$$

则称 $\boldsymbol{\sigma}$ 为可逆线性变换，$\boldsymbol{\tau}$ 称为 $\boldsymbol{\sigma}$ 的逆变换，记为 $\boldsymbol{\sigma}^{-1}$.

定理 4.4.5 设 $\boldsymbol{\sigma}$ 是线性空间 V 中的线性变换，$\boldsymbol{\tau}$ 是 V 中使

$$\boldsymbol{\sigma\tau}=\boldsymbol{\tau\sigma}=\boldsymbol{I}$$

的变换，则 $\boldsymbol{\tau}=\boldsymbol{\sigma}^{-1}$ 必是线性变换，且 $\boldsymbol{\sigma}$ 的逆变换 $\boldsymbol{\tau}$ 是唯一的.

证明：

$$\begin{aligned}\boldsymbol{\tau}(k_1\boldsymbol{\alpha}+k_2\boldsymbol{\beta})&=(\boldsymbol{\tau}\cdot\boldsymbol{I})(k_1\boldsymbol{\alpha}+k_2\boldsymbol{\beta})\\&=\boldsymbol{\tau}[k_1\boldsymbol{I}(\boldsymbol{\alpha})+k_2\boldsymbol{I}(\boldsymbol{\beta})]\\&=\boldsymbol{\tau}[k_1(\boldsymbol{\sigma\tau})(\boldsymbol{\alpha})+k_2(\boldsymbol{\sigma\tau})(\boldsymbol{\beta})]\\&=(\boldsymbol{\sigma\tau})[k_1\boldsymbol{\tau}(\boldsymbol{\alpha})+k_2\boldsymbol{\tau}(\boldsymbol{\beta})]\\&=k_1\boldsymbol{\tau}(\boldsymbol{\alpha})+k_2\boldsymbol{\tau}(\boldsymbol{\beta}),\end{aligned}$$

由定理 4.4.2 可知，$\boldsymbol{\tau}$ 是线性变换.

若 $\boldsymbol{\tau}_1$ 也是 $\boldsymbol{\sigma}$ 的逆变换，则 $\boldsymbol{\tau}_1=\boldsymbol{\tau}_1\boldsymbol{I}=\boldsymbol{\tau}_1(\boldsymbol{\sigma\tau})=(\boldsymbol{\tau}_1\boldsymbol{\sigma})\boldsymbol{\tau}=\boldsymbol{I\tau}=\boldsymbol{\tau}$，故 $\boldsymbol{\sigma}$ 的逆变换 $\boldsymbol{\tau}$ 是唯一的. 证明完毕.

最后，根据线性变换的乘积，可以定义线性变换的幂 $\boldsymbol{\sigma}^n=\underbrace{\boldsymbol{\sigma}\cdot\boldsymbol{\sigma}\cdot\cdots\cdot\boldsymbol{\sigma}}_{n个}$，并规定 $\boldsymbol{\sigma}^0=\boldsymbol{I}$.

当 $\boldsymbol{\sigma}$ 可逆时，规定 $\boldsymbol{\sigma}^{-n}=(\boldsymbol{\sigma}^{-1})^n$，显然，线性变换的幂满足运算律 $\boldsymbol{\sigma}^m\boldsymbol{\sigma}^n=\boldsymbol{\sigma}^{m+n}$.

由于线性变换的乘法不满足交换律，故一般地，$(\boldsymbol{\sigma\tau})^m\neq\boldsymbol{\sigma}^m\boldsymbol{\tau}^m$.

线性变换的加法、数乘、乘法三种运算及其运算律与矩阵的三种运算和运算律看来是完全类似的.

4.5 线性变换的矩阵

设 $\boldsymbol{\alpha}_1, \boldsymbol{\alpha}_2, \cdots, \boldsymbol{\alpha}_n$ 是数域 P 上 n 维线性空间 V 的一组基，$\boldsymbol{T}$ 是 V 的一个线性变换，且

$$\begin{cases}\boldsymbol{T}(\boldsymbol{\alpha}_1)=a_{11}\boldsymbol{\alpha}_1+a_{21}\boldsymbol{\alpha}_2+\cdots+a_{n1}\boldsymbol{\alpha}_n,\\\boldsymbol{T}(\boldsymbol{\alpha}_2)=a_{12}\boldsymbol{\alpha}_1+a_{22}\boldsymbol{\alpha}_2+\cdots+a_{n2}\boldsymbol{\alpha}_n,\\\qquad\cdots,\\\boldsymbol{T}(\boldsymbol{\alpha}_n)=a_{1n}\boldsymbol{\alpha}_1+a_{2n}\boldsymbol{\alpha}_2+\cdots+a_{nn}\boldsymbol{\alpha}_n.\end{cases}$$

用矩阵形式，上式可表示为

$$[\boldsymbol{T}(\boldsymbol{\alpha}_1), \boldsymbol{T}(\boldsymbol{\alpha}_2), \cdots, \boldsymbol{T}(\boldsymbol{\alpha}_n)]=\boldsymbol{T}(\boldsymbol{\alpha}_1, \boldsymbol{\alpha}_2, \cdots, \boldsymbol{\alpha}_n)=(\boldsymbol{\alpha}_1, \boldsymbol{\alpha}_2, \cdots, \boldsymbol{\alpha}_n)\boldsymbol{A},$$

其中，矩阵 $\boldsymbol{A}=(a_{ij})_{n\times n}$ 称为线性变换 $\boldsymbol{T}$ 在基 $\boldsymbol{\alpha}_1$，$\boldsymbol{\alpha}_2$，…，$\boldsymbol{\alpha}_n$ 下的矩阵，简称为线性变换 $\boldsymbol{T}$ 的矩阵.

求线性变换 $\boldsymbol{T}$ 的矩阵常用到下述线性变换的基本性质：

(1) $\boldsymbol{T}(\boldsymbol{0})=\boldsymbol{0}$；

(2) $\boldsymbol{T}(-\boldsymbol{\alpha})=-\boldsymbol{T}(\boldsymbol{\alpha})$；

(3) $\boldsymbol{T}(k_1\boldsymbol{\alpha}_1+k_2\boldsymbol{\alpha}_2+\cdots+k_n\boldsymbol{\alpha}_n)=k_1\boldsymbol{T}(\boldsymbol{\alpha}_1)+k_2\boldsymbol{T}(\boldsymbol{\alpha}_2)+\cdots+k_n\boldsymbol{T}(\boldsymbol{\alpha}_n)$；

(4)线性相关向量组在 $\boldsymbol{T}$ 下的像仍然线性相关，但线性无关向量组在 $\boldsymbol{T}$ 下的像不一定线性无关，也可能线性相关；

(5)同一线性变换在不同基下的矩阵必相似.

命题 4.5.1 设 $\boldsymbol{\alpha}_1$，$\boldsymbol{\alpha}_2$，…，$\boldsymbol{\alpha}_n$ 和 $\boldsymbol{\beta}_1$，$\boldsymbol{\beta}_2$，…，$\boldsymbol{\beta}_n$ 是线性空间 V 的两组基，由基 $\boldsymbol{\alpha}_1$，$\boldsymbol{\alpha}_2$，…，$\boldsymbol{\alpha}_n$ 到基 $\boldsymbol{\beta}_1$，$\boldsymbol{\beta}_2$，…，$\boldsymbol{\beta}_n$ 的过渡矩阵为 $\boldsymbol{P}$，线性空间 V 中的线性变换 $\boldsymbol{T}$ 在这两组基下的矩阵依次为 $\boldsymbol{A}$ 和 $\boldsymbol{B}$，则 $\boldsymbol{B}=\boldsymbol{P}^{-1}\boldsymbol{AP}$，即线性变换在不同基下的矩阵相似.

求线性变换的矩阵，常见的有四种类型. 类型不同，求法也不同.

类型Ⅰ 线性变换 $\boldsymbol{T}$ 由一组基或其线性组合的像给出，$\boldsymbol{T}$ 在这组基下的矩阵按定义求出. 为此，只需将基的像表示成基的线性组合.

例 4.5.1 设 V_3 是实数域 $\mathbf{R}$ 上的三维线性空间，且

$$\boldsymbol{T}(\boldsymbol{k})=\boldsymbol{i}+2\boldsymbol{j},\ \boldsymbol{T}(\boldsymbol{j}+\boldsymbol{k})=\boldsymbol{j}+\boldsymbol{k},\ \boldsymbol{T}(\boldsymbol{i}+\boldsymbol{j}+\boldsymbol{k})=\boldsymbol{i}+\boldsymbol{j}-\boldsymbol{k},$$

其中 $\boldsymbol{i}$，$\boldsymbol{j}$，$\boldsymbol{k}$ 是 V_3 的一组基，$\boldsymbol{T}$ 为 V_3 上的线性变换，试求 $\boldsymbol{T}$ 关于 $\boldsymbol{i}$，$\boldsymbol{j}$，$\boldsymbol{k}$ 的矩阵.

解： $\boldsymbol{T}$ 为线性变换，由题设，得到

$$\boldsymbol{T}(\boldsymbol{k})=\boldsymbol{i}+2\boldsymbol{j},\ \boldsymbol{T}(\boldsymbol{j}+\boldsymbol{k})=\boldsymbol{T}(\boldsymbol{j})+\boldsymbol{T}(\boldsymbol{k})=\boldsymbol{j}+\boldsymbol{k},$$
$$\boldsymbol{T}(\boldsymbol{i}+\boldsymbol{j}+\boldsymbol{k})=\boldsymbol{T}(\boldsymbol{i})+\boldsymbol{T}(\boldsymbol{j})+\boldsymbol{T}(\boldsymbol{k})=\boldsymbol{i}+\boldsymbol{j}-\boldsymbol{k},$$

因而

$$\boldsymbol{T}(\boldsymbol{i})=\boldsymbol{i}-2\boldsymbol{k},\ \boldsymbol{T}(\boldsymbol{j})=-\boldsymbol{i}-\boldsymbol{j}+\boldsymbol{k},\ \boldsymbol{T}(\boldsymbol{k})=\boldsymbol{i}+2\boldsymbol{j}.$$

写成矩阵形式，有

$$\boldsymbol{T}(\boldsymbol{i},\ \boldsymbol{j},\ \boldsymbol{k})=(\boldsymbol{i},\ \boldsymbol{j},\ \boldsymbol{k})\begin{pmatrix}1 & -1 & 1\\ 0 & -1 & 2\\ -2 & 1 & 0\end{pmatrix}.$$

上式最右边矩阵为所求矩阵.

类型Ⅱ 线性变换 $\boldsymbol{T}$ 由一组基的像给出，但基及其像都用分量表示，$\boldsymbol{T}$ 对于这组基的矩阵，仍按定义求出. 这时将基的像表示成基的线性组合的方法较多，常用的有视察法、解方程组法、矩阵求逆法、矩阵相似法等.

例 4.5.2 已知线性空间$\mathbf{R}^3$的线性变换$\boldsymbol{\sigma}$，把基

$$\boldsymbol{\alpha}_1=(1,\ 0,\ 1)^T,\ \boldsymbol{\alpha}_2=(0,\ 1,\ 0)^T,\ \boldsymbol{\alpha}_3=(0,\ 0,\ 1)^T$$

分别变为$\boldsymbol{\beta}_1=(1,\ 0,\ 2)^T$，$\boldsymbol{\beta}_2=(-1,\ 2,\ -1)^T$，$\boldsymbol{\beta}_3=(1,\ 0,\ 0)^T$. 试求$\boldsymbol{\sigma}$关于$\boldsymbol{\alpha}_1$，$\boldsymbol{\alpha}_2$，$\boldsymbol{\alpha}_3$的矩阵.

解：方法一　可用视察法将基像组$\boldsymbol{\sigma}(\boldsymbol{\alpha}_1)$，$\boldsymbol{\sigma}(\boldsymbol{\alpha}_2)$，$\boldsymbol{\sigma}(\boldsymbol{\alpha}_3)$分别写成基$\boldsymbol{\alpha}_1$，$\boldsymbol{\alpha}_2$，$\boldsymbol{\alpha}_3$的线性组合. 事实上，有

$$\boldsymbol{\sigma}(\boldsymbol{\alpha}_1)=\boldsymbol{\beta}_1=(1,\ 0,\ 2)^T=\boldsymbol{\alpha}_1+\boldsymbol{\alpha}_3,$$

$$\boldsymbol{\sigma}(\boldsymbol{\alpha}_2)=\boldsymbol{\beta}_2=(-1,\ 2,\ -1)^T=-\boldsymbol{\alpha}_1+2\boldsymbol{\alpha}_2,$$

$$\boldsymbol{\sigma}(\boldsymbol{\alpha}_3)=\boldsymbol{\beta}_3=(1,\ 0,\ 0)^T=\boldsymbol{\alpha}_1-\boldsymbol{\alpha}_3,$$

所以$\boldsymbol{\sigma}(\boldsymbol{\alpha}_1,\ \boldsymbol{\alpha}_2,\ \boldsymbol{\alpha}_3)=(\boldsymbol{\alpha}_1,\ \boldsymbol{\alpha}_2,\ \boldsymbol{\alpha}_3)\begin{pmatrix}1&-1&1\\0&2&0\\1&0&-1\end{pmatrix}$，

故$\boldsymbol{\sigma}$关于基$\boldsymbol{\alpha}_1$，$\boldsymbol{\alpha}_2$，$\boldsymbol{\alpha}_3$的矩阵为上式右端的数字矩阵.

方法二　用视察法不能将基的像表示成基的线性组合时，常用解方程组法求出. 为此，设

$$\boldsymbol{\sigma}(\boldsymbol{\alpha}_1)=\boldsymbol{\beta}_1=x_{11}\boldsymbol{\alpha}_1+x_{21}\boldsymbol{\alpha}_2+x_{31}\boldsymbol{\alpha}_3,$$

$$\boldsymbol{\sigma}(\boldsymbol{\alpha}_2)=\boldsymbol{\beta}_2=x_{12}\boldsymbol{\alpha}_1+x_{22}\boldsymbol{\alpha}_2+x_{32}\boldsymbol{\alpha}_3,$$

$$\boldsymbol{\sigma}(\boldsymbol{\alpha}_3)=\boldsymbol{\beta}_3=x_{13}\boldsymbol{\alpha}_1+x_{23}\boldsymbol{\alpha}_2+a_{33}\boldsymbol{\alpha}_3.$$

将$\boldsymbol{\alpha}_i$与$\boldsymbol{\beta}_i$的分量代入上式，得分量方程组，解之得

$$x_{11}=x_{13}=x_{31}=1,\ x_{12}=x_{33}=-1,\ x_{21}=x_{23}=x_{32}=0,\ x_{22}=2,$$

故

$$\boldsymbol{\sigma}(\boldsymbol{\alpha}_1,\ \boldsymbol{\alpha}_2,\ \boldsymbol{\alpha}_3)=(\boldsymbol{\alpha}_1,\ \boldsymbol{\alpha}_2,\ \boldsymbol{\alpha}_3)\begin{pmatrix}1&-1&1\\0&2&0\\1&0&-1\end{pmatrix}.$$

方法三　由$(\boldsymbol{\sigma}(\boldsymbol{\alpha}_1),\ \boldsymbol{\sigma}(\boldsymbol{\alpha}_2),\ \boldsymbol{\sigma}(\boldsymbol{\alpha}_3))=(\boldsymbol{\alpha}_1,\ \boldsymbol{\alpha}_2,\ \boldsymbol{\alpha}_3)\boldsymbol{A}$得

$$\begin{pmatrix}1&-1&1\\0&2&0\\2&-1&0\end{pmatrix}=\begin{pmatrix}1&0&0\\0&1&0\\1&0&1\end{pmatrix}\boldsymbol{A}.$$

两端左乘右端初等矩阵的逆矩阵，得

$$\boldsymbol{A}=\begin{pmatrix}1&0&0\\0&1&0\\-1&0&1\end{pmatrix}\begin{pmatrix}1&-1&1\\0&2&0\\2&-1&0\end{pmatrix}=\begin{pmatrix}1&-1&1\\0&2&0\\1&0&-1\end{pmatrix}.$$

方法四 设由 $\boldsymbol{\alpha}_1$，$\boldsymbol{\alpha}_2$，$\boldsymbol{\alpha}_3$ 到 $\boldsymbol{\sigma}(\boldsymbol{\alpha}_1)$，$\boldsymbol{\sigma}(\boldsymbol{\alpha}_2)$，$\boldsymbol{\sigma}(\boldsymbol{\alpha}_3)$的过渡矩阵为

$$\boldsymbol{A}=\begin{pmatrix} a_1 & a_2 & a_3 \\ b_1 & b_2 & b_3 \\ c_1 & c_2 & c_3 \end{pmatrix},$$

由$(\boldsymbol{\sigma}(\boldsymbol{\alpha}_1))$，$(\boldsymbol{\sigma}(\boldsymbol{\alpha}_2))$，$(\boldsymbol{\sigma}(\boldsymbol{\alpha}_3))=(\boldsymbol{\alpha}_1, \boldsymbol{\alpha}_2, \boldsymbol{\alpha}_3)\boldsymbol{A}$ 得到

$$\begin{pmatrix} 1 & -1 & 1 \\ 0 & 2 & 0 \\ 2 & -1 & 0 \end{pmatrix}=\begin{pmatrix} a_1 & a_2 & a_3 \\ b_1 & b_2 & b_3 \\ a_1+c_1 & a_2+c_2 & a_3+c_3 \end{pmatrix},$$

比较两端矩阵中的对应元素，得到

$$a_1=a_3=c_1=1,\ a_2=c_3=-1,\ b_1=b_3=c_2=0,\ b_2=2.$$

所求得的 $\boldsymbol{A}$ 与方法三相同.

类型Ⅲ 线性变换 $\boldsymbol{T}$ 由 V 中任意元素的像给出. 将 $\boldsymbol{T}$ 作用于已知基或标准基，并将其像表示成该基的线性组合，可求出 $\boldsymbol{T}$ 在该基下的矩阵.

例 4.5.3 设在 $P[x]_n$ 中，线性变换 $\boldsymbol{T}$ 定义为

$$\boldsymbol{T}[f(x)]=\frac{1}{a}[f(x+a)-f(x)],$$

其中，a 为定数，$f(x)\in P[x]_n$. 求 $\boldsymbol{T}$ 在下面基下的矩阵：

$$f_0(x)=1,\ f_1(x)=x,\ f_2(x)=\frac{x(x-a)}{2!},\ f_3(x)=\frac{x(x-a)(x-2a)}{3!},\ \cdots,$$

$$f_n(x)=\frac{x(x-a)\cdot\cdots\cdot[x-(n-1)a]}{n!}.$$

解： $\boldsymbol{T}$ 由 $P[x]_n$ 中任意元素 $f(x)$的像给出. 为求 $\boldsymbol{T}$ 在上述基下的矩阵，将 $\boldsymbol{T}$ 作用于上述基，且将其像表示成该基的线性组合：

$$\boldsymbol{T}[f_0(x)]=\boldsymbol{T}(1)=0,$$

$$\boldsymbol{T}[f_1(x)]=\boldsymbol{T}(x)=1=f_0(x),$$

$$\boldsymbol{T}[f_2(x)]=\boldsymbol{T}\left[\frac{x(x-a)}{2!}\right]=x=f_1(x),$$

$$\boldsymbol{T}[f_3(x)]=\frac{1}{a}[f_3(x+a)-f_3(x)]=\frac{x(x-a)}{2!}=f_2(x),$$

$\cdots$,

$$\boldsymbol{T}[f_n(x)]=\frac{1}{a}\left\{\frac{(x+a)(x+a-a)\cdot\cdots\cdot[x+a-(n-1)a]}{n!}-\frac{x(x-a)\cdot\cdots\cdot[x-(n-1)a]}{n!}\right\}$$

$$=f_{n-1}(x),$$

写成矩阵形式：

$$T(f_0(x), f_1(x), \cdots, f_n(x))=(f_0(x), f_1(x), \cdots, f_n(x))\begin{pmatrix}0&1&0&\cdots&0\\0&0&1&\cdots&0\\\vdots&\vdots&\vdots&&\vdots\\0&0&0&\cdots&1\\0&0&0&\cdots&0\end{pmatrix},$$

故所求的矩阵为上式最右端矩阵.

类型Ⅳ 已知线性变换在一组基下的矩阵，求在另一组基下的矩阵.

这种矩阵的求法较多，或求出过渡矩阵，根据同一线性变换在不同基下的矩阵相似的结论求之；或由定义求之；或取标准基求之.

例 4.5.4 假定$\mathbf{R}^3$中的线性变换 $\boldsymbol{T}$ 把基

$$\boldsymbol{\alpha}_1=(1, 0, 1)^T, \boldsymbol{\alpha}_2=(0, 1, 0)^T, \boldsymbol{\alpha}_3=(0, 0, 1)^T$$

变为基

$$\boldsymbol{\beta}_1=(1, 0, 2)^T, \boldsymbol{\beta}_2=(-1, 2, -1)^T, \boldsymbol{\beta}_3=(1, 0, 0)^T.$$

试求 $\boldsymbol{T}$ 在下述基下的矩阵：

$$\tilde{\boldsymbol{\alpha}}_1=(1, 0, 0)^T, \tilde{\boldsymbol{\alpha}}_2=(0, 1, 0)^T, \tilde{\boldsymbol{\alpha}}_3=(0, 0, 1)^T.$$

解：方法一　根据定义求之，设法将 $\boldsymbol{T}(\tilde{\boldsymbol{\alpha}}_1)$，$\boldsymbol{T}(\tilde{\boldsymbol{\alpha}}_2)$，$\boldsymbol{T}(\tilde{\boldsymbol{\alpha}}_3)$都表示成$\tilde{\boldsymbol{\alpha}}_1$，$\tilde{\boldsymbol{\alpha}}_2$，$\tilde{\boldsymbol{\alpha}}_3$ 的线性组合. 为此，先将$\tilde{\boldsymbol{\alpha}}_1$，$\tilde{\boldsymbol{\alpha}}_2$，$\tilde{\boldsymbol{\alpha}}_3$ 用 $\boldsymbol{\alpha}_1$，$\boldsymbol{\alpha}_2$，$\boldsymbol{\alpha}_3$ 线性表出：

$$\tilde{\boldsymbol{\alpha}}_1=(1, 0, 0)^T=\boldsymbol{\alpha}_1-\boldsymbol{\alpha}_3, \tilde{\boldsymbol{\alpha}}_2=\boldsymbol{\alpha}_2, \tilde{\boldsymbol{\alpha}}_3=\boldsymbol{\alpha}_3. \tag{4-5-1}$$

在以上各等式两端用 $\boldsymbol{T}$ 作用之，得到

$$\boldsymbol{T}(\tilde{\boldsymbol{\alpha}}_1)=\boldsymbol{T}(\boldsymbol{\alpha}_1)-\boldsymbol{T}(\boldsymbol{\alpha}_3)=(1, 0, 2)^T-(1, 0, 0)^T=2\tilde{\boldsymbol{\alpha}}_3,$$

$$\boldsymbol{T}(\tilde{\boldsymbol{\alpha}}_2)=\boldsymbol{T}(\boldsymbol{\alpha}_2)=(-1, 2, -1)^T=-\tilde{\boldsymbol{\alpha}}_1+2\tilde{\boldsymbol{\alpha}}_2-\tilde{\boldsymbol{\alpha}}_3,$$

$$\boldsymbol{T}(\tilde{\boldsymbol{\alpha}}_3)=\boldsymbol{T}(\boldsymbol{\alpha}_3)=(1, 0, 0)^T=\tilde{\boldsymbol{\alpha}}_1,$$

写成矩阵形式，即为

$$\boldsymbol{T}(\tilde{\boldsymbol{\alpha}}_1, \tilde{\boldsymbol{\alpha}}_2, \tilde{\boldsymbol{\alpha}}_3)=(\tilde{\boldsymbol{\alpha}}_1, \tilde{\boldsymbol{\alpha}}_2, \tilde{\boldsymbol{\alpha}}_3)\begin{pmatrix}0&-1&1\\0&2&0\\2&-1&0\end{pmatrix},$$

故 $\boldsymbol{T}$ 在$\tilde{\boldsymbol{\alpha}}_1$，$\tilde{\boldsymbol{\alpha}}_2$，$\tilde{\boldsymbol{\alpha}}_3$ 下的矩阵为上式最右边矩阵.

方法二　由命题 4.5.1 知，同一线性变换在不同基下的矩阵必相似，利用此关系求之.

将 $\boldsymbol{T}(\boldsymbol{\alpha}_1)$，$\boldsymbol{T}(\boldsymbol{\alpha}_2)$，$\boldsymbol{T}(\boldsymbol{\alpha}_3)$写成 $\boldsymbol{\alpha}_1$，$\boldsymbol{\alpha}_2$，$\boldsymbol{\alpha}_3$ 的线性组合：

$$\boldsymbol{T}(\boldsymbol{\alpha}_1)=(1, 0, 2)^T=\boldsymbol{\alpha}_1+\boldsymbol{\alpha}_3,$$

$$\boldsymbol{T}(\boldsymbol{\alpha}_2)=(-1, 2, -1)^T=-\boldsymbol{\alpha}_1+2\boldsymbol{\alpha}_2,$$

$$\boldsymbol{T}(\boldsymbol{\alpha}_3)=(1, 0, 0)^T=\boldsymbol{\alpha}_1-\boldsymbol{\alpha}_3,$$

故 $\boldsymbol{T}$ 在基 $\boldsymbol{\alpha}_1$，$\boldsymbol{\alpha}_2$，$\boldsymbol{\alpha}_3$ 下的矩阵为

$$\boldsymbol{A}=\begin{pmatrix}1 & -1 & 1\\ 0 & 2 & 0\\ 1 & 0 & -1\end{pmatrix},$$

由式(4 - 5 - 1)得

$$(\widetilde{\boldsymbol{\alpha}}_1, \widetilde{\boldsymbol{\alpha}}_2, \widetilde{\boldsymbol{\alpha}}_3)=(\boldsymbol{\alpha}_1, \boldsymbol{\alpha}_2, \boldsymbol{\alpha}_3)\begin{pmatrix}1 & 0 & 0\\ 0 & 1 & 0\\ -1 & 0 & 1\end{pmatrix},$$

因而由基 $\boldsymbol{\alpha}_1$，$\boldsymbol{\alpha}_2$，$\boldsymbol{\alpha}_3$ 到基 $\widetilde{\boldsymbol{\alpha}}_1$，$\widetilde{\boldsymbol{\alpha}}_2$，$\widetilde{\boldsymbol{\alpha}}_3$ 的过渡矩阵 $\boldsymbol{P}$ 为右端数字矩阵，由命题 4.5.1 知，线性变换 $\boldsymbol{T}$ 在基 $\widetilde{\boldsymbol{\alpha}}_1$，$\widetilde{\boldsymbol{\alpha}}_2$，$\widetilde{\boldsymbol{\alpha}}_3$ 下的矩阵为

$$\boldsymbol{B}=\boldsymbol{P}^{-1}\boldsymbol{A}\boldsymbol{P}=\begin{pmatrix}0 & -1 & 1\\ 0 & 2 & 0\\ 2 & -1 & 0\end{pmatrix}.$$

方法三　取标准基 $\boldsymbol{\varepsilon}_1$，$\boldsymbol{\varepsilon}_2$，$\boldsymbol{\varepsilon}_3$，将所有基向量及其像都用 $\boldsymbol{\varepsilon}_1$，$\boldsymbol{\varepsilon}_2$，$\boldsymbol{\varepsilon}_3$ 的线性组合表示，写成矩阵形式，得到

$$(\boldsymbol{\alpha}_1, \boldsymbol{\alpha}_2, \boldsymbol{\alpha}_3)=(\boldsymbol{\varepsilon}_1, \boldsymbol{\varepsilon}_2, \boldsymbol{\varepsilon}_3)\begin{pmatrix}1 & 0 & 0\\ 0 & 1 & 0\\ 1 & 0 & 1\end{pmatrix}, \tag{4 - 5 - 2}$$

$$(\boldsymbol{\beta}_1, \boldsymbol{\beta}_2, \boldsymbol{\beta}_3)=(\boldsymbol{\varepsilon}_1, \boldsymbol{\varepsilon}_2, \boldsymbol{\varepsilon}_3)\begin{pmatrix}1 & -1 & 1\\ 0 & 2 & 0\\ 2 & -1 & 0\end{pmatrix}, \tag{4 - 5 - 3}$$

$$(\widetilde{\boldsymbol{\alpha}}_1, \widetilde{\boldsymbol{\alpha}}_2, \widetilde{\boldsymbol{\alpha}}_3)=(\boldsymbol{\varepsilon}_1, \boldsymbol{\varepsilon}_2, \boldsymbol{\varepsilon}_3)\begin{pmatrix}1 & 0 & 0\\ 0 & 1 & 0\\ 0 & 0 & 1\end{pmatrix}. \tag{4 - 5 - 4}$$

令式(4 - 5 - 2)、式(4 - 5 - 3)、式(4 - 5 - 4)最右端矩阵分别为 $\boldsymbol{P}_1$，$\boldsymbol{P}_2$，$\boldsymbol{P}_3$，则

$$\boldsymbol{T}(\boldsymbol{\alpha}_1, \boldsymbol{\alpha}_2, \boldsymbol{\alpha}_3)=(\boldsymbol{T}(\boldsymbol{\alpha}_1), \boldsymbol{T}(\boldsymbol{\alpha}_2), \boldsymbol{T}(\boldsymbol{\alpha}_3))=(\boldsymbol{\beta}_1, \boldsymbol{\beta}_2, \boldsymbol{\beta}_3)=(\boldsymbol{\varepsilon}_1, \boldsymbol{\varepsilon}_2, \boldsymbol{\varepsilon}_3)\boldsymbol{P}_2. \tag{4 - 5 - 5}$$

将 $\boldsymbol{T}$ 作用于式(4 - 5 - 4)两端，得

$$\begin{aligned}\boldsymbol{T}(\widetilde{\boldsymbol{\alpha}}_1, \widetilde{\boldsymbol{\alpha}}_2, \widetilde{\boldsymbol{\alpha}}_3)&=\boldsymbol{T}(\boldsymbol{\varepsilon}_1, \boldsymbol{\varepsilon}_2, \boldsymbol{\varepsilon}_3)\boldsymbol{P}_3\\ &=\boldsymbol{T}(\boldsymbol{\alpha}_1, \boldsymbol{\alpha}_2, \boldsymbol{\alpha}_3)\boldsymbol{P}_1^{-1}\boldsymbol{P}_3\\ &=(\boldsymbol{\varepsilon}_1, \boldsymbol{\varepsilon}_2, \boldsymbol{\varepsilon}_3)\boldsymbol{P}_2\boldsymbol{P}_1^{-1}\boldsymbol{P}_3\\ &=(\widetilde{\boldsymbol{\alpha}}_1, \widetilde{\boldsymbol{\alpha}}_2, \widetilde{\boldsymbol{\alpha}}_3)\boldsymbol{P}_3^{-1}\boldsymbol{P}_2\boldsymbol{P}_1^{-1}\boldsymbol{P}_3,\end{aligned}$$

故 $\boldsymbol{T}$ 在 $\tilde{\boldsymbol{\alpha}}_1$，$\tilde{\boldsymbol{\alpha}}_2$，$\tilde{\boldsymbol{\alpha}}_3$ 下的矩阵为

$$\boldsymbol{P}_3^{-1}\boldsymbol{P}_2\boldsymbol{P}_1^{-1}\boldsymbol{P}_3=\boldsymbol{P}_2\boldsymbol{P}_1^{-1}=\begin{pmatrix}0 & -1 & 1\\ 0 & 2 & 0\\ 2 & -1 & 0\end{pmatrix}.$$

方法四　取标准基$\boldsymbol{\varepsilon}_1$，$\boldsymbol{\varepsilon}_2$，$\boldsymbol{\varepsilon}_3$，先将 $\boldsymbol{T}(\tilde{\boldsymbol{\alpha}}_1)$，$\boldsymbol{T}(\tilde{\boldsymbol{\alpha}}_2)$，$\boldsymbol{T}(\tilde{\boldsymbol{\alpha}}_3)$用$\boldsymbol{\varepsilon}_1$，$\boldsymbol{\varepsilon}_2$，$\boldsymbol{\varepsilon}_3$ 的线性组合表示，然后将$\boldsymbol{\varepsilon}_1$，$\boldsymbol{\varepsilon}_2$，$\boldsymbol{\varepsilon}_3$ 用基$\tilde{\boldsymbol{\alpha}}_1$，$\tilde{\boldsymbol{\alpha}}_2$，$\tilde{\boldsymbol{\alpha}}_3$ 的线性组合表出，于是通过$\boldsymbol{\varepsilon}_1$，$\boldsymbol{\varepsilon}_2$，$\boldsymbol{\varepsilon}_3$ 的过渡，将 $\boldsymbol{T}(\tilde{\boldsymbol{\alpha}}_1)$，$\boldsymbol{T}(\tilde{\boldsymbol{\alpha}}_2)$，$\boldsymbol{T}(\tilde{\boldsymbol{\alpha}}_3)$表示成基$\tilde{\boldsymbol{\alpha}}_1$，$\tilde{\boldsymbol{\alpha}}_2$，$\tilde{\boldsymbol{\alpha}}_3$ 的线性组合.

由式(4 - 5 - 1)、式(4 - 5 - 5)及式(4 - 5 - 4)得到

$\boldsymbol{T}(\tilde{\boldsymbol{\alpha}}_1)=\boldsymbol{T}(\boldsymbol{\alpha}_1-\boldsymbol{\alpha}_3)=\boldsymbol{T}(\boldsymbol{\alpha}_1)-\boldsymbol{T}(\boldsymbol{\alpha}_3)=\boldsymbol{\varepsilon}_1+2\boldsymbol{\varepsilon}_3-\boldsymbol{\varepsilon}_1=2\boldsymbol{\varepsilon}_3=2\tilde{\boldsymbol{\alpha}}_3$,

$\boldsymbol{T}(\tilde{\boldsymbol{\alpha}}_2)=\boldsymbol{T}(\boldsymbol{\alpha}_2)=-\boldsymbol{\varepsilon}_1+2\boldsymbol{\varepsilon}_2-\boldsymbol{\varepsilon}_3=-\tilde{\boldsymbol{\alpha}}_1+2\tilde{\boldsymbol{\alpha}}_2-\tilde{\boldsymbol{\alpha}}_3$,

$\boldsymbol{T}(\tilde{\boldsymbol{\alpha}}_3)=\boldsymbol{T}(\boldsymbol{\alpha}_3)=\boldsymbol{\varepsilon}_1=\tilde{\boldsymbol{\alpha}}_1$,

故所求矩阵与上述诸解相同.

第 5 章　特征值与特征向量

矩阵特征值与特征向量的计算是线性代数的重要知识点. 对一个线性变换而言，其对角化问题反映到矩阵上来，就是矩阵的相似对角化问题，因为同一个线性变换在不同的基下对应的矩阵之间是相似的. 研究矩阵相似对角化问题在代数中具有重要意义，矩阵相似对角化在简化计算方阵的高次幂方面具有重要的应用.

5.1 矩阵的特征值与特征向量

5.1.1 特征值与特征向量的概念

定义 5.1.1 设 $\boldsymbol{A}$ 是 n 阶方阵，若存在常数 λ 及非零的 n 维向量 $\boldsymbol{\alpha}$，使得

$$\boldsymbol{A\alpha}=\lambda\boldsymbol{\alpha},\quad \boldsymbol{\alpha}\neq\boldsymbol{0}$$

成立，则称 λ 是矩阵 $\boldsymbol{A}$ 的特征值，称非零向量 $\boldsymbol{\alpha}$ 是方阵 $\boldsymbol{A}$ 属于特征值 λ 的特征向量.

例如，设方阵 $\boldsymbol{A}=\begin{pmatrix}2&1\\0&1\end{pmatrix}$，$\boldsymbol{\alpha}=\begin{pmatrix}1\\0\end{pmatrix}$，则由矩阵的乘法可知

$$\boldsymbol{A\alpha}=\begin{pmatrix}2&1\\0&1\end{pmatrix}\begin{pmatrix}1\\0\end{pmatrix}=2\begin{pmatrix}1\\0\end{pmatrix}=2\boldsymbol{\alpha},$$

则 $\lambda=2$ 是 $\boldsymbol{A}$ 的一个特征值，对应于 $\lambda=2$ 的特征向量是 $\boldsymbol{\alpha}=(1,\ 0)^T$.

但是，并不是每个线性变换都有特征值. 那么，对于一个给定的线性变换，若它有特征值及特征向量，怎样才能把这些特征值和特征向量都求出来呢？为此，我们需要先搞清楚线性变换的特征值和特征向量与它在一个基下的矩阵的特征值和特征向量之间的关系.

5.1.2 特征值与特征向量的性质

(1) n 阶方阵 $\boldsymbol{A}$ 可逆 $\Leftrightarrow \boldsymbol{A}$ 的所有特征值均非零.

(2) 对应于不同特征值的特征向量必线性无关.

(3) 对应于方阵 $\boldsymbol{A}$ 的特征值 λ 的特征向量 $\boldsymbol{\xi}_1$，$\boldsymbol{\xi}_2$，…，$\boldsymbol{\xi}_t$ 的任意非零线性组合仍是 $\boldsymbol{A}$ 对应于 λ 的特征向量.

(4)设λ_0是方阵$\boldsymbol{A}$的k重特征值，则$\boldsymbol{A}$的对应于λ_0的线性无关的特征向量个数不超过k个.

(5)设λ_1，λ_2是方阵$\boldsymbol{A}$的两个不同特征值，$\boldsymbol{\xi}_1$，$\boldsymbol{\xi}_2$是$\boldsymbol{A}$的分别对应于λ_1，λ_2的特征向量，则$\boldsymbol{\xi}_1+\boldsymbol{\xi}_2$一定不是$\boldsymbol{A}$的特征向量.

(6)设$h(\boldsymbol{A})$是方阵$\boldsymbol{A}$的矩阵多项式，若λ是$\boldsymbol{A}$的特征值，对应于λ的特征向量有$\boldsymbol{\xi}$，则$h(\lambda)$是$h(\boldsymbol{A})$的特征值，而$\boldsymbol{\xi}$是$h(\boldsymbol{A})$的对应于$h(\lambda)$的特征向量，而且若$h(\boldsymbol{A})=0$，则$\boldsymbol{A}$的特征值λ满足$h(\lambda)=0$，但要注意，反过来，使$h(\lambda)=0$的λ值未必都是$\boldsymbol{A}$的特征值.

(7)若λ是可逆方阵$\boldsymbol{A}$的特征值，$\boldsymbol{\xi}$是$\boldsymbol{A}$的对应于λ的特征向量，则λ^{-1}是$\boldsymbol{A}^{-1}$的特征值，$\boldsymbol{\xi}$是$\boldsymbol{A}^{-1}$的对应于λ^{-1}的特征向量，$|\boldsymbol{A}|\lambda^{-1}$是$\boldsymbol{A}^*$的特征值，$\boldsymbol{\xi}$是$\boldsymbol{A}^*$的对应于$|\boldsymbol{A}|\lambda^{-1}$的特征向量.

(8)$\boldsymbol{A}$与$\boldsymbol{A}^T$有相同的特征值(但未必有相同的特征向量)，若$\boldsymbol{A}$，$\boldsymbol{B}$为同阶方阵，则$\boldsymbol{AB}$与$\boldsymbol{BA}$有相同的特征值.

(9)若$\boldsymbol{A}$为正交矩阵，则$|\boldsymbol{A}|=\pm1$. 当$|\boldsymbol{A}|=-1$时，$\boldsymbol{A}$必有特征值-1；当$|\boldsymbol{A}|=1$，且$\boldsymbol{A}$为奇数阶时，$\boldsymbol{A}$必有特征值1.

(10)特征值的和等于矩阵主对角线上元素之和，特征值的乘积等于矩阵$\boldsymbol{A}$行列式的值，即

$$\sum_{i=1}^{n}\lambda_i=\sum_{i=1}^{n}a_{ii},\qquad \prod_{i=1}^{n}\lambda_i=|\boldsymbol{A}|.$$

例 5.1.1 已知矩阵$\boldsymbol{A}=\begin{pmatrix}a&1&b\\2&3&4\\-1&1&-1\end{pmatrix}$的特征值之和为3，特征值之积为$-24$，则$b=$________.

解：由性质(10)可知，$a+3+(-1)=3$，则$a=1$，又因为

$$\begin{vmatrix}a&1&b\\2&3&4\\-1&1&-1\end{vmatrix}=\begin{vmatrix}1&1&b\\2&3&4\\-1&1&-1\end{vmatrix}=5b-9=-24,$$

所以$b=-3$.

5.1.3 特征值与特征向量的求法

下面给出特征值与特征向量的求法.

设非零向量$\boldsymbol{\alpha}$是$\boldsymbol{A}$的属于λ的特征向量，$\boldsymbol{A\alpha}=\lambda\boldsymbol{\alpha}$，则$(\lambda\boldsymbol{E}-\boldsymbol{A})\boldsymbol{\alpha}=\boldsymbol{0}$，即$\boldsymbol{\alpha}$是齐次线性方程组$(\lambda\boldsymbol{E}-\boldsymbol{A})\boldsymbol{\alpha}=\boldsymbol{0}$的非零解，而该方程组有非零解的条件是$|\lambda\boldsymbol{E}-\boldsymbol{A}|=0$，反之亦然. 综上可得以下结论.

定理 5.1.1 设 $\boldsymbol{A}=(a_{ij})$ 为一个 n 阶方阵，则 λ 是方阵 $\boldsymbol{A}$ 的特征值，$\boldsymbol{\alpha}$ 是方阵 $\boldsymbol{A}$ 属于特征值 $\boldsymbol{\lambda}$ 的特征向量的充分必要条件是 $|\lambda\boldsymbol{E}-\boldsymbol{A}|=0$，$\boldsymbol{\alpha}$ 是 $(\lambda\boldsymbol{E}-\boldsymbol{A})\boldsymbol{X}=\boldsymbol{0}$ 的非零解.

推论 5.1.1 设 $\boldsymbol{\alpha}$ 是方阵 $\boldsymbol{A}$ 属于特征值 λ 的特征向量，则对于任意的数 $k\neq 0$，$k\boldsymbol{\alpha}$ 也是 $\boldsymbol{A}$ 的属于 λ 的特征向量.

实际上，由 $\boldsymbol{A}\boldsymbol{\alpha}=\lambda\boldsymbol{\alpha}$ 可得

$$\boldsymbol{A}(k\boldsymbol{\alpha})=k(\boldsymbol{A}\boldsymbol{\alpha})=k(\lambda\boldsymbol{\alpha})=\lambda(k\boldsymbol{\alpha}).$$

推论 5.1.2 设 $\boldsymbol{\alpha}_1$，$\boldsymbol{\alpha}_2$ 是方阵 $\boldsymbol{A}$ 属于特征值 λ 的特征向量，且 $\boldsymbol{\alpha}_1+\boldsymbol{\alpha}_2\neq\boldsymbol{0}$，则 $\boldsymbol{\alpha}_1+\boldsymbol{\alpha}_2$ 也是 $\boldsymbol{A}$ 的属于 λ 的特征向量.

实际上，由 $\boldsymbol{A}\boldsymbol{\alpha}_1=\lambda\boldsymbol{\alpha}_1$，$\boldsymbol{A}\boldsymbol{\alpha}_2=\lambda\boldsymbol{\alpha}_2$，得

$$\boldsymbol{A}(\boldsymbol{\alpha}_1+\boldsymbol{\alpha}_2)=\boldsymbol{A}\boldsymbol{\alpha}_1+\boldsymbol{A}\boldsymbol{\alpha}_2=\lambda\boldsymbol{\alpha}_1+\lambda\boldsymbol{\alpha}_2=\lambda(\boldsymbol{\alpha}_1+\boldsymbol{\alpha}_2).$$

根据推论 5.1.1 和推论 5.1.2 可得：属于同一特征值 λ 的特征向量的线性组合仍是属于 λ 的特征向量，但是后面将得到：$\boldsymbol{A}$ 的属于不同特征值的特征向量的和将不是 $\boldsymbol{A}$ 的特征向量.

定义 5.1.2 设 $\boldsymbol{A}=(a_{ij})$ 为一个 n 阶方阵，则行列式

$$|\lambda\boldsymbol{E}-\boldsymbol{A}|=\begin{vmatrix}\lambda-a_{11} & -a_{12} & \cdots & -a_{1n}\\ -a_{21} & \lambda-a_{22} & \cdots & -a_{2n}\\ \vdots & \vdots & & \vdots\\ -a_{n1} & -a_{n2} & \cdots & \lambda-a_{nn}\end{vmatrix}$$

称为方阵 $\boldsymbol{A}$ 的特征多项式，记为 $f(\lambda)$，$|\lambda\boldsymbol{E}-\boldsymbol{A}|=0$ 称为 $\boldsymbol{A}$ 的特征方程. 特征方程 $|\lambda\boldsymbol{E}-\boldsymbol{A}|=0$ 是关于 λ 的 n 次方程，它的 n 个根就是方阵 $\boldsymbol{A}$ 的 n 个特征值.

例如，$\boldsymbol{A}=(a_{ij})$ 是 3 阶方阵，则方阵 $\boldsymbol{A}$ 的特征多项式为

$$|\lambda\boldsymbol{E}-\boldsymbol{A}|=\lambda^3-\sum_{i=1}^{3}a_{ii}\lambda^2+\left(\begin{vmatrix}a_{11} & a_{12}\\ a_{21} & a_{22}\end{vmatrix}+\begin{vmatrix}a_{22} & a_{23}\\ a_{32} & a_{33}\end{vmatrix}+\begin{vmatrix}a_{11} & a_{13}\\ a_{31} & a_{33}\end{vmatrix}\right)\lambda-|\boldsymbol{A}|.$$

综上，求 n 阶方阵的特征值和特征向量的基本步骤是：

(1)写出方阵 $\boldsymbol{A}$ 的特征多项式 $f(\lambda)=|\lambda\boldsymbol{E}-\boldsymbol{A}|$；

(2)解特征方程 $|\lambda\boldsymbol{E}-\boldsymbol{A}|=0$，得特征值 λ_1，λ_2，…，λ_n；

(3)对每个特征值 λ_i，解齐次线性方程组 $(\lambda_i\boldsymbol{E}-\boldsymbol{A})\boldsymbol{X}=\boldsymbol{0}$，得基础解系 $\boldsymbol{\eta}_1$，$\boldsymbol{\eta}_2$，…，$\boldsymbol{\eta}_r$，则属于特征值 λ_i 的所有特征向量是 $k_1\boldsymbol{\eta}_1+k_2\boldsymbol{\eta}_2+\cdots+k_r\boldsymbol{\eta}_r$($k_1$，$k_2$，…，$k_r$ 是不全为 0 的任意常数).

这里需要注意的是，如果 λ_i 是 n 阶方阵 $\boldsymbol{A}$ 的 k_i 重根，那么属于特征值 λ_i 的线性无关特征向量的个数 $\leqslant k_i$.

例 5.1.2 设方阵 $\boldsymbol{A}=\begin{pmatrix}4 & 6 & 0\\ -3 & -5 & 0\\ -3 & -6 & 1\end{pmatrix}$，求 $\boldsymbol{A}$ 的特征值与特征向量.

解：令 $\boldsymbol{A}$ 的特征多项式

$$f(\lambda)=|\lambda\boldsymbol{E}-\boldsymbol{A}|=\begin{vmatrix}\lambda-4 & -6 & 0\\ 3 & \lambda+5 & 0\\ 3 & 6 & \lambda-1\end{vmatrix}=(\lambda+2)(\lambda-1)^2=0,$$

可得 $\lambda_1=-2$，$\lambda_2=\lambda_3=1$.

当 $\lambda_1=-2$ 时，解 $(-2\boldsymbol{E}-\boldsymbol{A})\boldsymbol{X}=\boldsymbol{0}$，因为

$$-2\boldsymbol{E}-\boldsymbol{A}=\begin{pmatrix}-6 & -6 & 0\\ 3 & 3 & 0\\ 3 & 6 & -3\end{pmatrix}\rightarrow\begin{pmatrix}1 & 1 & 0\\ 1 & 2 & -1\\ 0 & 0 & 0\end{pmatrix}\rightarrow\begin{pmatrix}1 & 1 & 0\\ 0 & 1 & -1\\ 0 & 0 & 0\end{pmatrix}\rightarrow\begin{pmatrix}1 & 0 & 1\\ 0 & 1 & -1\\ 0 & 0 & 0\end{pmatrix},$$

所以同解方程组为 $\begin{cases}x_1=-x_3,\\ x_2=x_3,\end{cases}$ 取特征向量为 $\boldsymbol{\alpha}_1=(-1,1,1)^T$，

当 $\lambda_2=\lambda_3=1$ 时，解 $(\boldsymbol{E}-\boldsymbol{A})\boldsymbol{X}=\boldsymbol{0}$，因为

$$\boldsymbol{E}-\boldsymbol{A}=\begin{pmatrix}-3 & -6 & 0\\ 3 & 6 & 0\\ 3 & 6 & 0\end{pmatrix}\rightarrow\begin{pmatrix}1 & 2 & 0\\ 0 & 0 & 0\\ 0 & 0 & 0\end{pmatrix},$$

所以同解方程组为 $x_1+2x_2=0$，取线性无关的特征向量为 $\boldsymbol{\alpha}_2=(0,0,1)^T$ 和 $\boldsymbol{\alpha}_3=(-2,1,0)^T$，

所以 $\boldsymbol{A}$ 的特征值为 -2，1，所对应的全体特征向量分别是 $k_1\boldsymbol{\alpha}_1$，$k_2\boldsymbol{\alpha}_2+k_3\boldsymbol{\alpha}_3$，其中，$k_1\neq0$，$k_2$，$k_3$ 不同时为 0.

这里需要注意三点：

(1)零向量不是特征向量；

(2)实矩阵未必有实的特征值；

(3)n 重特征值未必有 n 个线性无关的特征向量.

例 5.1.3 设 n 阶方阵 $\boldsymbol{A}$ 的各行元素之和为常数 k.

(1)试证：k 是 $\boldsymbol{A}$ 的一个特征值，并求 $\boldsymbol{A}$ 的属于 $\lambda=k$ 的一个特征向量.

(2)当 $\boldsymbol{A}$ 为可逆阵，且 $k\neq0$ 时，$\boldsymbol{A}^{-1}$ 的各行元素之和应为多大？方阵 $3\boldsymbol{A}^{-1}+5\boldsymbol{A}$ 的各行元素之和又为多大？

解：(1)因为

$$\boldsymbol{A}\begin{pmatrix}1\\1\\ \vdots\\1\end{pmatrix}=\begin{pmatrix}a_{11}+a_{12}+\cdots+a_{1n}\\ a_{21}+a_{22}+\cdots+a_{2n}\\ \vdots\\ a_{n1}+a_{n2}+\cdots+a_{nn}\end{pmatrix}=\begin{pmatrix}k\\k\\ \vdots\\k\end{pmatrix}=k\begin{pmatrix}1\\1\\ \vdots\\1\end{pmatrix}, \qquad (5-1-1)$$

所以 k 是 $\boldsymbol{A}$ 的一个特征值，$\boldsymbol{A}$ 的属于 $\lambda=k$ 的一个特征向量是 $(1,1,\cdots,1)^T$.

(2)根据式(5-1-1)可得

$$\frac{1}{k}\begin{pmatrix}1\\1\\\vdots\\1\end{pmatrix}=\boldsymbol{A}^{-1}\begin{pmatrix}1\\1\\\vdots\\1\end{pmatrix},$$

上式说明$\frac{1}{k}$是$\boldsymbol{A}^{-1}$的一个特征值，$(1, 1, \cdots, 1)^T$ 是$\boldsymbol{A}^{-1}$的属于$\lambda=\frac{1}{k}$的特征向量. 同时，也说明方阵$\boldsymbol{A}^{-1}$的各行元素之和都等于$\frac{1}{k}$. 又

$$3\boldsymbol{A}^{-1}\begin{pmatrix}1\\1\\\vdots\\1\end{pmatrix}+5\boldsymbol{A}\begin{pmatrix}1\\1\\\vdots\\1\end{pmatrix}=\frac{3}{k}\begin{pmatrix}1\\1\\\vdots\\1\end{pmatrix}+5k\begin{pmatrix}1\\1\\\vdots\\1\end{pmatrix},$$

即

$$(3\boldsymbol{A}^{-1}+5\boldsymbol{A})\begin{pmatrix}1\\1\\\vdots\\1\end{pmatrix}=\left(\frac{3}{k}+5k\right)\begin{pmatrix}1\\1\\\vdots\\1\end{pmatrix},$$

所以方阵 $3\boldsymbol{A}^{-1}+5\boldsymbol{A}$ 的各行元素之和为$\frac{3}{k}+5k$.

例 5.1.4 已知向量$\boldsymbol{\alpha}=(1, 1, k)^T$ 是方阵$\boldsymbol{A}=\begin{pmatrix}2&0&1\\0&2&1\\1&1&2\end{pmatrix}$的特征向量，求 $\boldsymbol{A}$ 的对应$\boldsymbol{\alpha}$ 的特征值和常数k.

解：设$\boldsymbol{\alpha}=(1, 1, k)^T$ 是$\boldsymbol{A}$ 的属于λ 的特征向量，则 $\boldsymbol{A\alpha}=\lambda\boldsymbol{\alpha}$，即

$$\begin{pmatrix}2&0&1\\0&2&1\\1&1&2\end{pmatrix}\begin{pmatrix}1\\1\\k\end{pmatrix}=\begin{pmatrix}2+k\\2+k\\2+2k\end{pmatrix}=\lambda\begin{pmatrix}1\\1\\k\end{pmatrix},$$

可得$\begin{cases}2+k=\lambda,\\2+2k=\lambda k,\end{cases}$所以

$$\begin{cases}k=\sqrt{2},\\\lambda=2+\sqrt{2},\end{cases}$$

或者

$$\begin{cases}k=-\sqrt{2},\\\lambda=2-\sqrt{2}.\end{cases}$$

例 5.1.5 假设$\boldsymbol{A}=\begin{pmatrix}0&0&1\\x&1&y\\1&0&0\end{pmatrix}$有 3 个线性无关的特征向量，则 x，y 应满足的条件是________.

解：因为

$$|\lambda\boldsymbol{E}-\boldsymbol{A}|=\begin{vmatrix}\lambda&0&-1\\x&\lambda-1&-y\\-1&0&\lambda\end{vmatrix}=(1+\lambda)(\lambda-1)^2,$$

可得 $\boldsymbol{A}$ 有特征值$\lambda_1=\lambda_2=1$，$\lambda_3=-1$，因为 $\boldsymbol{A}$ 有 3 个线性无关的特征向量，所以属于特征值 1 的线性无关的特征向量有 2 个，将 $\lambda_1=\lambda_2=1$ 代入，

$$\boldsymbol{A}-\boldsymbol{E}=\begin{pmatrix}-1&0&1\\x&0&y\\1&0&-1\end{pmatrix}\xrightarrow[xr_1+r_2]{r_1+r_3}\begin{pmatrix}-1&0&1\\0&0&x+y\\0&0&0\end{pmatrix}，则 r(\boldsymbol{A}-\boldsymbol{E})=1,$$

所以 $x+y=0$.

例 5.1.6 已知 $\lambda_1=6$，$\lambda_2=\lambda_3=3$ 是实对称矩阵 $\boldsymbol{A}$ 的所有特征值，且对应于 $\lambda_2=\lambda_3=3$ 的特征向量是 $\boldsymbol{\alpha}_2=(-1,\ 0,\ 1)^T$，$\boldsymbol{\alpha}_3=(1,\ -2,\ 1)^T$，求 $\boldsymbol{A}$ 对应于 $\lambda_1=6$ 的特征向量及矩阵 $\boldsymbol{A}$.

分析：已知全部特征值和部分特征向量反求矩阵 $\boldsymbol{A}$，关键是利用已知条件中 $\boldsymbol{A}$ 是对称矩阵，而实对称矩阵不同特征值的特征向量正交，由此本题即可得到解答.

解：令 $\boldsymbol{A}$ 对应于 $\lambda_1=6$ 的特征向量是 $\boldsymbol{\alpha}_1=(x_1,\ x_2,\ x_3)^T$，

因为实对称矩阵不同特征值的特征向量正交，所以$(\boldsymbol{\alpha}_1^T,\ \boldsymbol{\alpha}_2)=(\boldsymbol{\alpha}_1^T,\ \boldsymbol{\alpha}_3)=0$，即

$$\begin{cases}-x_1+x_3=0,\\x_1-2x_2+x_3=0,\end{cases}$$

解得 $x_1=x_2=x_3$，取 $\boldsymbol{\alpha}_1=(1,\ 1,\ 1)^T$，即为矩阵属于 $\lambda_1=6$ 的特征向量；

由 $\boldsymbol{A}(\boldsymbol{\alpha}_1,\ \boldsymbol{\alpha}_2,\ \boldsymbol{\alpha}_3)=(\lambda_1\boldsymbol{\alpha}_1,\ \lambda_2\boldsymbol{\alpha}_2,\ \lambda_3\boldsymbol{\alpha}_3)$得

$$\boldsymbol{A}\begin{pmatrix}1&-1&1\\1&0&-2\\1&1&1\end{pmatrix}=\begin{pmatrix}6&-3&3\\6&0&-6\\6&3&3\end{pmatrix},$$

所以，

$$\boldsymbol{A}=\begin{pmatrix}6&-3&3\\6&0&-6\\6&3&3\end{pmatrix}\begin{pmatrix}1&-1&1\\1&0&-2\\1&1&1\end{pmatrix}^{-1}=\begin{pmatrix}4&1&1\\1&4&1\\1&1&4\end{pmatrix}.$$

5.2 相似矩阵与矩阵的对角化

5.2.1 相似矩阵的概念与性质

定义 5.2.1 设 $\boldsymbol{A}$，$\boldsymbol{B}$ 是两个 n 阶方阵，如果存在可逆矩阵 $\boldsymbol{P}$ 使

$$\boldsymbol{P}^{-1}\boldsymbol{A}\boldsymbol{P}=\boldsymbol{B}$$

成立，则称 $\boldsymbol{B}$ 是 $\boldsymbol{A}$ 的相似矩阵，或称 $\boldsymbol{A}$ 与 $\boldsymbol{B}$ 相似，称运算 $\boldsymbol{P}^{-1}\boldsymbol{A}\boldsymbol{P}$ 是对 $\boldsymbol{A}$ 进行相似变换，称 $\boldsymbol{P}$ 是把 $\boldsymbol{A}$ 变成 $\boldsymbol{B}$ 的相似变换矩阵.

相似是矩阵之间的一种关系，容易验证矩阵的相似关系是一种等价关系，即具有：

(1)(反身性)$\boldsymbol{A}\sim\boldsymbol{B}$；

(2)(对称性)如果 $\boldsymbol{A}\sim\boldsymbol{B}$，则 $\boldsymbol{B}\sim\boldsymbol{A}$；

(3)(传递性)如果 $\boldsymbol{A}\sim\boldsymbol{B}$，$\boldsymbol{B}\sim\boldsymbol{C}$，则 $\boldsymbol{A}\sim\boldsymbol{C}$.

根据定义 5.2.1 可知，如果 $\boldsymbol{B}$ 是 $\boldsymbol{A}$ 的相似矩阵，$\boldsymbol{P}$ 是把 $\boldsymbol{A}$ 变成 $\boldsymbol{B}$ 的相似变换矩阵，则 $\boldsymbol{A}$ 也是 $\boldsymbol{B}$ 的相似矩阵，$\boldsymbol{P}^{-1}$是把 $\boldsymbol{B}$ 变成 $\boldsymbol{A}$ 的相似变换矩阵，相似矩阵有如下性质.

性质 5.2.1 如果 $\boldsymbol{A}$ 与 $\boldsymbol{B}$ 相似，则 $\boldsymbol{A}$ 与 $\boldsymbol{B}$ 有相同的特征多项式，从而有相同的特征值且 $\boldsymbol{A}$ 与 $\boldsymbol{B}$ 的迹相等.

证明： 已知 $\boldsymbol{A}\sim\boldsymbol{B}$，则存在一个可逆矩阵 $\boldsymbol{P}$ 使 $\boldsymbol{P}^{-1}\boldsymbol{A}\boldsymbol{P}=\boldsymbol{B}$，则

$$\begin{aligned}|\lambda\boldsymbol{E}-\boldsymbol{B}|&=|\lambda\boldsymbol{E}-\boldsymbol{P}^{-1}\boldsymbol{A}\boldsymbol{P}|=|\boldsymbol{P}^{-1}(\lambda\boldsymbol{E})\boldsymbol{P}-\boldsymbol{P}^{-1}\boldsymbol{A}\boldsymbol{P}|\\&=|\boldsymbol{P}^{-1}(\lambda\boldsymbol{E}-\boldsymbol{A})\boldsymbol{P}|=|\boldsymbol{P}^{-1}|\,|\lambda\boldsymbol{E}-\boldsymbol{A}|\,|\boldsymbol{P}|\\&=|\lambda\boldsymbol{E}-\boldsymbol{A}|,\end{aligned}$$

即 $\boldsymbol{A}$ 与 $\boldsymbol{B}$ 有相同的特征多项式，从而有相同的特征值 λ_1，λ_2，…，λ_n，此时

$$\operatorname{tr}\boldsymbol{A}=\operatorname{tr}\boldsymbol{B}=\sum_{i=1}^{n}\lambda_i\ ,$$

从而 $\boldsymbol{A}$ 与 $\boldsymbol{B}$ 的迹相等.

性质 5.2.2 如果 $\boldsymbol{A}$ 与 $\boldsymbol{B}$ 相似，则：

(1)$|\boldsymbol{A}|=|\boldsymbol{B}|$且 $\boldsymbol{A}^m\sim\boldsymbol{B}^m$，其中 m 是任意正整数；

(2)当 $\boldsymbol{A}$ 可逆时，$\boldsymbol{B}$ 可逆，且 $\boldsymbol{A}^{-1}\sim\boldsymbol{B}^{-1}$.

证明： (1)已知 $\boldsymbol{A}\sim\boldsymbol{B}$，则存在一个可逆矩阵 $\boldsymbol{P}$ 使 $\boldsymbol{P}^{-1}\boldsymbol{A}\boldsymbol{P}=\boldsymbol{B}$，则

$|\boldsymbol{B}|=|\boldsymbol{P}^{-1}\boldsymbol{A}\boldsymbol{P}|=|\boldsymbol{P}^{-1}|\,|\boldsymbol{A}|\,|\boldsymbol{P}|=|\boldsymbol{A}|$.

因为 $\boldsymbol{P}^{-1}\boldsymbol{A}\boldsymbol{P}=\boldsymbol{B}$，所以我们假设 $m=k$ 时，$\boldsymbol{P}^{-1}\boldsymbol{A}^k\boldsymbol{P}=\boldsymbol{B}^k$ 成立，则

$\boldsymbol{B}^{k+1}=\boldsymbol{B}\boldsymbol{B}^k=(\boldsymbol{P}^{-1}\boldsymbol{A}\boldsymbol{P})(\boldsymbol{P}^{-1}\boldsymbol{A}^k\boldsymbol{P})=\boldsymbol{P}^{-1}\boldsymbol{A}\boldsymbol{P}\boldsymbol{P}^{-1}\boldsymbol{A}^k\boldsymbol{P}=\boldsymbol{P}^{-1}\boldsymbol{A}^{k+1}\boldsymbol{P}$,

由数学归纳法可知，对任意 m，$\boldsymbol{P}^{-1}\boldsymbol{A}^m\boldsymbol{P}=\boldsymbol{B}^m$ 成立，即 $\boldsymbol{A}^m\sim\boldsymbol{B}^m$.

(2)因为 $\boldsymbol{P}^{-1}\boldsymbol{A}\boldsymbol{P}=\boldsymbol{B}$，所以当 $\boldsymbol{A}$ 可逆时，$\boldsymbol{B}$ 也可逆，且$(\boldsymbol{P}^{-1}\boldsymbol{A}\boldsymbol{P})^{-1}=\boldsymbol{B}^{-1}$，即

$$\boldsymbol{P}^{-1}\boldsymbol{A}^{-1}\boldsymbol{P}=\boldsymbol{B}^{-1},$$

从而 $\boldsymbol{A}^{-1}\sim\boldsymbol{B}^{-1}$.

性质 5.2.3 设 $\boldsymbol{A}$ 与 $\boldsymbol{B}$ 相似，$f(x)$为一多项式，那么 $f(\boldsymbol{A})$与 $f(\boldsymbol{B})$相似.

证明： 设 $f(x)=a_0+a_1x+\cdots+a_mx^m$，因为 $\boldsymbol{A}$ 与 $\boldsymbol{B}$ 相似，所以存在一个可逆矩阵 $\boldsymbol{P}$ 使 $\boldsymbol{P}^{-1}\boldsymbol{A}\boldsymbol{P}=\boldsymbol{B}$，则

$$\begin{aligned}f(\boldsymbol{B})&=a_0\boldsymbol{E}+a_1\boldsymbol{B}+\cdots+a_m\boldsymbol{B}^m\\&=a_0\boldsymbol{P}^{-1}\boldsymbol{E}\boldsymbol{P}+a_1(\boldsymbol{P}^{-1}\boldsymbol{A}\boldsymbol{P})+\cdots+a_m(\boldsymbol{P}^{-1}\boldsymbol{A}\boldsymbol{P})^m\\&=\boldsymbol{P}^{-1}(a_0\boldsymbol{E})\boldsymbol{P}+\boldsymbol{P}^{-1}(a_1\boldsymbol{A})\boldsymbol{P}+\cdots+\boldsymbol{P}^{-1}(a_m\boldsymbol{A}^m)\boldsymbol{P}\\&=\boldsymbol{P}^{-1}(a_0\boldsymbol{E}+a_1\boldsymbol{A}+\cdots+a_m\boldsymbol{A}^m)\boldsymbol{P},\end{aligned}$$

即 $f(\boldsymbol{A})$与 $f(\boldsymbol{B})$相似.

例 5.2.1 已知方阵 $\boldsymbol{A}=\begin{pmatrix}2&0&0\\0&0&1\\0&1&x\end{pmatrix}$与 $\boldsymbol{B}=\begin{pmatrix}2&0&0\\0&y&0\\0&0&-1\end{pmatrix}$相似，试求 x 与 y 的值.

解： 因为 $\boldsymbol{A}$ 与 $\boldsymbol{B}$ 相似，所以

$\operatorname{tr}\boldsymbol{A}=\operatorname{tr}\boldsymbol{B}$，$|\boldsymbol{A}|=|\boldsymbol{B}|$，

即

$$\begin{cases}2+x=2+y-1,\\-2=-2y,\end{cases}$$

解得

$$\begin{cases}x=0,\\y=1.\end{cases}$$

5.2.2 矩阵可相似对角化的充要条件

由相似矩阵的上述性质，可简化矩阵的运算. 问题是，给定一个矩阵 $\boldsymbol{A}$，如何去找可逆矩阵 $\boldsymbol{P}$，使 $\boldsymbol{P}^{-1}\boldsymbol{A}\boldsymbol{P}$ 最简单呢？对角阵是最简单的矩阵之一，那么，是不是任何一个矩阵都可以与某个对角阵相似呢？下面就来讨论矩阵可对角化的充分必要条件.

设 $\boldsymbol{A}$ 是一个 n 阶矩阵：$\boldsymbol{A}=(a_{ij})$，如果它与对角阵相似，则存在可逆矩阵 $\boldsymbol{P}$，使

$$\boldsymbol{P}^{-1}\boldsymbol{A}\boldsymbol{P}=\begin{pmatrix}\lambda_1&&&\\&\lambda_2&&\\&&\ddots&\\&&&\lambda_n\end{pmatrix}=\boldsymbol{\Lambda},$$

即

$$AP=P\begin{pmatrix}\lambda_1 & & & \\ & \lambda_2 & & \\ & & \ddots & \\ & & & \lambda_n\end{pmatrix}=P\Lambda.$$

把 P 的 n 个列向量依次记为 X_1，X_2，…，X_n，即 $P=(X_1, X_2, \cdots, X_n)$，则有

$$AP=(AX_1, AX_2, \cdots, AX_n),$$

$$P\begin{pmatrix}\lambda_1 & & & \\ & \lambda_2 & & \\ & & \ddots & \\ & & & \lambda_n\end{pmatrix}=P\Lambda=(\lambda_1X_1, \lambda_2X_2, \cdots, \lambda_nX_n),$$

于是

$$(AX_1, AX_2, \cdots, AX_n)=AP=P\Lambda=(\lambda_1X_1, \lambda_2X_2, \cdots, \lambda_nX_n),$$

即

$$AX_i=\lambda_iX_i \quad 或 \quad (\lambda_iE-A)X_i=0 \quad (i=1, 2, \cdots, n).$$

这表明，P 的列向量都是 A 的特征向量. 又因为 P 是可逆矩阵，所以 X_1，X_2，…，X_n 是线性无关的. 即是说，若 A 与对角阵相似，则它有 n 个线性无关的特征向量.

反之，若 A 有 n 个线性无关的特征向量 X_1，X_2，…，X_n，则

$$AX_i=\lambda_iX_i(i=1, 2, \cdots, n).$$

现以 X_1，X_2，…，X_n 为列向量作一个矩阵

$$P=(X_1, X_2, \cdots, X_n),$$

显然，该矩阵是可逆的，并且

$$\begin{aligned}AP&=(AX_1, AX_2, \cdots, AX_n)=(\lambda_1X_1, \lambda_2X_2, \cdots, \lambda_nX_n)\\&=(X_1, X_2, \cdots, X_n)\begin{pmatrix}\lambda_1 & & & \\ & \lambda_2 & & \\ & & \ddots & \\ & & & \lambda_n\end{pmatrix}=P\begin{pmatrix}\lambda_1 & & & \\ & \lambda_2 & & \\ & & \ddots & \\ & & & \lambda_n\end{pmatrix},\end{aligned}$$

因此

$$P^{-1}AP=\begin{pmatrix}\lambda_1 & & & \\ & \lambda_2 & & \\ & & \ddots & \\ & & & \lambda_n\end{pmatrix}.$$

由此得到下面的定理.

定理 5.2.1 n 阶矩阵 $\boldsymbol{A}$ 与对角阵相似的充分必要条件是 $\boldsymbol{A}$ 有 n 个线性无关的特征向量.

推论 若 n 阶矩阵 $\boldsymbol{A}$ 有 n 个互不相同的特征值 λ_1，λ_2，…，λ_n，从而 $(\lambda_i\boldsymbol{E}-\boldsymbol{A})\boldsymbol{X}=\boldsymbol{0}$ 均有非零解，即 $\boldsymbol{A}$ 有 n 个线性无关的特征向量，则 $\boldsymbol{A}$ 与以 λ_i 为对角元素的对角阵 $\boldsymbol{\Lambda}$ 相似.

值得注意的是，由 n 阶矩阵可对角化，并不能推出 $\boldsymbol{A}$ 有 n 个互不相同的特征值.

对 n 阶矩阵 $\boldsymbol{A}$，当 $\boldsymbol{A}$ 的特征值有重根时，$\boldsymbol{A}$ 是否仍有 n 个线性无关的特征向量? $\boldsymbol{A}$ 是否还能相似于对角阵？我们有下面的定理.

定理 5.2.2 若 $\boldsymbol{A}$ 是 n 阶矩阵，λ_1 是 $\boldsymbol{A}$ 的 r_1 重特征值，则属于 λ_1 的线性无关的特征向量个数小于等于 r_1.

证明略.

由定理 5.2.2 可知，若要 $\boldsymbol{A}$ 有 n 个线性无关的特征向量，则要求 $\boldsymbol{A}$ 的每个重特征值对应的线性无关特征向量个数都等于其特征值重数. 这时总的特征向量为 n，且它们线性无关，从而有：

定理 5.2.3 n 阶矩阵 $\boldsymbol{A}$ 与对角阵相似的充分必要条件是：$\boldsymbol{A}$ 的每个特征值所对应的线性无关特征向量个数等于该特征值的重数.

证明略.

例 5.2.2 设 $\boldsymbol{A}=\begin{pmatrix}0&0&1\\0&1&0\\1&0&0\end{pmatrix}$，求可逆矩阵 $\boldsymbol{P}$，使 $\boldsymbol{P}^{-1}\boldsymbol{A}\boldsymbol{P}=\boldsymbol{\Lambda}$.

解: $\boldsymbol{A}$ 的特征多项式为

$$|\lambda\boldsymbol{E}-\boldsymbol{A}|=\begin{vmatrix}\lambda&0&-1\\0&\lambda-1&0\\-1&0&\lambda\end{vmatrix}=(\lambda-1)(\lambda^2-1)=(\lambda-1)^2(\lambda+1),$$

则 $\boldsymbol{A}$ 的特征值为 $\lambda_1=\lambda_2=1$，$\lambda_3=-1$.

对于特征值 $\lambda_1=\lambda_2=1$，由 $(\lambda_1\boldsymbol{E}-\boldsymbol{A})\boldsymbol{X}=\boldsymbol{0}$，即

$$\begin{pmatrix}1&0&-1\\0&0&0\\-1&0&1\end{pmatrix}\begin{pmatrix}x_1\\x_2\\x_3\end{pmatrix}=\begin{pmatrix}0\\0\\0\end{pmatrix},$$

解得特征向量

$$\boldsymbol{\alpha}_1=(1,0,1)^T,\quad \boldsymbol{\alpha}_2=(0,1,0)^T.$$

对于特征值 $\lambda_3=-1$，由 $(\lambda_3\boldsymbol{E}-\boldsymbol{A})\boldsymbol{X}=\boldsymbol{0}$，即

$$\begin{pmatrix}-1&0&-1\\0&-2&0\\-1&0&-1\end{pmatrix}\begin{pmatrix}x_1\\x_2\\x_3\end{pmatrix}=\begin{pmatrix}0\\0\\0\end{pmatrix},$$

解得特征向量

$$\boldsymbol{\alpha}_3=(1,\ 0,\ -1)^T.$$

$\boldsymbol{A}$ 有三个线性无关的特征向量，$\boldsymbol{A}$ 可对角化. 取

$$\boldsymbol{P}=(\boldsymbol{\alpha}_1,\ \boldsymbol{\alpha}_2,\ \boldsymbol{\alpha}_3)=\begin{pmatrix}1&0&1\\0&1&0\\1&0&-1\end{pmatrix},$$

于是 $\boldsymbol{P}^{-1}\boldsymbol{A}\boldsymbol{P}=\boldsymbol{\Lambda}$，其中

$$\boldsymbol{\Lambda}=\begin{pmatrix}1&&\\&1&\\&&-1\end{pmatrix}.$$

例 5.2.3 证明 $\boldsymbol{A}=\begin{pmatrix}3&2&-1\\-2&-2&2\\3&6&-1\end{pmatrix}$与对角阵相似.

证明：$\boldsymbol{A}$ 的特征多项式为

$$|\lambda\boldsymbol{E}-\boldsymbol{A}|=\begin{vmatrix}\lambda-3&-2&1\\2&\lambda+2&-2\\-3&-6&\lambda+1\end{vmatrix}=(\lambda-2)^2(\lambda+4),$$

则 $\boldsymbol{A}$ 的特征值为 $\lambda_1=\lambda_2=2$，$\lambda_3=-4$.

对于特征值 $\lambda_1=\lambda_2=2$，由 $(\lambda_1\boldsymbol{E}-\boldsymbol{A})\boldsymbol{X}=\boldsymbol{0}$，即

$$\begin{pmatrix}-1&-2&1\\2&4&-2\\-3&-6&3\end{pmatrix}\begin{pmatrix}x_1\\x_2\\x_3\end{pmatrix}=\begin{pmatrix}0\\0\\0\end{pmatrix},$$

解得特征向量可为

$$\boldsymbol{\alpha}_1=(-2,\ 1,\ 0)^T,\quad \boldsymbol{\alpha}_2=(1,\ 0,\ 1)^T.$$

对于特征值 $\lambda_3=-4$，由 $(\lambda_3\boldsymbol{E}-\boldsymbol{A})\boldsymbol{X}=\boldsymbol{0}$，即

$$\begin{pmatrix}-7&-2&1\\2&-2&-2\\-3&-6&-3\end{pmatrix}\begin{pmatrix}x_1\\x_2\\x_3\end{pmatrix}=\begin{pmatrix}0\\0\\0\end{pmatrix},$$

解得特征向量可为

$$\boldsymbol{\alpha}_3=(1,\ -2,\ 3)^T.$$

容易验证，$\boldsymbol{\alpha}_1$，$\boldsymbol{\alpha}_2$，$\boldsymbol{\alpha}_3$ 线性无关. 根据定理 5.2.1，$\boldsymbol{A}$ 与对角阵相似.

把这 3 个特征向量作为列向量，得

$$\boldsymbol{P}=\begin{pmatrix}-2&1&1\\1&0&-2\\0&1&3\end{pmatrix},$$

得到

$$P^{-1}AP=\begin{pmatrix}2 & & \\ & 2 & \\ & & -4\end{pmatrix},$$

即

$$A\sim\begin{pmatrix}2 & & \\ & 2 & \\ & & -4\end{pmatrix}.$$

若 n 阶矩阵 A 与对角矩阵 Λ 可以相似对角化，则记为 $A\sim\Lambda$，并称 Λ 是 A 的相似标准形.

5.3 实对称矩阵的相似对角化

5.3.1 实对称矩阵及其性质

设 A 是实对称矩阵($A^T=A$)，则：

(1)A 的特征值为实数，且 A 的特征向量为实向量；

(2)A 的不同特征值对应的特征向量必定正交；

(3)A 一定有 n 个线性无关的特征向量，从而 A 相似于对角矩阵，且存在正交矩阵 P，使 $P^{-1}AP=P^TAP=\mathrm{diag}(\lambda_1, \lambda_2, \cdots, \lambda_n)$，其中 $\lambda_1, \lambda_2, \cdots, \lambda_n$ 为 A 的特征值.

(4)当 A 的特征值有重根 λ_i 时，则需先将重根对应特征向量正交化(Schmidt 正交化方法)，再将所得正交向量单位化，并以此作为矩阵 Q 的列向量，则 Q 即为所求正交矩阵.

(5)当 A 有 n 个不同特征值 $\lambda_1, \lambda_2, \cdots, \lambda_n$ 时，只需将对应特征向量 $\boldsymbol{\alpha}_1, \boldsymbol{\alpha}_2, \cdots, \boldsymbol{\alpha}_n$ 单位化得 $\boldsymbol{\beta}_1=\dfrac{\boldsymbol{\alpha}_1}{|\boldsymbol{\alpha}_1|}$，$\boldsymbol{\beta}_2=\dfrac{\boldsymbol{\alpha}_2}{|\boldsymbol{\alpha}_2|}$，$\cdots$，$\boldsymbol{\beta}_n=\dfrac{\boldsymbol{\alpha}_n}{|\boldsymbol{\alpha}_n|}$，令 $Q=(\boldsymbol{\beta}_1, \boldsymbol{\beta}_2, \cdots, \boldsymbol{\beta}_n)$，即为所求正交矩阵.

例 5.3.1 设 3 阶实对称矩阵 A 的各行元素之和均为 3，向量 $\boldsymbol{\alpha}_1=(-1, 2, -1)^T$，$\boldsymbol{\alpha}_2=(0, -1, 1)^T$ 是线性方程组 $AX=\mathbf{0}$ 的两个解，求：

(1)A 的特征值与特征向量；

(2)正交矩阵 Q 和对角阵 Λ，使 $Q^TAQ=\Lambda$；

(3)A 及 $\left(A-\dfrac{3}{2}E\right)^6$，其中 E 为 3 阶单位矩阵.

解：(1)由题可知，$A\boldsymbol{\alpha}_i=\mathbf{0}=0\cdot\boldsymbol{\alpha}_i\ (i=1, 2)$，即 A 有特征值 $\lambda_1=\lambda_2=0$，$\boldsymbol{\alpha}_1$，

$\boldsymbol{\alpha}_2$ 是属于该特征值的两个线性无关特征向量，又因为若设 $\boldsymbol{\alpha}_3=(1,1,1)^T$，则 $\boldsymbol{A}\boldsymbol{\alpha}_3=(3,3,3)^T=3\cdot\boldsymbol{\alpha}_3$，因此 $\lambda_3=3$ 是 $\boldsymbol{A}$ 的特征值，$\boldsymbol{\alpha}_3$ 是属于 λ_3 的特征向量.

所以对应 $\lambda=0$ 的全部特征向量为 $k_1\boldsymbol{\alpha}_1+k_2\boldsymbol{\alpha}_2$，其中 k_1，k_2 为不全为 0 的常数；对应 $\lambda=3$ 的全部特征向量为 $k_3\boldsymbol{\alpha}_3$，其中 k_3 为不为 0 的常数.

(2)先利用施密特正交化(Schmidt orthogonalization)过程，将 $\boldsymbol{\alpha}_1$，$\boldsymbol{\alpha}_2$ 正交化，即令

$$\boldsymbol{\beta}_1=\boldsymbol{\alpha}_1,\ \boldsymbol{\beta}_2=\boldsymbol{\alpha}_2-\frac{(\boldsymbol{\alpha}_2,\boldsymbol{\beta}_1)}{(\boldsymbol{\beta}_1,\boldsymbol{\beta}_1)}\boldsymbol{\beta}_1,$$

即

$$\boldsymbol{\beta}_1=(-1,2,-1)^T,\ \boldsymbol{\beta}_2=\left(-\frac{1}{2},0,\frac{1}{2}\right)^T,$$

再令

$$\boldsymbol{q}_1=\frac{1}{|\boldsymbol{\beta}_1|}\boldsymbol{\beta}_1,\ \boldsymbol{q}_2=\frac{1}{|\boldsymbol{\beta}_2|}\boldsymbol{\beta}_2,\ \boldsymbol{q}_3=\frac{1}{|\boldsymbol{\alpha}_3|}\boldsymbol{\alpha}_3,$$

令 $\boldsymbol{Q}=(\boldsymbol{q}_1,\boldsymbol{q}_2,\boldsymbol{q}_3)=\begin{pmatrix}-\frac{1}{\sqrt{6}} & -\frac{\sqrt{2}}{2} & \frac{1}{\sqrt{3}}\\ \frac{2}{\sqrt{6}} & 0 & \frac{1}{\sqrt{3}}\\ -\frac{1}{\sqrt{6}} & \frac{\sqrt{2}}{2} & \frac{1}{\sqrt{3}}\end{pmatrix}$，则 $\boldsymbol{Q}$ 为正交矩阵，使 $\boldsymbol{Q}^T\boldsymbol{A}\boldsymbol{Q}=\boldsymbol{\Lambda}$，

并且对角阵

$$\boldsymbol{\Lambda}=\begin{pmatrix}\lambda_1 & & \\ & \lambda_2 & \\ & & \lambda_3\end{pmatrix}=\begin{pmatrix}0 & & \\ & 0 & \\ & & 3\end{pmatrix}.$$

(3)由(2)可知，$\boldsymbol{\Lambda}=\boldsymbol{Q}^T\boldsymbol{A}\boldsymbol{Q}$，从而

$$\boldsymbol{A}=\boldsymbol{Q}\boldsymbol{\Lambda}\boldsymbol{Q}^T=\begin{pmatrix}1&1&1\\1&1&1\\1&1&1\end{pmatrix}=\sum_{i=1}^{3}\lambda_i\boldsymbol{q}_i\boldsymbol{q}_i^T=3\boldsymbol{q}_3\boldsymbol{q}_3^T,$$

则 $\boldsymbol{Q}^T\left(\boldsymbol{A}-\frac{3}{2}\boldsymbol{E}\right)^6\boldsymbol{Q}=\left[\boldsymbol{Q}^T\left(\boldsymbol{A}-\frac{3}{2}\boldsymbol{E}\right)\boldsymbol{Q}\right]^6=\left(\boldsymbol{Q}^T\boldsymbol{A}\boldsymbol{Q}-\frac{3}{2}\boldsymbol{E}\right)^6=\left(\frac{3}{2}\right)^6\boldsymbol{E}$，

于是 $\left(\boldsymbol{A}-\frac{3}{2}\boldsymbol{E}\right)^6=\boldsymbol{Q}\left(\frac{3}{2}\right)^6\boldsymbol{E}\boldsymbol{Q}^T=\left(\frac{3}{2}\right)^6\boldsymbol{E}$.

根据一部分特征向量求另一部分特征向量，用到了实对称矩阵的不同特征值所对应的特征向量必正交这一性质.

求正交矩阵 $\boldsymbol{Q}$，则利用实对称矩阵一定可对角化，且存在正交矩阵 $\boldsymbol{Q}$，使 $\boldsymbol{Q}^T\boldsymbol{A}\boldsymbol{Q}=\boldsymbol{Q}^{-1}\boldsymbol{A}\boldsymbol{Q}$ 为对角矩阵这一性质，一般是先求出 $\boldsymbol{A}$ 的 n 个线性无关的特征向

量，然后将相同特征值的特征向量正交化，再将所有的特征向量单位化，以此为列构成的矩阵即为所求的正交矩阵.

例 5.3.2 已知矩阵 $A=\begin{pmatrix}2&0&0\\0&3&a\\0&a&3\end{pmatrix}$ 有特征值 $\lambda=5$，求 a 的值；当 $a>0$ 时，求正交矩阵 Q，使 $Q^{-1}AQ=\Lambda$.

解：因为 $\lambda=5$ 是矩阵 A 的特征值，则由

$$|5E-A|=\begin{vmatrix}3&0&0\\0&2&-a\\0&-a&2\end{vmatrix}=3(4-a^2)=0,$$

可得 $a=\pm2$.

当 $a=2$ 时，根据矩阵 A 的特征多项式

$$|\lambda E-A|=\begin{vmatrix}\lambda-2&0&0\\0&\lambda-3&-2\\0&-2&\lambda-3\end{vmatrix}=(\lambda-2)(\lambda-5)(\lambda-1)=0,$$

可得矩阵 A 的特征值是 1，2，5.

根据 $(E-A)X=0$ 可得，基础解系 $\alpha_1=(0,1,-1)^T$；根据 $(2E-A)X=0$ 可得，基础解系 $\alpha_2=(1,0,0)^T$；根据 $(5E-A)X=0$ 可得，基础解系 $\alpha_3=(0,1,1)^T$. 即矩阵 A 属于特征值 1，2，5 的特征向量分别是 α_1，α_2，α_3.

因为实对称矩阵的不同特征值所对应的特征向量必正交，所以只需单位化，可得

$$\eta_1=\frac{1}{\sqrt{2}}\begin{pmatrix}0\\1\\-1\end{pmatrix},\ \eta_2=\begin{pmatrix}1\\0\\0\end{pmatrix},\ \eta_3=\frac{1}{\sqrt{2}}\begin{pmatrix}0\\1\\1\end{pmatrix},$$

令 $Q=(\eta_1,\eta_2,\eta_3)=\begin{pmatrix}0&1&0\\\frac{1}{\sqrt{2}}&0&\frac{1}{\sqrt{2}}\\-\frac{1}{\sqrt{2}}&0&\frac{1}{\sqrt{2}}\end{pmatrix}$，则有 $Q^{-1}AQ=\begin{pmatrix}1&&\\&2&\\&&5\end{pmatrix}$.

例 5.3.3 已知 A 是 3 阶实对称矩阵，其特征值为 3，-6，0，且特征值 3，-6 对应的特征向量分别是 $\eta_1=(1,a,1)^T$，$\eta_2=(a,a+1,1)^T$，求矩阵 A.

解：由于 A 是 3 阶实对称矩阵，不同特征值对应的特征向量相互正交，所以

$$\eta_1^T\eta_2=a+a(a+1)+1=0,$$

解得 $a=-1$.

设矩阵 A 的对应于特征值 0 的特征向量为 $\eta_3=(x_1,x_2,x_3)^T$，则

$$\begin{cases}\boldsymbol{\eta}_3^T\boldsymbol{\eta}_1=x_1-x_2+x_3=0,\\ \boldsymbol{\eta}_3^T\boldsymbol{\eta}_2=-x_1+x_3=0,\end{cases}$$

解得 $\boldsymbol{\eta}_3=(1, 2, 1)^T$.

由 $\boldsymbol{A}(\boldsymbol{\eta}_1, \boldsymbol{\eta}_2, \boldsymbol{\eta}_3)=(3\boldsymbol{\eta}_1, -6\boldsymbol{\eta}_2, \boldsymbol{0})$可得

$$\boldsymbol{A}=(3\boldsymbol{\eta}_1, -6\boldsymbol{\eta}_2, \boldsymbol{0})(\boldsymbol{\eta}_1, \boldsymbol{\eta}_2, \boldsymbol{\eta}_3)^{-1}=\begin{pmatrix}3&6&0\\-3&0&0\\3&-6&0\end{pmatrix}\begin{pmatrix}1&-1&1\\-1&0&2\\1&1&1\end{pmatrix}^{-1}$$

$$=\begin{pmatrix}-2&-1&4\\-1&1&-1\\4&-1&-2\end{pmatrix}.$$

5.3.2 实对称矩阵的对角化问题

一般 n 阶矩阵未必能与对角矩阵相似，而实对称矩阵则一定能够与对角矩阵相似.

定理 5.3.1 设 $\boldsymbol{A}$ 为 n 阶实对称矩阵，则必存在正交矩阵 $\boldsymbol{P}$，使得

$$\boldsymbol{P}^{-1}\boldsymbol{A}\boldsymbol{P}=\mathrm{diag}(\lambda_1, \lambda_2, \cdots, \lambda_n),$$

其中 $\lambda_1, \lambda_2, \cdots, \lambda_n$ 为 $\boldsymbol{A}$ 的 n 个特征值.

证明： 设 $\boldsymbol{A}$ 的互不相同的特征值为 $\lambda_1, \lambda_2, \cdots, \lambda_s$，它们的重数依次为 $r_1, r_2, \cdots, r_s(r_1+r_2+\cdots+r_s=n)$，

对应于特征值 $\lambda_i(i=1, 2, \cdots, s)$恰有 r_i 个线性无关的实特征向量，把它们标准正交化，就可以得到 r_i 个单位正交的特征向量，由 $r_1+r_2+\cdots+r_s=n$ 可知，这样的特征向量共有 n 个. 又有，$\boldsymbol{A}$ 的属于不同特征值的特征向量是正交的，所以这 n 个特征向量两两正交，再单位化，则以它们为列向量构成正交矩阵 $\boldsymbol{P}$，并有

$$\boldsymbol{P}^{-1}\boldsymbol{A}\boldsymbol{P}=\boldsymbol{P}^T\boldsymbol{A}\boldsymbol{P}=\boldsymbol{\Lambda}=\mathrm{diag}(\lambda_1, \lambda_2, \cdots, \lambda_n),$$

其中 $\lambda_1, \lambda_2, \cdots, \lambda_n$ 为 $\boldsymbol{A}$ 的 n 个特征值.

推论 5.3.1 任一 n 阶实对称矩阵 $\boldsymbol{A}$ 的每个 n_i 重特征值一定有 n_i 个线性无关的特征向量，从而(再由 Schmidt 方法)一定有 n_i 个标准正交的特征向量.

根据定理 5.3.1 可知，实对称矩阵的对角化问题实质上是求正交矩阵 $\boldsymbol{P}$ 的问题，计算 $\boldsymbol{P}$ 的步骤如下：

(1)求出实对称矩阵 $\boldsymbol{A}$ 的全部互不相等的特征值 $\lambda_1, \lambda_2, \cdots, \lambda_r$；

(2)对于各个不同的特征值 λ_i，求出齐次线性方程组 $(\boldsymbol{A}-\lambda_i\boldsymbol{E})\boldsymbol{X}=\boldsymbol{0}$ 的基础解系. 对基础解系进行正交化和单位化，得到 $\boldsymbol{A}$ 的属于 λ_i 的一组标准正交的特征向量. 这个向量组所含向量的个数恰好是 λ_i 作为 $\boldsymbol{A}$ 的特征值的重数；

(3)将 $\lambda_i(i=1, 2, \cdots, r)$的所有标准正交的特征向量构成一组 $\mathbf{R}^n$ 的标准正交基 $\boldsymbol{p}_1, \boldsymbol{p}_2, \cdots, \boldsymbol{p}_n$；

(4)取 $\boldsymbol{P}=(\boldsymbol{p}_1, \boldsymbol{p}_2, \cdots, \boldsymbol{p}_n)$，则 $\boldsymbol{P}$ 为正交矩阵且使得 $\boldsymbol{P}^T\boldsymbol{A}\boldsymbol{P}=\boldsymbol{P}^{-1}\boldsymbol{A}\boldsymbol{P}$ 为对角阵，对角线上的元素为相应特征向量的特征值.

例 5.3.4 设矩阵

$$\boldsymbol{A}=\begin{pmatrix}2&0&0\\0&a&2\\0&2&3\end{pmatrix}$$

与

$$\boldsymbol{B}=\begin{pmatrix}1&0&0\\0&2&0\\0&0&b\end{pmatrix}$$

相似，求：

(1)a，b；

(2)正交矩阵 $\boldsymbol{P}$，使 $\boldsymbol{P}^{-1}\boldsymbol{A}\boldsymbol{P}=\boldsymbol{B}$.

解：(1)因为 $\boldsymbol{A}$ 与 $\boldsymbol{B}$ 相似，

所以 $|\boldsymbol{A}|=|\boldsymbol{B}|$，

又由 $|\boldsymbol{A}|=2(3a-4)$，$|\boldsymbol{B}|=2b$，

可得

$$3a-4=b,$$

又因为 1 是 $\boldsymbol{B}$ 的特征值，所以 1 也是 $\boldsymbol{A}$ 的特征值. 由

$$|\boldsymbol{E}-\boldsymbol{A}|=\begin{vmatrix}-1&0&0\\0&1-a&-2\\0&-2&-2\end{vmatrix}=-2a+6=0,$$

可得

$$a=3,$$

从而 $b=5$.

(2)$\boldsymbol{B}$ 的特征值是 1，2，5，从而 $\boldsymbol{A}$ 的特征值也是 1，2，5.

当 $\lambda_1=1$ 时，解 $(\boldsymbol{E}-\boldsymbol{A})\boldsymbol{X}=\boldsymbol{0}$，

$$\boldsymbol{E}-\boldsymbol{A}=\begin{pmatrix}-1&0&0\\0&-2&-2\\0&-2&-2\end{pmatrix}\to\begin{pmatrix}1&0&0\\0&1&1\\0&0&0\end{pmatrix},$$

可得基础解系为 $\boldsymbol{\eta}_1=(0, -1, 1)^T$.

当 $\lambda_2=2$ 时，解 $(2\boldsymbol{E}-\boldsymbol{A})\boldsymbol{X}=\boldsymbol{0}$，

$$2\boldsymbol{E}-\boldsymbol{A}=\begin{pmatrix}0&0&0\\0&-1&-2\\0&-2&-1\end{pmatrix}\to\begin{pmatrix}0&1&2\\0&0&1\\0&0&0\end{pmatrix}\to\begin{pmatrix}0&1&0\\0&0&1\\0&0&0\end{pmatrix},$$

可得基础解系为 $\boldsymbol{\eta}_2=(1, 0, 0)^T$.

当 $\lambda_3=5$ 时，解 $(5\boldsymbol{E}-\boldsymbol{A})\boldsymbol{X}=\boldsymbol{0}$，

$$5\boldsymbol{E}-\boldsymbol{A}=\begin{pmatrix}3&0&0\\0&2&-2\\0&-2&2\end{pmatrix}\to\begin{pmatrix}1&0&0\\0&1&-1\\0&0&0\end{pmatrix},$$

可得基础解系为 $\boldsymbol{\eta}_3=(0,\ 1,\ 1)^T$.

将 $\boldsymbol{\eta}_1$，$\boldsymbol{\eta}_2$，$\boldsymbol{\eta}_3$ 单位化得

$$\boldsymbol{e}_1=\frac{\boldsymbol{\eta}_1}{|\boldsymbol{\eta}_1|}=\left(0,\ -\frac{\sqrt{2}}{2},\ \frac{\sqrt{2}}{2}\right)^T,$$

$$\boldsymbol{e}_2=\frac{\boldsymbol{\eta}_2}{|\boldsymbol{\eta}_2|}=(1,\ 0,\ 0)^T,$$

$$\boldsymbol{e}_3=\frac{\boldsymbol{\eta}_3}{|\boldsymbol{\eta}_3|}=\left(0,\ \frac{\sqrt{2}}{2},\ \frac{\sqrt{2}}{2}\right)^T,$$

令

$$\boldsymbol{P}=(\boldsymbol{e}_1,\ \boldsymbol{e}_2,\ \boldsymbol{e}_3)=\begin{pmatrix}0&1&0\\-\frac{\sqrt{2}}{2}&0&\frac{\sqrt{2}}{2}\\\frac{\sqrt{2}}{2}&0&\frac{\sqrt{2}}{2}\end{pmatrix},$$

则 $\boldsymbol{P}$ 是正交矩阵，且

$$\boldsymbol{P}^{-1}\boldsymbol{A}\boldsymbol{P}=\begin{pmatrix}1&0&0\\0&2&0\\0&0&5\end{pmatrix}=\boldsymbol{B}.$$

例 5.3.5 设

$$\boldsymbol{A}=\begin{pmatrix}-1&0&2\\0&1&2\\2&2&0\end{pmatrix},$$

试求正交矩阵 $\boldsymbol{P}$，使 $\boldsymbol{P}^{-1}\boldsymbol{A}\boldsymbol{P}$ 为对角阵.

解：

$$|\lambda\boldsymbol{E}-\boldsymbol{A}|=\begin{vmatrix}\lambda+1&0&-2\\0&\lambda-1&-2\\-2&-2&\lambda\end{vmatrix}=\lambda(\lambda-3)(\lambda+3)=0,$$

易得 $\boldsymbol{A}$ 的特征根是 0，3，-3.

当 $\lambda=0$ 时，解 $-\boldsymbol{A}\boldsymbol{X}=\boldsymbol{0}$，

$$-\boldsymbol{A}=\begin{pmatrix}1&0&-2\\0&-1&-2\\-2&-2&0\end{pmatrix}\to\begin{pmatrix}1&0&-2\\0&1&2\\0&-2&-4\end{pmatrix}\to\begin{pmatrix}1&0&-2\\0&1&2\\0&0&0\end{pmatrix},$$

可得 $-AX=0$ 的同解方程组是

$$\begin{cases}x_1=2x_3,\\x_2=-2x_3,\end{cases}$$

基础解系是 $\boldsymbol{\eta}_1=(2,\ -2,\ 1)^T$.

当 $\lambda=3$ 时，解 $(3\boldsymbol{E}-\boldsymbol{A})\boldsymbol{X}=\boldsymbol{0}$,

$$3\boldsymbol{E}-\boldsymbol{A}=\begin{pmatrix}4&0&-2\\0&2&-2\\-2&-2&3\end{pmatrix}\to\begin{pmatrix}2&0&-1\\0&2&-2\\0&-2&2\end{pmatrix}\to\begin{pmatrix}2&0&-1\\0&1&-1\\0&0&0\end{pmatrix},$$

可得 $(3\boldsymbol{E}-\boldsymbol{A})\boldsymbol{X}=\boldsymbol{0}$ 的同解方程组是

$$\begin{cases}2x_1=x_3,\\x_2=x_3,\end{cases}$$

基础解系是 $\boldsymbol{\eta}_2=(1,\ 2,\ 2)^T$.

当 $\lambda=-3$ 时，解 $(-3\boldsymbol{E}-\boldsymbol{A})\boldsymbol{X}=\boldsymbol{0}$,

$$-3\boldsymbol{E}-\boldsymbol{A}=\begin{pmatrix}-2&0&-2\\0&-4&-2\\-2&-2&-3\end{pmatrix}\to\begin{pmatrix}1&0&1\\0&2&1\\0&-2&-1\end{pmatrix}\to\begin{pmatrix}1&0&1\\0&2&1\\0&0&0\end{pmatrix},$$

可得 $(-3\boldsymbol{E}-\boldsymbol{A})\boldsymbol{X}=\boldsymbol{0}$ 的同解方程组是

$$\begin{cases}x_1=-x_3,\\2x_2=-x_3,\end{cases}$$

基础解系是 $\boldsymbol{\eta}_3=(2,\ 1,\ -2)^T$.

$\boldsymbol{\eta}_1$，$\boldsymbol{\eta}_2$，$\boldsymbol{\eta}_3$ 是两两正交的，下面将 $\boldsymbol{\eta}_1$，$\boldsymbol{\eta}_2$，$\boldsymbol{\eta}_3$ 单位化得

$$\boldsymbol{e}_1=\frac{\boldsymbol{\eta}_1}{|\boldsymbol{\eta}_1|}=\left(\frac{2}{3},\ -\frac{2}{3},\ \frac{1}{3}\right)^T,$$

$$\boldsymbol{e}_2=\frac{\boldsymbol{\eta}_2}{|\boldsymbol{\eta}_2|}=\left(\frac{1}{3},\ \frac{2}{3},\ \frac{2}{3}\right)^T,$$

$$\boldsymbol{e}_3=\frac{\boldsymbol{\eta}_3}{|\boldsymbol{\eta}_3|}=\left(\frac{2}{3},\ \frac{1}{3},\ -\frac{2}{3}\right)^T,$$

令

$$\boldsymbol{P}=(\boldsymbol{e}_1,\ \boldsymbol{e}_2,\ \boldsymbol{e}_3)=\begin{pmatrix}\frac{2}{3}&\frac{1}{3}&\frac{2}{3}\\-\frac{2}{3}&\frac{2}{3}&\frac{1}{3}\\\frac{1}{3}&\frac{2}{3}&-\frac{2}{3}\end{pmatrix},$$

则 $\boldsymbol{P}$ 是正交矩阵，且

$$\boldsymbol{P}^T\boldsymbol{A}\boldsymbol{P}=\boldsymbol{\Lambda}=\begin{pmatrix}0 & & \\ & 3 & \\ & & -3\end{pmatrix}.$$

例 5.3.6 已知三阶实对称矩阵 $\boldsymbol{A}$ 的特征多项式为$(\lambda-1)^2(\lambda-10)$，且 $\boldsymbol{\alpha}_3=(1,\ 2,\ -2)^T$ 是 $\boldsymbol{A}$ 的对应于 $\lambda=10$ 的特征向量，求 $\boldsymbol{A}$.

解：这是一个对角化的“反问题”. 根据推论 5. 3. 1，$\boldsymbol{A}$ 的二重特征值 $\lambda=1$ 有两个线性无关的特征向量. 显然，它们都与 $\boldsymbol{\alpha}_3$ 正交. 根据正交条件，$\boldsymbol{\alpha}_1$，$\boldsymbol{\alpha}_2$ 的分量都满足方程

$$x_1+2x_2-2x_3=0,$$

由此可以求出两个正交特征向量

$$\boldsymbol{\alpha}_1=(2,\ 1,\ 2)^T,\ \boldsymbol{\alpha}_2=(-2,\ 2,\ 1)^T,$$

将正交向量组 $\boldsymbol{\alpha}_1$，$\boldsymbol{\alpha}_2$，$\boldsymbol{\alpha}_3$ 单位化，可得正交矩阵

$$\boldsymbol{P}=\begin{pmatrix}\frac{2}{3} & -\frac{2}{3} & \frac{1}{3}\\ \frac{1}{3} & \frac{2}{3} & \frac{2}{3}\\ \frac{2}{3} & \frac{1}{3} & -\frac{2}{3}\end{pmatrix},$$

它满足

$$\boldsymbol{P}^T\boldsymbol{A}\boldsymbol{P}=\boldsymbol{P}^{-1}\boldsymbol{A}\boldsymbol{P}=\boldsymbol{\Lambda}=\begin{pmatrix}1 & & \\ & 1 & \\ & & 10\end{pmatrix},$$

由此可得

$$\boldsymbol{A}=\boldsymbol{P}\boldsymbol{\Lambda}\boldsymbol{P}^T=\begin{pmatrix}2 & 2 & -2\\ 2 & 5 & -4\\ -2 & -4 & 5\end{pmatrix}.$$

顺便指出：由于正交特征向量 $\boldsymbol{\alpha}_1$，$\boldsymbol{\alpha}_2$ 有无穷多种取法，因此正交矩阵 $\boldsymbol{P}$ 也有无穷多种取法，但乘积 $\boldsymbol{P}\boldsymbol{\Lambda}\boldsymbol{P}^T=\boldsymbol{A}$ 是唯一的. 为此我们用线性变换的观点作一几何的说明：三阶实对称矩阵 $\boldsymbol{A}$ 在 $\mathbf{R}^3$ 上定义了一个线性变换，此变换把平行于 $\boldsymbol{\alpha}_3=(1,\ 2,\ -2)^T$ 的任一向量放大为原来的 10 倍($\boldsymbol{A}\boldsymbol{\alpha}_3=10\boldsymbol{\alpha}$)；而在过原点的以 $\boldsymbol{\alpha}_3$ 为法向量的平面 π：$x_1+2x_2-2x_3=0$ 上，任一向量保持不变($\boldsymbol{A}\boldsymbol{\beta}=\boldsymbol{\beta}$). 因为 $\mathbf{R}^3$ 中任一向量都能唯一地分解成 $\boldsymbol{\alpha}_3$ 方向上的一向量 $\boldsymbol{\alpha}$ 及 π 上一向量 $\boldsymbol{\beta}$ 的和，所以这样的变换以及变换的矩阵是唯一确定的. 严格证明略.

第6章　二次型

二次型理论起源于解析几何中的化二次曲线方程和二次曲面方程为标准型的问题，这一理论在数理统计、物理、力学及现代控制理论等诸多领域都有重要的应用. 线性代数中，我们在研究平面或空间曲面(线)时，尤其是在研究二次曲面(线)时，如果将其方程展开就会得到一个最高次数为二次的多项式. 这时就需要用到二次型的相关理论.

6.1　二次型及其矩阵表示

在平面解析几何里，中心位于坐标原点的有心二次曲线的一般方程是

$$ax^2+2bxy+cy^2=f.$$

在平面解析几何中，为了便于了解二次曲线的几何形状，我们需要选择适当的坐标旋转变换$\begin{cases}x=x'\cos\theta-y'\sin\theta,\\ y=x'\sin\theta+y'\cos\theta,\end{cases}$把它化为标准方程 $d_1x'^2+d_2y'^2=f$，从而判定其类型.

从代数学的观点来看，就是通过一个适当的线性变换，化二次齐次多项式为标准型的问题.

我们熟知的三元二次多项式

$$f(x_1,\ x_2,\ x_3)=2x_1^2+x_2^2-3x_3^2+4x_1x_2-2x_1x_3+6x_2x_3$$

就是一个三个变量的二次型，可以把它的非平方项均改为系数相等的两项，适当调整变量的顺序，写成下面的形式：

$f(x_1,\ x_2,\ x_3)=(2x_1^2+2x_1x_2-x_1x_3)+(2x_1x_2+x_2^2+3x_2x_3)-(x_1x_3-3x_2x_3+3x_3^2)$，

从而 $f(x_1,\ x_2,\ x_3)$就可以用矩阵乘积的形式表示为

$$f(x_1,\ x_2,\ x_3)=(x_1\quad x_2\quad x_3)\begin{pmatrix}2 & 2 & -1\\ 2 & 1 & 3\\ -1 & 3 & -3\end{pmatrix}\begin{pmatrix}x_1\\ x_2\\ x_3\end{pmatrix},$$

而且这种表示是唯一的. 对于一般的 n 元二次齐次多项式，我们有

定义 6.1.1　含有 n 个变量 $x_1,\ x_2,\ \cdots,\ x_n$，而系数取自数域 F 的 n 元二次齐次函数

$$f(x_1, x_2, \cdots, x_n)=a_{11}x_1^2+2a_{12}x_1x_2+2a_{13}x_1x_3+\cdots+2a_{1n}x_1x_n$$
$$+a_{22}x_2^2+2a_{23}x_2x_3+\cdots+2a_{2n}x_2x_n$$
$$+\cdots$$
$$+a_{nn}x_n^2 \tag{6-1-1}$$

称为数域 F 上的 n 元二次型，简称二次型.

当系数 a_{ij} 都是复数时，称 f 为复二次型；当系数 a_{ij} 都是实数时，称 f 为实二次型.

取 $a_{ji}=a_{ij}(i<j, i, j=1, 2, \cdots, n)$，则 $2a_{ij}x_ix_j=a_{ij}x_ix_j+a_{ji}x_jx_i$，于是式(6 - 1 - 1)可写成

$$\begin{aligned}f(x_1, x_2, \cdots, x_n)=&a_{11}x_1^2+a_{12}x_1x_2+\cdots+a_{1n}x_1x_n\\&+a_{21}x_2x_1+a_{22}x_2^2+\cdots+a_{2n}x_2x_n\\&+\cdots\\&+a_{n1}x_nx_1+a_{n2}x_nx_2+\cdots+a_{nn}x_n^2\\=&\sum_{i=1}^{n}\sum_{j=1}^{n}a_{ij}x_ix_j.\end{aligned} \tag{6-1-2}$$

为了方便，可将式(6 - 1 - 2)表示成矩阵形式为

$$f(x_1, x_2, \cdots, x_n)=(x_1 \quad x_2 \quad \cdots \quad x_n)\begin{pmatrix}a_{11} & a_{12} & \cdots & a_{1n}\\a_{21} & a_{22} & \cdots & a_{2n}\\\vdots & \vdots & & \vdots\\a_{n1} & a_{n2} & \cdots & a_{nn}\end{pmatrix}\begin{pmatrix}x_1\\x_2\\\vdots\\x_n\end{pmatrix}.$$

记 $\boldsymbol{A}=\begin{pmatrix}a_{11} & a_{12} & \cdots & a_{1n}\\a_{21} & a_{22} & \cdots & a_{2n}\\\vdots & \vdots & & \vdots\\a_{n1} & a_{n2} & \cdots & a_{nn}\end{pmatrix}$，$\boldsymbol{x}=\begin{pmatrix}x_1\\x_2\\\vdots\\x_n\end{pmatrix}$，则二次型可记为

$$f=\boldsymbol{x}^T\boldsymbol{A}\boldsymbol{x}.$$

因为 $a_{ij}=a_{ji}$，所以 $\boldsymbol{A}$ 是对称矩阵.

对称矩阵 $\boldsymbol{A}$ 为二次型 f 的相伴矩阵，称 $\boldsymbol{A}$ 的秩为二次型 f 的秩. 任给一个二次型 f，f 唯一地确定了一个对称矩阵 $\boldsymbol{A}$；反之，任给一个对称矩阵 $\boldsymbol{A}$，$\boldsymbol{A}$ 也可唯一地确定一个二次型.

例 6.1.1 求对称矩阵

$$\begin{pmatrix}1 & \frac{1}{2} & -\sqrt{2}\\\frac{1}{2} & -1 & 0\\-\sqrt{2} & 0 & 2\end{pmatrix}$$

所对应的二次型.

解：所求二次型为

$$f(x_1, x_2, x_3)=(x_1 \quad x_2 \quad x_3)\begin{pmatrix} 1 & \frac{1}{2} & -\sqrt{2} \\ \frac{1}{2} & -1 & 0 \\ -\sqrt{2} & 0 & 2 \end{pmatrix}\begin{pmatrix} x_1 \\ x_2 \\ x_3 \end{pmatrix}$$

$$=x_1^2+x_1x_2-x_2^2-2\sqrt{2}x_1x_3+2x_3^2.$$

例 6.1.2 求对称矩阵

$$\boldsymbol{A}=\begin{pmatrix} 2 & -4 & \frac{5}{2} \\ -4 & 3 & 4 \\ \frac{5}{2} & 4 & -2 \end{pmatrix}$$

所对应的二次型.

解：对称矩阵 $\boldsymbol{A}$ 所对应的二次型为

$$f(x_1, x_2, x_3)=(x_1 \quad x_2 \quad x_3)\begin{pmatrix} 2 & -4 & \frac{5}{2} \\ -4 & 3 & 4 \\ \frac{5}{2} & 4 & -2 \end{pmatrix}\begin{pmatrix} x_1 \\ x_2 \\ x_3 \end{pmatrix}$$

$$=2x_1^2+3x_2^2-2x_3^2-8x_1x_2+5x_1x_3+8x_2x_3.$$

例 6.1.3 已知二次型

$$f=5x_1^2+5x_2^2+cx_3^2-2x_1x_2+6x_1x_3-6x_2x_3$$

的秩为 2，求参数 c.

解：该二次型所对应的矩阵为

$$\boldsymbol{A}=\begin{pmatrix} 5 & -1 & 3 \\ -1 & 5 & -3 \\ 3 & -3 & c \end{pmatrix},$$

根据题设条件

$$R(\boldsymbol{A})=2,$$

可知

$$|\boldsymbol{A}|=\begin{vmatrix} 5 & -1 & 3 \\ -1 & 5 & -3 \\ 3 & -3 & c \end{vmatrix}=0,$$

则

$$c=3.$$

例 6.1.4 求二次型 $f(x_1, x_2, x_3, x_4)=x_1^2-x_2^2+2x_3^2+4x_4^2$ 的相伴对称矩阵.

解： 所求矩阵为

$$\begin{pmatrix} 1 & 0 & 0 & 0 \\ 0 & -1 & 0 & 0 \\ 0 & 0 & 2 & 0 \\ 0 & 0 & 0 & 4 \end{pmatrix}.$$

这是一个对称矩阵. 显然，当一个二次型只含平方项时，它的相伴矩阵是一个对角矩阵.

例 6.1.5 将二次型 $f=x^2-z^2-6xy+yz$ 表示成矩阵形式，并求 f 的矩阵和 f 的秩.

解： f 的矩阵形式为

$$f=(x \quad y \quad z)\begin{pmatrix} 1 & -3 & 0 \\ -3 & 0 & \frac{1}{2} \\ 0 & \frac{1}{2} & -1 \end{pmatrix}\begin{pmatrix} x \\ y \\ z \end{pmatrix},$$

因此，f 的矩阵为

$$\boldsymbol{A}=\begin{pmatrix} 1 & -3 & 0 \\ -3 & 0 & \frac{1}{2} \\ 0 & \frac{1}{2} & -1 \end{pmatrix}.$$

因为 $\boldsymbol{A}$ 的秩为 3，所以 f 的秩为 3.

二次型理论的基本问题是要寻找一个线性变换把它变成只含平方项的形式. 由于二次型与对称矩阵一一对应，而线性变换可用矩阵来表示，因此二次型的变换与矩阵有着密切的关系，下面将具体讨论这个关系.

定义 6.1.2 设 V 是 n 维线性空间，二次型 $f(x_1, x_2, \cdots, x_n)$ 可看成是 V 上的二次函数. 即若设 V 的一组基为 $\{\boldsymbol{e}_1, \boldsymbol{e}_2, \cdots, \boldsymbol{e}_n\}$，向量 $\boldsymbol{x}$ 在这组基下的坐标为 $x_1, x_2, \cdots, x_n$，则 f 便是向量 $\boldsymbol{x}$ 的函数. 现假设 $\{\boldsymbol{f}_1, \boldsymbol{f}_2, \cdots, \boldsymbol{f}_n\}$ 是 V 的另一组基，向量 $\boldsymbol{x}$ 在 $\{\boldsymbol{f}_1, \boldsymbol{f}_2, \cdots, \boldsymbol{f}_n\}$ 下的坐标为 $y_1, y_2, \cdots, y_n$，记 $\boldsymbol{C}=(c_{ij})$ 是从基 $\{\boldsymbol{e}_1, \boldsymbol{e}_2, \cdots, \boldsymbol{e}_n\}$ 到基 $\{\boldsymbol{f}_1, \boldsymbol{f}_2, \cdots, \boldsymbol{f}_n\}$ 的过渡矩阵，则

$$\begin{pmatrix} x_1 \\ x_2 \\ \vdots \\ x_n \end{pmatrix}=\begin{pmatrix} c_{11} & c_{12} & \cdots & c_{1n} \\ c_{21} & c_{22} & \cdots & c_{2n} \\ \vdots & \vdots & & \vdots \\ c_{n1} & c_{n2} & \cdots & c_{nn} \end{pmatrix}\begin{pmatrix} y_1 \\ y_2 \\ \vdots \\ y_n \end{pmatrix},$$

简记为 $\boldsymbol{x}=\boldsymbol{C}\boldsymbol{y}$，其中，$\boldsymbol{y}$ 为 n 维列向量，

$$\boldsymbol{y}=\begin{pmatrix} y_1 \\ y_2 \\ \vdots \\ y_n \end{pmatrix}.$$

将 $\boldsymbol{x}=\boldsymbol{C}\boldsymbol{y}$ 代入二次型 $f=\boldsymbol{x}^T\boldsymbol{A}\boldsymbol{x}$ 中可得

$$f(x_1, x_2, x_3, x_4)=\boldsymbol{y}^T\boldsymbol{C}^T\boldsymbol{A}\boldsymbol{C}\boldsymbol{y}.$$

当 $|\boldsymbol{C}|\neq 0$ 时，就称为非奇异线性变换，又称为满秩线性变换.

若数域 K 上的二次型 $f(x_1, x_2, \cdots, x_n)$ 经 K 上的非奇异线性变换 $\boldsymbol{x}=\boldsymbol{C}\boldsymbol{y}$ 化为只含平方项的二次型 $d_1y_1^2+d_2y_2^2+\cdots+d_ny_n^2$，这个二次型就称为 $f(x_1, x_2, \cdots, x_n)$ 的一个标准型. 二次型 $f(x_1, x_2, \cdots, x_n)=\boldsymbol{X}^T\boldsymbol{A}\boldsymbol{X}$ 经一次非奇异的线性变换 $\boldsymbol{x}=\boldsymbol{C}\boldsymbol{y}$ 得到的二次型的矩阵为 $\boldsymbol{P}^T\boldsymbol{A}\boldsymbol{P}$，因为 $(\boldsymbol{P}^T\boldsymbol{A}\boldsymbol{P})^T=\boldsymbol{P}^T\boldsymbol{A}^T\boldsymbol{P}=\boldsymbol{P}^T\boldsymbol{A}\boldsymbol{P}$，所以 $\boldsymbol{P}^T\boldsymbol{A}\boldsymbol{P}$ 还是对称矩阵.

定义 6.1.3 设 $\boldsymbol{A}$，$\boldsymbol{B}$ 是数域 K 上的 n 阶方阵，若存在非奇异矩阵 $\boldsymbol{C}$，使

$$\boldsymbol{B}=\boldsymbol{C}^T\boldsymbol{A}\boldsymbol{C},$$

则称 $\boldsymbol{B}$ 与 $\boldsymbol{A}$ 是合同的，或称 $\boldsymbol{B}$ 与 $\boldsymbol{A}$ 具有合同关系.

矩阵合同有三个性质.

(1)自反性：任一矩阵 $\boldsymbol{A}$ 都与自己合同，因为 $\boldsymbol{A}=\boldsymbol{E}^T\boldsymbol{A}\boldsymbol{E}$.

(2)对称性：若 $\boldsymbol{B}$ 与 $\boldsymbol{A}$ 合同，则 $\boldsymbol{A}$ 与 $\boldsymbol{B}$ 合同，这是因为 $\boldsymbol{B}=\boldsymbol{C}^T\boldsymbol{A}\boldsymbol{C}$，则 $\boldsymbol{A}=(\boldsymbol{C}^T)^{-1}\boldsymbol{B}\boldsymbol{C}^{-1}=(\boldsymbol{C}^{-1})^T\boldsymbol{B}\boldsymbol{C}^{-1}$.

(3)传递性：若 $\boldsymbol{B}$ 与 $\boldsymbol{A}$ 合同，$\boldsymbol{D}$ 与 $\boldsymbol{B}$ 合同，则 $\boldsymbol{D}$ 与 $\boldsymbol{A}$ 合同. 因为若 $\boldsymbol{B}=\boldsymbol{C}^T\boldsymbol{A}\boldsymbol{C}$，$\boldsymbol{D}=\boldsymbol{H}^T\boldsymbol{B}\boldsymbol{H}$，则 $\boldsymbol{D}=\boldsymbol{H}^T\boldsymbol{C}^T\boldsymbol{A}\boldsymbol{C}\boldsymbol{H}=(\boldsymbol{C}\boldsymbol{H})^T\boldsymbol{A}(\boldsymbol{C}\boldsymbol{H})$.

由于一个二次型经变量代换后得到的二次型的相伴对称矩阵与原二次型的相伴对称矩阵是合同的，且只含平方项的二次型其相伴对称矩阵是一个对角阵，因此，化二次型为只含平方项等价于对对称矩阵 $\boldsymbol{A}$ 寻找非异阵 $\boldsymbol{C}$，使 $\boldsymbol{C}^T\boldsymbol{A}\boldsymbol{C}$ 是一个对角阵. 这一情形与矩阵相似关系颇为类似，在相似关系下我们希望找到一个非异阵 $\boldsymbol{P}$，使 $\boldsymbol{P}^{-1}\boldsymbol{A}\boldsymbol{P}$ 成为简单形式的矩阵. 现在我们要找一个非异阵 $\boldsymbol{C}$，使 $\boldsymbol{C}^T\boldsymbol{A}\boldsymbol{C}$ 为对角阵. 因此二次型化简的问题相当于寻找合同关系下的标准型.

首先我们来考察初等变换和矩阵合同的关系.

引理 6.1.1 对称矩阵 $\boldsymbol{A}$ 的下列变换都是合同变换.

(1)对换 $\boldsymbol{A}$ 的第 i 行与第 j 行，再对换第 i 列与第 j 列；

(2)将 $\boldsymbol{A}$ 的第 i 行乘非零常数 k，再将 k 乘第 i 列；

(3)将 $\boldsymbol{A}$ 的第 i 行乘 k 加到第 j 行上，再将 k 乘第 i 列加到第 j 列上.

证明：上述变换相当于将一个初等矩阵左乘 $\boldsymbol{A}$ 后，再将这个初等矩阵的转置右乘之，因此是合同变换. 证毕.

引理 6.1.2 $\boldsymbol{A}$ 是数域 K 上的非零对称矩阵，则必存在非异阵 $\boldsymbol{C}$，使 $\boldsymbol{C}^T\boldsymbol{A}\boldsymbol{C}$ 的第(1，1)元素不等于零.

证明： 若 $a_{11}=0$，而 $a_{ii}\neq 0$，则用行初等变换将第一行与第 i 行对换，再将第一列与第 i 列对换，得到的矩阵的第(1，1)元素不为零. 根据引理 6.1.1，这样得到的矩阵和原矩阵合同.

若所有的 $a_{ii}=0(i=1,\ 2,\ \cdots,\ n)$，设 $a_{ij}\neq 0(i\neq j)$，将 $\boldsymbol{A}$ 的第 j 行加到第 i 行上去，再将第 j 列加到第 i 列上. 因为 $\boldsymbol{A}$ 是对称矩阵，$a_{ij}=a_{ji}\neq 0$，于是第$(i,\ i)$元素是 $2a_{ij}$ 且不为零. 再用前面的办法使第(1，1)元素不等于零. 显然我们得到的矩阵和原矩阵仍合同. 这就证明了结论. 证毕.

定理 6.1.1 设 $\boldsymbol{A}$ 是数域 K 上的 n 阶对称矩阵，则必存在 K 上的 n 阶非异阵 $\boldsymbol{C}$，使 $\boldsymbol{C}^T\boldsymbol{A}\boldsymbol{C}$ 为对角阵.

证明： 设 $\boldsymbol{A}=(a_{ij})$ 中 $a_{11}\neq 0$. 若 $a_{i1}\neq 0$，则可将第一行乘 $-a_{11}^{-1}a_{i1}$ 加到第 i 行上，再将第一列乘 $-a_{11}^{-1}a_{i1}$ 加到第 i 列上. 由于 $a_{i1}=a_{1i}$，故得到的矩阵的第$(1,\ i)$元素及第$(i,\ 1)$元素均等于零. 由引理 6.1.1 可知，新得到的矩阵与 $\boldsymbol{A}$ 是合同的. 这样，可依次把 $\boldsymbol{A}$ 的第一行与第一列除 a_{11} 外的元素都消去. 于是 $\boldsymbol{A}$ 合同于下列矩阵：

$$\begin{pmatrix} a_{11} & 0 & 0 & \cdots & 0 \\ 0 & b_{22} & b_{23} & \cdots & b_{2n} \\ 0 & b_{32} & b_{33} & \cdots & b_{3n} \\ \vdots & \vdots & \vdots & \ddots & \vdots \\ 0 & b_{n2} & b_{n3} & \cdots & b_{nn} \end{pmatrix},$$

上式右下角是一个 $n-1$ 阶对称矩阵，记为 $\boldsymbol{A}_1$. 因此可归纳地假设存在非异的 $n-1$ 阶矩阵 $\boldsymbol{D}$，使 $\boldsymbol{D}^T\boldsymbol{A}_1\boldsymbol{D}$ 为对角阵，于是

$$\begin{pmatrix} 1 & 0 \\ 0 & \boldsymbol{D}^T \end{pmatrix}\begin{pmatrix} a_{11} & 0 \\ 0 & \boldsymbol{A}_1 \end{pmatrix}\begin{pmatrix} 1 & 0 \\ 0 & \boldsymbol{D} \end{pmatrix}=\begin{pmatrix} a_{11} & 0 \\ 0 & \boldsymbol{D}^T\boldsymbol{A}_1\boldsymbol{D} \end{pmatrix}$$

是一个对角阵. 显然

$$\begin{pmatrix} 1 & 0 \\ 0 & \boldsymbol{D}^T \end{pmatrix}=\begin{pmatrix} 1 & 0 \\ 0 & \boldsymbol{D} \end{pmatrix}^T.$$

因此，$\boldsymbol{A}$ 合同于一个对角阵. 证毕.

推论 6.1.1 一个二次型的秩在变量的非奇异线性变换之下保持不变.

例 6.1.6 (1)求二次型 $f(x_1,\ x_2,\ x_3,\ x_4)=x_1^2+2x_2^2+3x_3^2+4x_4^2+x_1x_3+x_2x_4$ 的矩阵.

(2)求 $f(x_1,\ x_2,\ x_3,\ x_4)$经非奇异线性变换

$$\begin{pmatrix} x_1 \\ x_2 \\ x_3 \\ x_4 \end{pmatrix} = \begin{pmatrix} 1 & 1 & 1 & 1 \\ 0 & 1 & 1 & 1 \\ 0 & 0 & 1 & 1 \\ 0 & 0 & 0 & 1 \end{pmatrix} \begin{pmatrix} y_1 \\ y_2 \\ y_3 \\ y_4 \end{pmatrix}$$

所得的二次型及其矩阵.

解：(1)把所给二次型改写成对称形式为

$f(x_1, x_2, x_3, x_4)=x_1^2+0 \cdot x_2x_1+\frac{1}{2}x_1x_3+0 \cdot x_1x_4+0 \cdot x_2x_1+2x_2^2+0 \cdot x_2x_3+\frac{1}{2}x_2x_4+\frac{1}{2}x_3x_1+0 \cdot x_3x_2+3x_3^2+0 \cdot x_3x_4+0 \cdot x_4x_1+\frac{1}{2}x_4x_2+0 \cdot x_4x_3+4x_4^2$,

于是 $f(x_1, x_2, x_3, x_4)$ 的矩阵为

$$\boldsymbol{A}=\begin{pmatrix} 1 & 0 & \frac{1}{2} & 0 \\ 0 & 2 & 0 & \frac{1}{2} \\ \frac{1}{2} & 0 & 3 & 0 \\ 0 & \frac{1}{2} & 0 & 4 \end{pmatrix}.$$

(2)因为 $\boldsymbol{P}=\begin{pmatrix} 1 & 1 & 1 & 1 \\ 0 & 1 & 1 & 1 \\ 0 & 0 & 1 & 1 \\ 0 & 0 & 0 & 1 \end{pmatrix}$，所以变换后的二次型的矩阵为

$$\boldsymbol{B}=\boldsymbol{P}^{\mathrm{T}}\boldsymbol{A}\boldsymbol{P}=\begin{pmatrix} 1 & 1 & \frac{3}{2} & \frac{3}{2} \\ 1 & 3 & \frac{7}{2} & 4 \\ \frac{3}{2} & \frac{7}{2} & 7 & \frac{15}{2} \\ \frac{3}{2} & 4 & \frac{15}{2} & 12 \end{pmatrix},$$

变换后的二次型为

$f(x_1, x_2, x_3, x_4)=y_1^2+3y_2^2+7y_3^2+12y_4^2+2y_1y_2+3y_1y_3+3y_1y_4+7y_2y_3+8y_2y_4+15y_3y_4$.

6.2 二次型及其标准型

6.2.1　二次型的标准型

定义 6.2.1　含有 n 个变量 $x_1, x_2, \cdots, x_n$ 且系数在数域 K 中的二次齐次多项式

$$f(x_1, x_2, \cdots, x_n)=a_{11}x_1^2+2a_{12}x_1x_2+2a_{13}x_1x_3+\cdots+2a_{1n}x_1x_n+a_{22}x_2^2+2a_{23}x_2x_3+\cdots+2a_{2n}x_2x_n+\cdots+a_{nn}x_n^2 \tag{6-2-1}$$

称为数域 K 上的 n 元二次型，简称二次型. 如果取 K 为实数域 $\mathbf{R}$，则称 f 为实二次型；如果取 K 为复数域 $\mathbf{C}$，则称 f 为复二次型. 如果二次型中只含有变量的平方项，即

$$f(x_1, x_2, \cdots, x_n)=d_1x_1^2+d_2x_2^2+\cdots+d_nx_n^2,$$

则称其为标准形式的二次型，简称为标准型.

在研究二次型时，矩阵是一个有力的工具，因此我们先把二次型用矩阵来表示.

取 $a_{ij}=a_{ji}(i<j, i, j=1, 2, 3, \cdots, n)$，

则有 $2a_{ij}x_ix_j=a_{ij}x_ix_j+a_{ji}x_jx_i$，于是式(6-2-1)可以改写为

$$\begin{aligned}f(x_1, x_2, \cdots, x_n)&=\sum_{i=1}^{n}\sum_{j=1}^{n}a_{ij}x_ix_j\\&=a_{11}{x_1}^2+a_{12}x_1x_2+\cdots+a_{1n}x_1x_n+a_{21}x_2x_1+a_{22}{x_2}^2+\\&\quad\cdots+a_{2n}x_2x_n+\cdots+a_{n1}x_nx_1+a_{n2}x_nx_2+\cdots+a_{nn}{x_n}^2\\&=x_1(a_{11}x_1+a_{12}x_2+\cdots+a_{1n}x_n)+x_2(a_{21}x_1+a_{22}x_2+\\&\quad\cdots+a_{2n}x_n)+\cdots+x_n(a_{n1}x_1+a_{n2}x_2+\cdots+a_{nn}x_n)\\&=(x_1, x_2, \cdots, x_n)\begin{pmatrix}a_{11}x_1+a_{12}x_2+\cdots+a_{1n}x_n\\a_{21}x_1+a_{22}x_2+\cdots+a_{2n}x_n\\\vdots\\a_{n1}x_1+a_{n2}x_2+\cdots+a_{nn}x_n\end{pmatrix}\\&=(x_1, x_2, \cdots, x_n)\begin{pmatrix}a_{11}&a_{12}&\cdots&a_{1n}\\a_{21}&a_{22}&\cdots&a_{2n}\\\vdots&\vdots&&\vdots\\a_{n1}&a_{n2}&\cdots&a_{nn}\end{pmatrix}\begin{pmatrix}x_1\\x_2\\\vdots\\x_n\end{pmatrix},\end{aligned}$$

记 $A=\begin{pmatrix} a_{11} & a_{12} & \cdots & a_{1n} \\ a_{21} & a_{22} & \cdots & a_{2n} \\ \vdots & \vdots & & \vdots \\ a_{n1} & a_{n2} & \cdots & a_{nn} \end{pmatrix}$，$X=\begin{pmatrix} x_1 \\ x_2 \\ \vdots \\ x_n \end{pmatrix}$，则二次型可记作

$$f(x_1, x_2, \cdots, x_n)=X^TAX. \tag{6-2-2}$$

其中，A 是对称矩阵. 称式(6-2-2)为二次型的矩阵形式.

由式(6-2-2)知，任给一个二次型就唯一地确定一个对称矩阵；反之，任给一个对称矩阵可唯一地确定一个二次型. 因此，二次型与对称矩阵之间有着一一对应的关系. 把对称矩阵 A 称为二次型 f 的矩阵，把 f 称为对称矩阵 A 的二次型. 称对称矩阵 A 的秩为二次型 f 的秩.

对于二次型，讨论的主要问题是寻找可逆线性变换：

$$\begin{cases} x_1=c_{11}y_1+c_{12}y_2+\cdots+c_{1n}y_n, \\ x_2=c_{21}y_1+c_{22}y_2+\cdots+c_{2n}y_n, \\ \cdots, \\ x_n=c_{n1}y_1+c_{n2}y_2+\cdots+c_{nn}y_n, \end{cases}$$

其矩阵表示式为

$$X=CY, \tag{6-2-3}$$

其中，$C=(c_{ij})_{n\times n}\in K^{n\times n}$，且 $\det C\neq 0$，要使二次型 f 为标准型，需把式(6-2-3)代入式(6-2-2)，得

$$f=d_1y_1^2+d_2y_2^2+\cdots+d_ny_n^2.$$

定义 6.2.2 设 A，B 为数域 K 上的 n 阶方阵，若有数域 K 上的 n 阶可逆矩阵 C，使得

$$C^TAC=B,$$

则称矩阵 A 与 B 合同，记为 $A\simeq B$.

合同是矩阵之间的一种关系. 容易验证，合同关系具有下述性质：

(1)反身性：$A\simeq A$.

(2)对称性：若 $A\simeq B$，则 $B\simeq A$.

(3)传递性：若 $A\simeq B$，$B\simeq D$，则 $A\simeq D$.

定理 6.2.1 若 n 阶方阵 A 与 B 合同，且 A 为对称矩阵，则 B 也为对称矩阵，且 $\operatorname{rank} B=\operatorname{rank} A$.

证明： A 与 B 合同，即存在 n 阶可逆矩阵 C，使得

$$C^TAC=B,$$

又 A 为对称矩阵，即 $A^T=A$，于是 $B^T=(C^TAC)^T=C^TA^TC=C^TAC=B$，

即 B 为对称矩阵.

若 A 与 B 合同，则 A 与 B 等价，故 $\operatorname{rank} B=\operatorname{rank} A$.

把可逆线性变换(6－2－3)代入二次型(6－2－2)得

$$f=(\boldsymbol{CY})^T\boldsymbol{A}(\boldsymbol{CY})=\boldsymbol{Y}^T(\boldsymbol{C}^T\boldsymbol{AC})\boldsymbol{Y}=\boldsymbol{Y}^T\boldsymbol{BY},$$

其中，$\boldsymbol{B}=\boldsymbol{C}^T\boldsymbol{AC}$. 由于 $\boldsymbol{A}$ 是对称矩阵，由定理 6.2.1 知，$\boldsymbol{B}$ 也是对称矩阵，这表明可逆线性变换将二次型仍变为二次型，且变换前后二次型的矩阵是合同的. 若 $\boldsymbol{B}$ 是对角阵，则$\boldsymbol{Y}^T\boldsymbol{BY}$ 就是标准型. 因此，把二次型化为标准型的问题，其实质是：对于对称矩阵 $\boldsymbol{A}$，寻找可逆矩阵 $\boldsymbol{C}$，使得 $\boldsymbol{C}^T\boldsymbol{AC}$ 为对角矩阵.

例 6.2.1 已知 $f(x_1, x_2, x_3)=\boldsymbol{X}^T\boldsymbol{BX}$，其中 $\boldsymbol{B}=\begin{pmatrix}1&3&5\\2&4&6\\7&8&5\end{pmatrix}$，$\boldsymbol{X}=\begin{pmatrix}x_1\\x_2\\x_3\end{pmatrix}$，则 $f(x_1, x_2, x_3)=\boldsymbol{X}^T\boldsymbol{BX}$ 是不是关于 x_1，x_2，x_3 的二次型？$\boldsymbol{B}$ 是不是二次型的矩阵？写出 f 的矩阵表达式.

解： f 是关于 x_1，x_2，x_3 的二次型，但 $\boldsymbol{B}$ 不是 f 的矩阵. 求 f 的矩阵有以下两种方法.

方法一　因为

$$\begin{aligned}f(x_1, x_2, x_3)&=(x_1\quad x_2\quad x_3)\begin{pmatrix}1&3&5\\2&4&6\\7&8&5\end{pmatrix}\begin{pmatrix}x_1\\x_2\\x_3\end{pmatrix}\\&=x_1^2+4x_2^2+5x_3^2+5x_1x_2+12x_1x_3+14x_2x_3,\end{aligned}$$

所以二次型 f 的矩阵

$$\boldsymbol{A}=\begin{pmatrix}1&\frac{5}{2}&6\\\frac{5}{2}&4&7\\6&7&5\end{pmatrix},$$

f 的矩阵表达式为

$$f(x_1, x_2, x_3)=\boldsymbol{X}^T\boldsymbol{AX}.$$

方法二　注意到 $\boldsymbol{X}^T\boldsymbol{BX}$ 是 1×1 矩阵，故其转置不变，因而有

$$\begin{aligned}f&=\boldsymbol{X}^T\boldsymbol{BX}=(\boldsymbol{X}^T\boldsymbol{BX})^T=\frac{1}{2}[\boldsymbol{X}^T\boldsymbol{BX}+(\boldsymbol{X}^T\boldsymbol{BX})^T]\\&=\frac{1}{2}(\boldsymbol{X}^T\boldsymbol{BX}+\boldsymbol{X}^T\boldsymbol{B}^T\boldsymbol{X})=\frac{1}{2}\boldsymbol{X}^T(\boldsymbol{B}+\boldsymbol{B}^T)\boldsymbol{X}=\boldsymbol{X}^T\frac{\boldsymbol{B}+\boldsymbol{B}^T}{2}\boldsymbol{X},\end{aligned}$$

此时$\frac{1}{2}(\boldsymbol{B}+\boldsymbol{B}^T)$是对称矩阵，故 f 的矩阵

$$\boldsymbol{A}=\frac{1}{2}(\boldsymbol{B}+\boldsymbol{B}^T)=\frac{1}{2}\begin{pmatrix}1&3&5\\2&4&6\\7&8&5\end{pmatrix}+\frac{1}{2}\begin{pmatrix}1&2&7\\3&4&8\\5&6&5\end{pmatrix}=\begin{pmatrix}1&\frac{5}{2}&6\\\frac{5}{2}&4&7\\6&7&5\end{pmatrix},$$

因此

$$f(x_1, x_2, x_3)=\boldsymbol{X}^T\boldsymbol{A}\boldsymbol{X}.$$

6.2.2 用正交变换法化二次型为标准型

用正交变换法化二次型为标准型，具有保持几何形状不变的优点.

我们已经知道，任给实对称矩阵 $\boldsymbol{A}$，总有正交矩阵 $\boldsymbol{Q}$，使 $\boldsymbol{Q}^{-1}\boldsymbol{A}\boldsymbol{Q}=\boldsymbol{Q}^T\boldsymbol{A}\boldsymbol{Q}=\boldsymbol{\Lambda}$. 把此结论应用于二次型，即有：

定理 6.2.2 任给二次型 $f=\boldsymbol{X}^T\boldsymbol{A}\boldsymbol{X}=\sum\limits_{i=1}^{n}\sum\limits_{j=1}^{n}a_{ij}x_ix_j\,(a_{ij}=a_{ji})$，总有正交变换 $\boldsymbol{X}=\boldsymbol{Q}\boldsymbol{Y}$，使 f 化为标准型

$f=\lambda_1y_1^2+\lambda_2y_2^2+\cdots+\lambda_ny_n^2$，

其中 $\lambda_1, \lambda_2, \cdots, \lambda_n$ 是 f 的矩阵 $\boldsymbol{A}=(a_{ij})$ 的特征值.

例 6.2.2 把二次型

$$f=x_1^2+x_2^2+x_3^2+4x_1x_2+4x_1x_3+4x_2x_3$$

利用正交变换法化为标准型，并求出正交变换矩阵.

解： 原二次型所对应的矩阵为

$$\boldsymbol{A}=\begin{pmatrix}1&2&2\\2&1&2\\2&2&1\end{pmatrix},$$

由

$$|\boldsymbol{A}-\lambda\boldsymbol{E}|=\begin{vmatrix}1-\lambda&2&2\\2&1-\lambda&2\\2&2&1-\lambda\end{vmatrix}=-(\lambda-5)(\lambda+1)^2,$$

求出矩阵 $\boldsymbol{A}$ 的特征值为

$$\lambda_1=5,\ \lambda_2=\lambda_3=-1.$$

当 $\lambda_1=5$ 时，有

$$\begin{pmatrix}-4&2&2\\2&-4&2\\2&2&-4\end{pmatrix}\begin{pmatrix}x_1\\x_2\\x_3\end{pmatrix}=\begin{pmatrix}0\\0\\0\end{pmatrix},$$

解得

$$\boldsymbol{X}_1=\begin{pmatrix}1\\1\\1\end{pmatrix}.$$

当 $\lambda_2=\lambda_3=-1$ 时，有

$$\begin{pmatrix}2&2&2\\2&2&2\\2&2&2\end{pmatrix}\begin{pmatrix}x_1\\x_2\\x_3\end{pmatrix}=\begin{pmatrix}0\\0\\0\end{pmatrix},$$

解得

$$\boldsymbol{X}_2=\begin{pmatrix}1\\0\\-1\end{pmatrix},\ \boldsymbol{X}_3=\begin{pmatrix}0\\1\\-1\end{pmatrix},$$

进一步可以得到

$$\boldsymbol{P}_1=\frac{1}{\sqrt{3}}\begin{pmatrix}1\\1\\1\end{pmatrix},\ \boldsymbol{P}_2=\frac{1}{\sqrt{2}}\begin{pmatrix}1\\0\\-1\end{pmatrix},\ \boldsymbol{P}_3=-\frac{1}{\sqrt{6}}\begin{pmatrix}1\\-2\\1\end{pmatrix},$$

令

$$\boldsymbol{P}=(\boldsymbol{P}_1\quad \boldsymbol{P}_2\quad \boldsymbol{P}_3)=\begin{pmatrix}\frac{1}{\sqrt{3}}&\frac{1}{\sqrt{2}}&\frac{1}{-\sqrt{6}}\\\frac{1}{\sqrt{3}}&0&\frac{2}{\sqrt{6}}\\\frac{1}{\sqrt{3}}&-\frac{1}{\sqrt{2}}&\frac{1}{-\sqrt{6}}\end{pmatrix},$$

则

$$\boldsymbol{P}^{-1}\boldsymbol{AP}=\boldsymbol{P}^T\boldsymbol{AP}=\mathrm{diag}(5,\ -1,\ -1),$$

所以

$$\begin{aligned}f&=\boldsymbol{X}^T\boldsymbol{AX}=\boldsymbol{Y}^T(\boldsymbol{P}^T\boldsymbol{AP})\boldsymbol{Y}\\&=\boldsymbol{Y}^T\begin{pmatrix}5&0&0\\0&-1&0\\0&0&-1\end{pmatrix}\boldsymbol{Y}\\&=5y_1^2-y_2^2-y_3^2.\end{aligned}$$

例 6.2.3 用正交变换法将二次型

$f(x_1,\ x_2,\ x_3,\ x_4)=2x_1x_2+2x_1x_3-2x_1x_4-2x_2x_3+2x_2x_4+2x_3x_4$

化为标准型.

解: 原二次型的实对称矩阵为

$$\boldsymbol{A}=\begin{pmatrix}0&1&1&-1\\1&0&-1&1\\1&-1&0&1\\-1&1&1&0\end{pmatrix},$$

由

$$|\lambda\boldsymbol{E}-\boldsymbol{A}|=\begin{vmatrix}\lambda & -1 & -1 & 1\\ -1 & \lambda & 1 & -1\\ -1 & 1 & \lambda & -1\\ 1 & -1 & -1 & \lambda\end{vmatrix}=(-1)^4\begin{vmatrix}-\lambda & 1 & 1 & -1\\ 1 & -\lambda & -1 & 1\\ 1 & -1 & -\lambda & 1\\ -1 & 1 & 1 & -\lambda\end{vmatrix}$$

$$=\begin{vmatrix}-\lambda+1 & -\lambda+1 & -\lambda+1 & -\lambda+1\\ 1 & -\lambda & -1 & 1\\ 1 & -1 & -\lambda & 1\\ -1 & 1 & 1 & -\lambda\end{vmatrix}$$

$$=(-\lambda+1)\begin{vmatrix}1 & 1 & 1 & 1\\ 0 & -\lambda-1 & -2 & 0\\ 0 & -2 & -\lambda-1 & 0\\ 0 & 2 & 2 & -\lambda+1\end{vmatrix}$$

$$=-(1-\lambda)^3(\lambda+3),$$

可以得出矩阵 $\boldsymbol{A}$ 的特征值为

$$1,\quad 1,\quad 1,\quad -3.$$

当 $\lambda_1=\lambda_2=\lambda_3=1$ 时，有

$$\begin{pmatrix}1 & -1 & -1 & 1\\ -1 & 1 & 1 & -1\\ -1 & 1 & 1 & -1\\ 1 & -1 & -1 & 1\end{pmatrix}\begin{pmatrix}x_1\\ x_2\\ x_3\\ x_4\end{pmatrix}=\begin{pmatrix}0\\ 0\\ 0\\ 0\end{pmatrix},$$

得

$$\begin{pmatrix}x_1\\ x_2\\ x_3\\ x_4\end{pmatrix}=k_1\begin{pmatrix}1\\ 1\\ 0\\ 0\end{pmatrix}+k_2\begin{pmatrix}1\\ 0\\ 1\\ 0\end{pmatrix}+k_3\begin{pmatrix}-1\\ 0\\ 0\\ 1\end{pmatrix},$$

令

$$\boldsymbol{T}_1=\begin{pmatrix}1\\ 1\\ 0\\ 0\end{pmatrix},\ \boldsymbol{T}_2=\begin{pmatrix}1\\ 0\\ 1\\ 0\end{pmatrix},\ \boldsymbol{T}_3=\begin{pmatrix}-1\\ 0\\ 0\\ 1\end{pmatrix},$$

再令

$\boldsymbol{\beta}_1=\boldsymbol{T}_1$,

$$\boldsymbol{\beta}_2=\boldsymbol{T}_2-\frac{(\boldsymbol{\beta}_1,\ \boldsymbol{T}_2)}{(\boldsymbol{\beta}_1,\ \boldsymbol{\beta}_1)}\boldsymbol{\beta}_1$$

$$=\begin{pmatrix}1\\0\\1\\0\end{pmatrix}-\frac{1}{2}\begin{pmatrix}1\\1\\0\\0\end{pmatrix}=\frac{1}{2}\begin{pmatrix}1\\-1\\2\\0\end{pmatrix},$$

$$\boldsymbol{\beta}_3=\boldsymbol{T}_3-\frac{(\boldsymbol{\beta}_1,\ \boldsymbol{T}_3)}{(\boldsymbol{\beta}_1,\ \boldsymbol{\beta}_1)}\boldsymbol{\beta}_1-\frac{(\boldsymbol{\beta}_2,\ \boldsymbol{T}_3)}{(\boldsymbol{\beta}_2,\ \boldsymbol{\beta}_2)}\boldsymbol{\beta}_2=\begin{pmatrix}-1\\0\\0\\1\end{pmatrix}-\frac{-1}{2}\begin{pmatrix}1\\1\\0\\0\end{pmatrix}-\frac{-1}{3\times 2}\begin{pmatrix}1\\-1\\2\\0\end{pmatrix}=\frac{1}{3}\begin{pmatrix}-1\\1\\1\\3\end{pmatrix},$$

继续令

$$\boldsymbol{P}_1=\frac{\boldsymbol{\beta}_1}{|\boldsymbol{\beta}_1|}=\begin{pmatrix}\frac{1}{\sqrt{2}}\\\frac{1}{\sqrt{2}}\\0\\0\end{pmatrix},$$

$$\boldsymbol{P}_2=\frac{\boldsymbol{\beta}_2}{|\boldsymbol{\beta}_2|}=\frac{2\boldsymbol{\beta}_2}{|2\boldsymbol{\beta}_2|}=\begin{pmatrix}\frac{1}{\sqrt{6}}\\-\frac{1}{\sqrt{6}}\\\frac{2}{\sqrt{6}}\\0\end{pmatrix},$$

$$\boldsymbol{P}_3=\frac{\boldsymbol{\beta}_3}{|\boldsymbol{\beta}_3|}=\frac{3\boldsymbol{\beta}_3}{|3\boldsymbol{\beta}_3|}=\begin{pmatrix}-\frac{1}{\sqrt{12}}\\\frac{1}{\sqrt{12}}\\\frac{1}{\sqrt{12}}\\\frac{3}{\sqrt{12}}\end{pmatrix}.$$

当 $\lambda_4=-3$ 时，有

$$\begin{pmatrix}-3&-1&-1&1\\-1&-3&1&-1\\-1&1&-3&-1\\1&-1&-1&-3\end{pmatrix}\begin{pmatrix}x_1\\x_2\\x_3\\x_4\end{pmatrix}=\begin{pmatrix}0\\0\\0\\0\end{pmatrix},$$

对矩阵

$$\begin{pmatrix} -3 & -1 & -1 & 1 \\ -1 & -3 & 1 & -1 \\ -1 & 1 & -3 & -1 \\ 1 & -1 & -1 & -3 \end{pmatrix}$$

进行初等变换有

$$\begin{pmatrix} -3 & -1 & -1 & 1 \\ -1 & -3 & 1 & -1 \\ -1 & 1 & -3 & -1 \\ 1 & -1 & -1 & -3 \end{pmatrix} \to \begin{pmatrix} 1 & 1 & 1 & 1 \\ 1 & 3 & -1 & 1 \\ 1 & -1 & 3 & 1 \\ 1 & -1 & -1 & -3 \end{pmatrix} \to \begin{pmatrix} 1 & 0 & 0 & -1 \\ 0 & 1 & 0 & 1 \\ 0 & 0 & 1 & 1 \\ 0 & 0 & 0 & 0 \end{pmatrix},$$

得出

$$\begin{pmatrix} x_1 \\ x_2 \\ x_3 \\ x_4 \end{pmatrix} = k \begin{pmatrix} 1 \\ -1 \\ -1 \\ 1 \end{pmatrix},$$

令

$$\boldsymbol{T}_4 = \begin{pmatrix} 1 \\ -1 \\ -1 \\ 1 \end{pmatrix},$$

得

$$\boldsymbol{P}_4 = \frac{\boldsymbol{T}_4}{|\boldsymbol{T}_4|} = \begin{pmatrix} \frac{1}{2} \\ -\frac{1}{2} \\ -\frac{1}{2} \\ \frac{1}{2} \end{pmatrix}.$$

令

$$\boldsymbol{P} = (\boldsymbol{P}_1 \quad \boldsymbol{P}_2 \quad \boldsymbol{P}_3 \quad \boldsymbol{P}_4) = \begin{pmatrix} \frac{1}{\sqrt{2}} & \frac{1}{\sqrt{6}} & -\frac{1}{\sqrt{12}} & \frac{1}{2} \\ \frac{1}{\sqrt{2}} & -\frac{1}{\sqrt{6}} & \frac{1}{\sqrt{12}} & -\frac{1}{2} \\ 0 & \frac{2}{\sqrt{6}} & \frac{1}{\sqrt{12}} & -\frac{1}{2} \\ 0 & 0 & \frac{3}{\sqrt{12}} & \frac{1}{2} \end{pmatrix},$$

容易看出 $\boldsymbol{P}$ 是一个正交矩阵，根据定理 6.2.1 可知，原二次型可以化为

$$
\begin{aligned}
f&=\boldsymbol{X}^T\boldsymbol{A}\boldsymbol{X}=\boldsymbol{Y}^T(\boldsymbol{P}^T\boldsymbol{A}\boldsymbol{P})\boldsymbol{Y}\\
&=(y_1\quad y_2\quad y_3\quad y_4)\begin{pmatrix}1&&&\\&1&&\\&&1&\\&&&-3\end{pmatrix}\begin{pmatrix}y_1\\y_2\\y_3\\y_4\end{pmatrix}\\
&=y_1^2+y_2^2+y_3^2-3y_4^2.
\end{aligned}
$$

6.2.3 用配方法化二次型为标准型

如果不限于用正交变换，那么可以有多种方法(对应有多个可逆的线性变换)把二次型化成标准型，如配方法、初等变换法. 这里只介绍配方法.

将二次型利用可逆线性变换化为标准型的方法叫做配方法.

定理 6.2.3 任何一个二次型都可以经过可逆线性变换化为标准型.

例 6.2.4 化二次型

$$f=2x_1^2+2x_2^2+3x_3^2+4x_1x_2+4x_1x_3+2x_2x_3$$

成标准型.

解：
$$
\begin{aligned}
f&=2x_1^2+2x_2^2+3x_3^2+4x_1x_2+4x_1x_3+2x_2x_3\\
&=2[x_1^2+2x_1(x_2+x_3)]+2x_2^2+3x_3^2+2x_2x_3\\
&=2(x_1+x_2+x_3)^2-2(x_2+x_3)^2+2x_2^2+3x_3^2+2x_2x_3\\
&=2(x_1+x_2+x_3)^2-2x_2x_3+x_3^2\\
&=2(x_1+x_2+x_3)^2-x_2^2+(x_2-x_3)^2,
\end{aligned}
$$

令 $\begin{cases}y_1=x_1+x_2+x_3,\\y_2=x_2,\\y_3=x_2-x_3,\end{cases}$ 即 $\begin{cases}x_1=y_1-2y_2+y_3,\\x_2=y_2,\\x_3=y_2-y_3,\end{cases}$

就把 f 化成标准型 $f=2y_1^2-y_2^2+y_3^2$，所用变换矩阵为

$$\boldsymbol{C}=\begin{vmatrix}1&-2&1\\0&1&0\\0&1&-1\end{vmatrix}\quad(|\boldsymbol{C}|=-1\neq0).$$

6.2.4 用初等变换法化二次型为标准型

合同变换就是用可逆矩阵 $\boldsymbol{C}$ 及其转置在两边乘 $\boldsymbol{A}$，即 $\boldsymbol{C}^T\boldsymbol{A}\boldsymbol{C}$. 将一般的实二次型通过配方法化成标准型的过程，若用矩阵形式来表示，其实质是将二次型的矩阵通过一连串的合同变换化成对角矩阵的过程. 配方法表明，对任意实对称矩阵 $\boldsymbol{A}$，一定存在可逆矩阵 $\boldsymbol{C}$，使 $\boldsymbol{C}^T\boldsymbol{A}\boldsymbol{C}=\boldsymbol{\Lambda}$ 为对角矩阵. 将 $\boldsymbol{C}$ 分解为一系列初等矩阵之积：$\boldsymbol{C}=\boldsymbol{P}_1\boldsymbol{P}_2\cdot\cdots\cdot\boldsymbol{P}_l$，得

$$P_l^T \cdot \cdots \cdot P_2^T P_1^T A P_1 P_2 \cdot \cdots \cdot P_l = \Lambda.$$

此式表明，A 能通过一系列对于行、列来说“协调一致”的初等变换化为对角矩阵. 由此得到化实对称矩阵为与之合同的对角矩阵 Λ 的方法为：将单位矩阵放在待变换的矩阵下面，构成 $2n\times n$ 矩阵 $\begin{pmatrix}A\\E\end{pmatrix}$. 对 $\begin{pmatrix}A\\E\end{pmatrix}$ 每作一次列变换，同时对前 n 行的 A 作一次相应的行变换，即

$$\begin{pmatrix}A\\E\end{pmatrix}\to\begin{pmatrix}C^TAC\\C\end{pmatrix}.$$

当 C^TAC 是对角矩阵时，E 就化成了 C，C 即为所求. 将单位矩阵放在待变换矩阵右侧，亦可求出 C. 见下面例题.

例 6.2.5 将下列二次型化为标准型：

$$f(x_1, x_2, x_3)=x_1^2-3x_2^2-2x_1x_2+2x_1x_3-6x_2x_3.$$

解：记与 f 相伴的对称矩阵为 A，写出 (A, E) 并作变换：

$$(A, E)=\begin{pmatrix}1 & -1 & 1 & 1 & 0 & 0\\ -1 & -3 & -3 & 0 & 1 & 0\\ 1 & -3 & 0 & 0 & 0 & 1\end{pmatrix}$$

$$\xrightarrow{r_2+r_1}\begin{pmatrix}1 & -1 & 1 & 1 & 0 & 0\\ 0 & -4 & -2 & 1 & 1 & 0\\ 1 & -3 & 0 & 0 & 0 & 1\end{pmatrix}\xrightarrow{c_2+c_1}\begin{pmatrix}1 & 0 & 1 & 1 & 0 & 0\\ 0 & -4 & -2 & 1 & 1 & 0\\ 1 & -2 & 0 & 0 & 0 & 1\end{pmatrix}$$

$$\xrightarrow{r_3-r_1}\begin{pmatrix}1 & 0 & 1 & 1 & 0 & 0\\ 0 & -4 & -2 & 1 & 1 & 0\\ 0 & -2 & -1 & -1 & 0 & 1\end{pmatrix}\xrightarrow{c_3-c_1}\begin{pmatrix}1 & 0 & 0 & 1 & 0 & 0\\ 0 & -4 & -2 & 1 & 1 & 0\\ 0 & -2 & -1 & -1 & 0 & 1\end{pmatrix}$$

$$\xrightarrow{r_2\times\left(-\frac{1}{2}\right)+r_3}\begin{pmatrix}1 & 0 & 0 & 1 & 0 & 0\\ 0 & -4 & -2 & 1 & 1 & 0\\ 0 & 0 & 0 & -\frac{3}{2} & -\frac{1}{2} & 1\end{pmatrix}$$

$$\xrightarrow{c_2\times\left(-\frac{1}{2}\right)+c_3}\begin{pmatrix}1 & 0 & 0 & 1 & 0 & 0\\ 0 & -4 & 0 & 1 & 1 & 0\\ 0 & 0 & 0 & -\frac{3}{2} & -\frac{1}{2} & 1\end{pmatrix},$$

于是 f 可化简为

$$f=y_1^2-4y_2^2,$$

$$C=\begin{pmatrix}1 & 0 & 0\\ 1 & 1 & 0\\ -\frac{3}{2} & -\frac{1}{2} & 1\end{pmatrix}^T=\begin{pmatrix}1 & 1 & -\frac{3}{2}\\ 0 & 1 & -\frac{1}{2}\\ 0 & 0 & 1\end{pmatrix}.$$

这种方法可总结如下：作 $n\times 2n$ 矩阵$(\boldsymbol{A},\ \boldsymbol{E})$，对这个矩阵进行行初等变换，同时施以同样的列初等变换，将它左半边化为对角阵，则这个对角阵就是标准型的相伴矩阵，右半边的转置便是矩阵 $\boldsymbol{C}$.

6.3 二次型的正定性

定义 6.3.1 对任意 $\boldsymbol{X}\neq\boldsymbol{0}$，恒有 $f=\boldsymbol{X}^T\boldsymbol{A}\boldsymbol{X}>0$，则称 f(或实对称矩阵 $\boldsymbol{A}$)是正定二次型(或正定矩阵).

由上述定义即得证法一.

证法一 根据正定二次型定义证之

当证明若干个矩阵之和或积为正定矩阵时，常用定义证之.

特别地，当所证矩阵含互为转置的两因子矩阵时，常作非退化线性替换，由正定二次型的定义证其为正定矩阵.

例 6.3.1 设 $\boldsymbol{A}$ 为 m 阶实对称矩阵且正定，$\boldsymbol{B}$ 为 $m\times n$ 实矩阵，$\boldsymbol{B}^T$ 为 $\boldsymbol{B}$ 的转置矩阵. 试证 $\boldsymbol{B}^T\boldsymbol{A}\boldsymbol{B}$ 为正定矩阵的充要条件是 $r(\boldsymbol{B})=n$.

证明：

方法一：必要性. 因为 $\boldsymbol{B}^T\boldsymbol{A}\boldsymbol{B}$ 为正定矩阵，所以对任意 n 维实向量 $\boldsymbol{X}\neq\boldsymbol{0}$，有 $\boldsymbol{X}^T(\boldsymbol{B}^T\boldsymbol{A}\boldsymbol{B})\boldsymbol{X}=(\boldsymbol{B}\boldsymbol{X})^T\boldsymbol{A}(\boldsymbol{B}\boldsymbol{X})>0$，故 $\boldsymbol{B}\boldsymbol{X}\neq\boldsymbol{0}$，即齐次线性方程组 $\boldsymbol{B}\boldsymbol{X}=\boldsymbol{0}$ 只有零解，因此 $r(\boldsymbol{B})=n$.

充分性. 由 $\boldsymbol{A}^T=\boldsymbol{A}$，得 $(\boldsymbol{B}^T\boldsymbol{A}\boldsymbol{B})^T=\boldsymbol{B}^T\boldsymbol{A}\boldsymbol{B}$，故 $\boldsymbol{B}^T\boldsymbol{A}\boldsymbol{B}$ 为实对称矩阵. 因为 $r(\boldsymbol{B})=n$，所以 $\boldsymbol{B}\boldsymbol{X}=\boldsymbol{0}$ 只有零解，于是对任意 n 维实向量 $\boldsymbol{X}\neq\boldsymbol{0}$，都有 $\boldsymbol{B}\boldsymbol{X}\neq\boldsymbol{0}$. 又 $\boldsymbol{A}$ 为正定矩阵，故

$$(\boldsymbol{B}\boldsymbol{X})^T\boldsymbol{A}(\boldsymbol{B}\boldsymbol{X})=\boldsymbol{X}^T\boldsymbol{B}^T\boldsymbol{A}\boldsymbol{B}\boldsymbol{X}>0.$$

根据定义知，$\boldsymbol{B}^T\boldsymbol{A}\boldsymbol{B}$ 是正定矩阵.

方法二：必要性. 因为 $\boldsymbol{B}^T\boldsymbol{A}\boldsymbol{B}$ 是 n 阶正定矩阵，所以 $r(\boldsymbol{B}^T\boldsymbol{A}\boldsymbol{B})=n$. 因

$$n=r(\boldsymbol{B}^T\boldsymbol{A}\boldsymbol{B})\leqslant r(\boldsymbol{B})\leqslant n,$$

故 $r(\boldsymbol{B})=n$.

再证充分性. 由 $\boldsymbol{A}^T=\boldsymbol{A}$，得 $(\boldsymbol{B}^T\boldsymbol{A}\boldsymbol{B})^T=\boldsymbol{B}^T\boldsymbol{A}\boldsymbol{B}$，故 $\boldsymbol{B}^T\boldsymbol{A}\boldsymbol{B}$ 是实对称矩阵. 因为 $\boldsymbol{A}$ 是正定矩阵，所以存在可逆矩阵 $\boldsymbol{P}$，使 $\boldsymbol{A}=\boldsymbol{P}^T\boldsymbol{P}$，于是

$$\boldsymbol{B}^T\boldsymbol{A}\boldsymbol{B}=\boldsymbol{B}^T\boldsymbol{P}^T\boldsymbol{P}\boldsymbol{B}=(\boldsymbol{P}\boldsymbol{B})^T(\boldsymbol{P}\boldsymbol{B}).$$

由 $\boldsymbol{P}$ 可逆及 $r(\boldsymbol{B})=n$，可知 $r(\boldsymbol{P}\boldsymbol{B})=r(\boldsymbol{B})=n$，故齐次线性方程组$(\boldsymbol{P}\boldsymbol{B})\boldsymbol{X}=\boldsymbol{0}$ 只有零解. 因此对任意的 n 维实向量 $\boldsymbol{X}\neq\boldsymbol{0}$，有$(\boldsymbol{P}\boldsymbol{B})\boldsymbol{X}\neq\boldsymbol{0}$. 于是

$$\boldsymbol{X}^T(\boldsymbol{B}^T\boldsymbol{A}\boldsymbol{B})\boldsymbol{X}=[(\boldsymbol{P}\boldsymbol{B})\boldsymbol{X}]^T[(\boldsymbol{P}\boldsymbol{B})\boldsymbol{X}]>0,$$

即 $\boldsymbol{B}^T\boldsymbol{A}\boldsymbol{B}$ 是正定矩阵.

点评：本题的充分性证明也可以利用特征值的定义，即

设λ为矩阵$\boldsymbol{B}^T\boldsymbol{A}\boldsymbol{B}$的任意一个特征值，$\boldsymbol{\alpha}$是$\boldsymbol{B}^T\boldsymbol{A}\boldsymbol{B}$的属于特征值$\lambda$的特征向量，即有

$$(\boldsymbol{B}^T\boldsymbol{A}\boldsymbol{B})\boldsymbol{\alpha}=\lambda\boldsymbol{\alpha}.$$

用$\boldsymbol{\alpha}^T$左乘上式两边，得到

$$\boldsymbol{\alpha}^T(\boldsymbol{B}^T\boldsymbol{A}\boldsymbol{B})\boldsymbol{\alpha}=\boldsymbol{\alpha}^T(\lambda\boldsymbol{\alpha}),\text{ 即}(\boldsymbol{B}\boldsymbol{\alpha})^T\boldsymbol{A}(\boldsymbol{B}\boldsymbol{\alpha})=\lambda\boldsymbol{\alpha}^T\boldsymbol{\alpha}.$$

由于$r(\boldsymbol{B})=n$，又$\boldsymbol{\alpha}$为特征向量，故$\boldsymbol{\alpha}\neq\boldsymbol{0}$，从而$\boldsymbol{B}\boldsymbol{\alpha}\neq\boldsymbol{0}$，且$\boldsymbol{\alpha}^T\boldsymbol{\alpha}>0$. 又$\boldsymbol{A}$为$m$阶正定矩阵，因此对于$m$维非零列向量$\boldsymbol{B}\boldsymbol{\alpha}$，必有

$$\lambda\boldsymbol{\alpha}^T\boldsymbol{\alpha}=(\boldsymbol{B}\boldsymbol{\alpha})^T\boldsymbol{A}(\boldsymbol{B}\boldsymbol{\alpha})>0\Rightarrow\lambda>0,$$

即$\boldsymbol{B}^T\boldsymbol{A}\boldsymbol{B}$的任意特征值$\lambda>0$，从而$\boldsymbol{B}^T\boldsymbol{A}\boldsymbol{B}$为正定矩阵.

命题 6.3.1 实二次型$f=\boldsymbol{X}^T\boldsymbol{A}\boldsymbol{X}$为正定的充要条件是实对称矩阵$\boldsymbol{A}$的各阶主子式都为正，即

$$a_{11}>0,\quad\begin{vmatrix}a_{11}&a_{12}\\a_{21}&a_{22}\end{vmatrix}>0,\cdots,\begin{vmatrix}a_{11}&a_{12}&\cdots&a_{1n}\\a_{21}&a_{22}&\cdots&a_{2n}\\\vdots&\vdots&&\vdots\\a_{n1}&a_{n2}&\cdots&a_{nn}\end{vmatrix}>0.$$

证法二　证实对称矩阵的各阶顺序主子式大于零

设$\boldsymbol{A}$为n阶矩阵，取其第1，2，…，k行和第1，2，…，k列所构成的$k(k\leqslant n)$阶行列式称为$\boldsymbol{A}$的k阶顺序主子式.

首先应根据二次型的结构特征，写出二次型的矩阵，然后证明其各阶顺序主子式大于零. 对于元素为具体数字的实对称矩阵常用此法证其正定.

例 6.3.2 试证下列二次型为正定二次型：

$$f(x_1,x_2,x_3,\cdots,x_n)=2\sum_{i=1}^{n}x_i^2+2\sum_{1\leqslant i<j\leqslant n}x_ix_j.$$

证明：

方法一：f的矩阵

$$\boldsymbol{A}=\begin{pmatrix}2&1&\cdots&1\\1&2&\cdots&1\\\vdots&\vdots&&\vdots\\1&1&\cdots&2\end{pmatrix}$$

为实对称矩阵，又因$\boldsymbol{A}$的k阶顺序主子式

$$|\boldsymbol{A}_k|=\begin{vmatrix}2&1&\cdots&1\\1&2&\cdots&1\\\vdots&\vdots&&\vdots\\1&1&\cdots&2\end{vmatrix}=k+1>0,\ k=1,2,\cdots,n,$$

故 $\boldsymbol{A}$ 为正定矩阵，从而 f 正定.

方法二：$\boldsymbol{A}=\begin{pmatrix}1&1&\cdots&1\\1&1&\cdots&1\\\vdots&\vdots&&\vdots\\1&1&\cdots&1\end{pmatrix}+\boldsymbol{E}=\boldsymbol{B}+\boldsymbol{E}$.

因 $\boldsymbol{B}=\begin{pmatrix}1&1&\cdots&1\\1&1&\cdots&1\\\vdots&\vdots&&\vdots\\1&1&\cdots&1\end{pmatrix}$ 为实对称矩阵且秩$(\boldsymbol{B})=1$，故 $\boldsymbol{B}$ 的 n 个特征值为 n，0，0，…，0，从而 $\boldsymbol{A}$ 的 n 个特征值为 $n+1$，1，…，1，它们都大于 0，故 $\boldsymbol{A}$ 正定.

点评：需要注意的是，n 阶矩阵 $\boldsymbol{A}$ 仅有其特征值都大于零，或仅有其顺序主子式全为正，推不出 $\boldsymbol{A}$ 为正定矩阵，还必须证明 $\boldsymbol{A}$ 为实对称矩阵. 这是因为正定矩阵必为实对称矩阵.

特别地，对于系数含参数的二次型 f，f 为正定，要求参数的取值范围的命题，常用此法建立参数不等式组，求出参数的取值(或取值范围).

命题 6.3.2 实二次型 $f=\boldsymbol{X}^T\boldsymbol{A}\boldsymbol{X}$ 为正定的充要条件是它的标准型的 n 个系数全为正.

证明：设可逆线性变换 $\boldsymbol{X}=\boldsymbol{C}\boldsymbol{Y}$ 使得

$$f(x_1, x_2, x_3, \cdots, x_n)=k_1y_1^2+k_2y_2^2+\cdots+k_ny_n^2.$$

充分性，设 $k_i>0(i=1, 2, \cdots, n)$，则对于任意向量 $\boldsymbol{X}\neq\boldsymbol{0}$ 均有 $\boldsymbol{Y}=\boldsymbol{C}^T\boldsymbol{X}\neq\boldsymbol{0}$，

故而 $f(x_1, x_2, x_3, \cdots, x_n)=k_1y_1^2+k_2y_2^2+\cdots+k_ny_n^2\geqslant 0$.

必要性，(用反证法证明)假设 $k_i\leqslant 0(i=1, 2, \cdots, n)$，

则当 $\boldsymbol{Y}=\boldsymbol{E}_i=(0, \cdots, 0, 1, 0, \cdots, 0)^T$ 时，必然有 $f(\boldsymbol{C}\boldsymbol{E}_i)=k_i\leqslant 0$，

显然 $\boldsymbol{C}\boldsymbol{E}_i\neq\boldsymbol{0}$，这与二次型 $f(x_1, x_2, \cdots, x_n)=\boldsymbol{X}^T\boldsymbol{A}\boldsymbol{X}$ 为正定二次型相矛盾，故而 $k_i>0(i=1, 2, \cdots, n)$.

证法三　证 n 元实二次型标准型的 n 个系数全为正

例 6.3.3 判断二次型 $f(x_1, x_2, x_3)=6x_1^2+5x_2^2+7x_3^2-4x_1x_2+4x_1x_3$ 是否正定.

解：方法一：用配方法将 f 化为平方和的形式得

$$f=6\left(x_1-\frac{1}{3}x_2+\frac{1}{3}x_3\right)^2+\frac{13}{3}\left(x_2+\frac{2}{13}x_3\right)^2+\frac{243}{39}x_3^2,$$

作非退化的线性替换得

$$y_1=x_1-\frac{1}{3}x_2+\frac{1}{3}x_3,\ y_2=x_2+\frac{2}{13}x_3,\ y_3=x_3,$$

则 $f=6y_1^2+\frac{13}{3}y_2^2+\frac{243}{39}y_3^2$. 显然，其标准型的 3 个系数全为正，$f$ 为正定二次型.

方法二：用正定的定义判定之. 由方法一中二次型的配方式知，对任一组不全为零的实数 x_1，x_2，x_3，总有 $f\geqslant 0$. 令 $f=0$，得到

$$\begin{cases} x_1-\frac{1}{3}x_2+\frac{1}{3}x_3=0, \\ x_2+\frac{2}{13}x_3=0, \\ x_3=0, \end{cases} \text{即} \begin{cases} x_1=0, \\ x_2=0, \\ x_3=0, \end{cases}$$

故等号($f=0$)仅当 $x_1=x_2=x_3$ 时成立. 所以对任意一组不全为零的实数 x_1，x_2，x_3，总有 $f\geqslant 0$，故该二次型正定.

点评：对于给定的 n 阶实对称矩阵 $\boldsymbol{A}=(a_{ij})_{n\times n}$，如果其主对角线上存在一个元素 $a_{kk}\leqslant 0$，则 $\boldsymbol{A}$ 就不是正定矩阵.

命题 6.3.3 实二次型 $f=\boldsymbol{X}^T\boldsymbol{A}\boldsymbol{X}$ 为正定的充要条件是实对称矩阵 $\boldsymbol{A}$ 的特征值全为正.

证法四 证实对称矩阵的特征值都大于零

例 6.3.4 设矩阵 $\boldsymbol{A}=\begin{pmatrix} 1 & 0 & 1 \\ 0 & 2 & 0 \\ 1 & 0 & 1 \end{pmatrix}$，矩阵 $\boldsymbol{B}=(k\boldsymbol{E}+\boldsymbol{A})^2$，其中 k 为实数，$\boldsymbol{E}$ 为单位矩阵，求对角矩阵 $\boldsymbol{\Lambda}$，使 $\boldsymbol{B}$ 与 $\boldsymbol{\Lambda}$ 相似，并求 k 为何值时，$\boldsymbol{B}$ 为正定矩阵.

解： 方法一：由 $|\lambda\boldsymbol{E}-\boldsymbol{A}|=\lambda(\lambda-2)^2$ 得到 $\boldsymbol{A}$ 的特征值为 $\lambda_1=\lambda_2=2$，$\lambda_3=0$. 则 $k\boldsymbol{E}+\boldsymbol{A}$ 的特征值为 $k+2$(二重)和 k，进而得到 $\boldsymbol{B}$ 的特征值为$(k+2)^2$(二重)和 k^2. 因为 $\boldsymbol{A}$ 为实对称矩阵，$k\boldsymbol{E}+\boldsymbol{A}$ 也为实对称矩阵，所以 $\boldsymbol{B}=(k\boldsymbol{E}+\boldsymbol{A})^2$ 也为实对称矩阵，从而 $\boldsymbol{B}$ 必与对角矩阵相似，且相似对角矩阵 $\boldsymbol{\Lambda}=\mathrm{diag}((k+2)^2,(k+2)^2,k^2)$，于是有 $\boldsymbol{B}\sim\boldsymbol{\Lambda}$.

当 $k\neq -2$ 且 $k\neq 0$ 时，$\boldsymbol{B}$ 的全部特征值均为正数，这时 $\boldsymbol{B}$ 必为正定矩阵.

方法二： 令 $\boldsymbol{G}=\mathrm{diag}(2,2,0)$. 因 $\boldsymbol{A}$ 为实对称矩阵，故存在正交矩阵 $\boldsymbol{Q}$，使 $\boldsymbol{Q}^T\boldsymbol{A}\boldsymbol{Q}=\boldsymbol{G}$，因而 $\boldsymbol{A}=(\boldsymbol{Q}^T)^{-1}\boldsymbol{G}\boldsymbol{Q}^{-1}=\boldsymbol{Q}\boldsymbol{G}\boldsymbol{Q}^T$，注意到 $\boldsymbol{Q}\boldsymbol{Q}^T=\boldsymbol{E}$，有

$$\begin{aligned} \boldsymbol{B} &=(k\boldsymbol{E}+\boldsymbol{A})^2=(k\boldsymbol{Q}\boldsymbol{Q}^T+\boldsymbol{Q}\boldsymbol{G}\boldsymbol{Q}^T)^2=(k\boldsymbol{Q}\boldsymbol{Q}^T+\boldsymbol{Q}\boldsymbol{G}\boldsymbol{Q}^T)(k\boldsymbol{Q}\boldsymbol{Q}^T+\boldsymbol{Q}\boldsymbol{G}\boldsymbol{Q}^T) \\ &=\boldsymbol{Q}(k\boldsymbol{E}+\boldsymbol{G})\boldsymbol{Q}^T\boldsymbol{Q}(k\boldsymbol{E}+\boldsymbol{G})\boldsymbol{Q}^T=\boldsymbol{Q}(k\boldsymbol{E}+\boldsymbol{G})^2\boldsymbol{Q}^T \\ &=\boldsymbol{Q}\,\mathrm{diag}((k+2)^2,(k+2)^2,k^2)\boldsymbol{Q}^T. \end{aligned}$$

由此可得所求的对角矩阵为 $\boldsymbol{\Lambda}=\mathrm{diag}((k+2)^2,(k+2)^2,k^2)$.

矩阵 $\boldsymbol{B}$ 的正定性证明与方法一的证明相同.

点评：由于 $\boldsymbol{B}=(k\boldsymbol{E}+\boldsymbol{A})^2$ 为 $\boldsymbol{A}$ 的矩阵多项式，因此可直接通过 $\boldsymbol{A}$ 的特征值求出 $\boldsymbol{B}$ 的特征值，进而将 $\boldsymbol{B}$ 对角化，所以方法一较方法二简便.

证法五 证明与正定矩阵合同

命题 6.3.4 与正定矩阵合同的矩阵必是正定矩阵.

命题 6.3.5 如果实对称矩阵与单位矩阵 $\boldsymbol{E}$ 合同，则该实对称矩阵为正定矩阵. 其逆也成立.

已知一矩阵正定，常用此法证明对该矩阵合同运算后所得的新矩阵也正定.

例 6.3.5 如果 $\boldsymbol{C}$ 是可逆矩阵，$\boldsymbol{A}$ 是正定矩阵，证明 $\boldsymbol{CAC}^T$ 也是正定矩阵.

证明： 方法一：因 $\boldsymbol{CAC}^T$ 是对称矩阵，且与正定矩阵 $\boldsymbol{A}$ 合同，这是因为

$$[(\boldsymbol{C}^T)^{-1}]^T(\boldsymbol{CAC}^T)(\boldsymbol{C}^T)^{-1}=(\boldsymbol{C}^{-1}\boldsymbol{C})\cdot\boldsymbol{AC}^T\ (\boldsymbol{C}^T)^{-1}=\boldsymbol{A},$$

故 $\boldsymbol{CAC}^T$ 也是正定矩阵.

方法二：显然 $\boldsymbol{CAC}^T$ 是对称矩阵. 因 $\boldsymbol{C}$ 是可逆矩阵，且

$$\boldsymbol{B}=\boldsymbol{CAC}^T=(\boldsymbol{C}^T)^T\boldsymbol{AC}^T,$$

故 $\boldsymbol{B}$ 与 $\boldsymbol{A}$ 合同. 又因 $\boldsymbol{A}$ 是正定矩阵，故 $\boldsymbol{A}$ 与 $\boldsymbol{E}$ 合同. 于是由合同的传递性知 $\boldsymbol{B}$ 与 $\boldsymbol{E}$ 合同，从而 $\boldsymbol{B}=\boldsymbol{CAC}^T$ 是正定矩阵.

点评：$\boldsymbol{A}$ 为正定的充要条件是存在可逆矩阵 $\boldsymbol{P}$，使 $\boldsymbol{P}^T\boldsymbol{AP}=\boldsymbol{E}$，即

$$\boldsymbol{A}=(\boldsymbol{P}^T)^{-1}\boldsymbol{P}^{-1}=(\boldsymbol{P}^{-1})^T\boldsymbol{P}^{-1}=\boldsymbol{C}^T\boldsymbol{C},$$

其中 $\boldsymbol{C}=\boldsymbol{P}^{-1}$ 为可逆矩阵.

证法六 证存在可逆矩阵 $\boldsymbol{C}$，使实对称矩阵 $\boldsymbol{A}=\boldsymbol{C}^T\boldsymbol{C}$

例 6.3.6 设 $\boldsymbol{A}$，$\boldsymbol{B}$ 分别是 m 阶，n 阶正定矩阵，则分块矩阵 $\boldsymbol{C}=\begin{pmatrix}\boldsymbol{A}&\boldsymbol{O}\\\boldsymbol{O}&\boldsymbol{B}\end{pmatrix}$ 也是正定矩阵.

证明： 方法一：因 $\boldsymbol{A}$，$\boldsymbol{B}$ 分别是 m，n 阶正定矩阵，故存在 m 阶可逆矩阵 $\boldsymbol{P}_1$ 和 n 阶可逆矩阵 $\boldsymbol{P}_2$，使 $\boldsymbol{A}=\boldsymbol{P}_1^T\boldsymbol{P}_1$，$\boldsymbol{B}=\boldsymbol{P}_2^T\boldsymbol{P}_2$.

为证 $\boldsymbol{C}$ 正定，下面找可逆矩阵 $\boldsymbol{M}$，使 $\boldsymbol{C}=\boldsymbol{M}^T\boldsymbol{M}$. 事实上，令 $\boldsymbol{M}=\begin{pmatrix}\boldsymbol{P}_1&\boldsymbol{O}\\\boldsymbol{O}&\boldsymbol{P}_2\end{pmatrix}$，则

$$\boldsymbol{M}^T\boldsymbol{M}=\begin{pmatrix}\boldsymbol{P}_1&\boldsymbol{O}\\\boldsymbol{O}&\boldsymbol{P}_2\end{pmatrix}^T\begin{pmatrix}\boldsymbol{P}_1&\boldsymbol{O}\\\boldsymbol{O}&\boldsymbol{P}_2\end{pmatrix}=\begin{pmatrix}\boldsymbol{P}_1^T&\boldsymbol{O}\\\boldsymbol{O}&\boldsymbol{P}_2^T\end{pmatrix}\begin{pmatrix}\boldsymbol{P}_1&\boldsymbol{O}\\\boldsymbol{O}&\boldsymbol{P}_2\end{pmatrix}$$

$$=\begin{pmatrix}\boldsymbol{P}_1^T\boldsymbol{P}_1&\boldsymbol{O}\\\boldsymbol{O}&\boldsymbol{P}_2^T\boldsymbol{P}_2\end{pmatrix}=\begin{pmatrix}\boldsymbol{A}&\boldsymbol{O}\\\boldsymbol{O}&\boldsymbol{B}\end{pmatrix}=\boldsymbol{C}.$$

又因 $\boldsymbol{P}_1$，$\boldsymbol{P}_2$ 可逆，故 $\boldsymbol{M}$ 也可逆，所以 $\boldsymbol{C}$ 为正定矩阵.

方法二：设 $m+n$ 维行向量 $\boldsymbol{X}^T=(\boldsymbol{X}_1^T,\ \boldsymbol{X}_2^T)$，其中

$$\boldsymbol{X}_1^T=(x_1,\ x_2,\ \cdots,\ x_m),\ \boldsymbol{X}_2^T=(x_{m+1},\ x_{m+2},\ \cdots,\ x_{m+n}).$$

若 $\boldsymbol{X}\neq\boldsymbol{0}$，则 $\boldsymbol{X}_1$，$\boldsymbol{X}_2$ 不同时为 $\boldsymbol{0}$，即 $\boldsymbol{X}_1$，$\boldsymbol{X}_2$ 中至少有一个不为零向量，因 $\boldsymbol{A}$，$\boldsymbol{B}$ 是正定矩阵，故 $\boldsymbol{X}_1^T\boldsymbol{AX}_1$，$\boldsymbol{X}_2^T\boldsymbol{BX}_2$ 中至少有一个大于零，而另外一个大于等于零，因而

$$X^TCX=(X_1^T,\ X_2^T)\begin{pmatrix}A & O\\ O & B\end{pmatrix}\begin{pmatrix}X_1\\ X_2\end{pmatrix}=X_1^TAX_1+X_2^TBX_2>0,$$

故 C 是正定矩阵.

方法三：设 A 的特征值为 $\lambda_1, \lambda_2, \cdots, \lambda_m$，$B$ 的特征值为 $\mu_1, \mu_2, \cdots, \mu_n$，则 C 的特征值为 $\lambda_1, \lambda_2, \cdots, \lambda_m, \mu_1, \mu_2, \cdots, \mu_n$，这可由下式看出.

$$|\lambda E_{m+n}-C|=\begin{vmatrix}\lambda E_m-A & O\\ O & \lambda E_n-B\end{vmatrix}=|\lambda E_m-A||\lambda E_n-B|.$$

因 A，B 正定，故 $\lambda_i>0$，$\mu_j>0(i=1, 2, \cdots, m; j=1, 2, \cdots, n)$，从而 C 的特征值全部大于零，所以 C 为正定矩阵.

点评：由正定矩阵的定义及命题，得到了证明正定矩阵的不同方法. 另外，还可把本题结论推广为：若 $A_1, A_2, \cdots, A_k$ 均为正定矩阵，则分块对角矩阵

$$\begin{pmatrix}A_1 & & & \\ & A_2 & & \\ & & \ddots & \\ & & & A_k\end{pmatrix}$$

也为正定矩阵.

证法七　利用下述结论证之

命题 6.3.6　A 为 n 阶正定矩阵的充要条件是下述四个条件之一成立.

(1)A^{-1} 是正定矩阵；

(2)$kA(k>0)$ 为正定矩阵；

(3)A^m 为正定矩阵(m 为正整数)；

(4)A^* 是正定矩阵.

命题 6.3.7　设 A，B 均为 n 阶正定矩阵，则：

(1)$A+B$ 为 n 阶正定矩阵；

(2)$\begin{pmatrix}A & O\\ O & B\end{pmatrix}$ 为正定矩阵.

第7章 线性规划简介

线性规划的研究可以归纳成两种类型的问题：一类是给定了一定数量的人力、物力、财力等资源，研究如何运用这些资源使完成的任务最多；另一类是给定了一项任务，研究如何统筹安排，才能以最少的人力、物力、财力等资源来完成该项任务. 事实上，这两类问题又是一类问题的两个方面，就是寻求某个整体目标的最优化问题.

7.1 线性规划数学模型与图解法

7.1.1 线性规划问题实例

线性规划是研究在一组线性约束条件下，线性目标函数取最大值或最小值的问题.

例 7.1.1 某工厂在计划期内要安排生产Ⅰ、Ⅱ两种产品，已知生产单位产品所需的设备台数及 A，B 两种原材料的消耗量见表 7-1-1. 该工厂每生产单位产品Ⅰ可获利润 3 元，每生产单位产品Ⅱ可获利润 5 元，应如何安排生产计划使该工厂获得的利润最大？

表 7-1-1

	生产单位产品Ⅰ	生产单位产品Ⅱ	总数
设备台数	2	3	12
原材料 A	3	1	15
原材料 B	2	5	16

解： 将产品Ⅰ、Ⅱ的计划生产量分别设为 x_1，x_2.

首先，我们的目标是要获得最大利润，最大利润函数

$$Z=3x_1+5x_2.$$

其次，该生产计划受到一系列现实条件的约束.

条件 1：对于设备，生产所用的设备台数不得超过所拥有的设备台数，应满足

$$2x_1+3x_2\leqslant 12.$$

条件 2：对于原材料，生产所用的两种原材料 A，B 不得超过所拥有的原材料总数，即

$$3x_1+x_2\leqslant 15,$$
$$2x_1+5x_2\leqslant 16.$$

此外，还存在一个隐含约束，生产的数量必须非负，即 x_1，x_2 均大于或等于 0.

综上所述，可得如下线性规划模型：

$$\max Z=3x_1+5x_2,$$
$$s.t.\begin{cases}2x_1+3x_2\leqslant 12,\\3x_1+x_2\leqslant 15,\\2x_1+5x_2\leqslant 16,\\x_1,\ x_2\geqslant 0.\end{cases}$$

例 7.1.2 某公司的某工地租赁甲、乙两种机械来安装 A，B，C 三种构件，这两种机械每天的安装能力见表 7 - 1 - 2. 工程任务要求安装 250 根 A 构件、300 根 B 构件和 700 根 C 构件，又知机械甲每天租赁费为 250 元，机械乙每天租赁费为 350 元，试决定租赁甲、乙机械各多少天，才能使总租赁费最少.

表 7 - 1 - 2

	A 构件	B 构件	C 构件
机械甲	5	8	10
机械乙	6	5	12

解：设 x_1，x_2 为机械甲和乙的租赁天数. 为满足 A，B，C 三种构件的安装要求，必须满足

$$\begin{cases}5x_1+6x_2\geqslant 250,\\8x_1+5x_2\geqslant 300,\\10x_1+12x_2\geqslant 700,\\x_1,\ x_2\geqslant 0.\end{cases}$$

若用 Z 表示总租赁费，则该问题的目标函数可表示为 $\min Z=250x_1+350x_2$. 由此，得如下模型：

$$\min Z=250x_1+350x_2,$$
$$s.t.\begin{cases}5x_1+6x_2\geqslant 250,\\8x_1+5x_2\geqslant 300,\\10x_1+12x_2\geqslant 700,\\x_1,\ x_2\geqslant 0.\end{cases}$$

以上例子，尽管实际问题的背景有所不同，但讨论的都是资源的最优配置问题. 具有如下一些共同特点.

目标明确：决策者有着明确的目标，即寻求某个整体目标最优. 如最大收益、最小费用、最小成本等.

多种方案：决策者可从多种可供选择的方案中选取最佳方案，如不同的生产方案和不同的物资调运方案等.

资源有限：决策者的行为必须受到限制，如产品的生产数量受到资源供应量的限制，物资调运既要满足各门市的销售量，又不能超过各工厂的生产量.

线性关系：约束条件及目标函数均保持线性关系.

具有以上特点的决策问题，被称为线性规划问题. 从数学模型上概括，可以认为，线性规划问题是求一组非负的变量 x_1，x_2，…，x_n，其在一组线性等式或线性不等式的约束条件下，使得一个线性目标达到最大值或者最小值.

7.1.2 线性规划的数学模型

从上述两个例子可以看出，线性规划的一般建模步骤如下.

第一步：确定决策变量.

确定决策变量就是将问题中的未知量用变量来表示，如例 7.1.2 中的 x_1，x_2. 确定决策变量是建立线性规划模型的关键所在.

第二步：确定目标函数.

确定目标函数就是将问题所追求的目标用关于决策变量的函数表示出来.

第三步：确定约束条件.

将现实的约束用数学公式表示出来.

同时，也可观察到，线性规划的数学模型具有如下特点：

(1)有一个追求的目标，该目标可表示为一组变量的线性函数. 根据问题的不同，追求的目标可以是最大化，也可以是最小化.

(2)问题中的约束条件表示现实的限制，可以用线性等式或不等式表示.

(3)问题用一组决策变量表示一种方案，一般来说，问题有多种不同的备选方案，线性规划模型正是要在这众多的方案中找到最优的决策方案(使目标函数值最大或最小). 从选择方案的角度看，这是规划问题；从目标函数值最大或最小的角度看，这是最优化问题.

满足上述 3 个特点的数学模型称为线性规划的数学模型，其一般形式为

$$\max Z(\min Z)=c_1x_1+c_2x_2+\cdots+c_nx_n, \qquad (7-1-1)$$

$$s.t.\begin{cases}a_{11}x_1+a_{12}x_2+\cdots+a_{1n}x_n\leqslant(=,\ \geqslant)b_1,\\a_{21}x_1+a_{22}x_2+\cdots+a_{2n}x_n\leqslant(=,\ \geqslant)b_2,\\\cdots,\\a_{m1}x_1+a_{m2}x_2+\cdots+a_{mn}x_n\leqslant(=,\ \geqslant)b_m,\\x_1,\ x_2,\ \cdots,\ x_n\geqslant 0.\end{cases}\qquad(7-1-2)$$

在上述线性规划模型中，式(7 - 1 - 1)称为目标函数，而式(7 - 1 - 2)称为约束条件，它包括一般性约束条件和非负约束条件.

7.1.3 线性规划模型的标准化问题

由于对线性规划问题解的研究是基于标准型进行的，因此，对于给定的非标准型线性规划问题的数学模型，则需要将其化为标准型. 对于不同形式的线性规划模型，可以采取如下一些办法.

(1)目标函数为最小值问题.

对于目标函数为最小值问题，只要将目标函数两边都乘－1，即可化成等价的最大值问题.

(2)约束条件为"≤"类型.

对于这样的约束，可在不等式的左边加上一个非负的新变量，即可化为等式. 这个新增的非负变量称为松弛变量.

(3)约束条件为"≥"类型.

对于这样的约束，可在不等式的左边减去一个非负的新变量，即可化为等式. 这个新增的非负变量称为剩余变量(也可统称为松弛变量).

(4)决策变量 x_k 的符号不受限制.

对于这种情况，可用两个非负的新变量 x'_k，x''_k 之差来代替，即将变量 x_k 写成 $x_k=x'_k-x''_k$. 而 x_k 的符号由 x'_k，x''_k 的大小来决定，通常将 x_k 称为自由变量.

(5)常数项 b_i 为负值.

对于这种情况，可在约束条件的两边分别乘－1即可.

下面举例说明如何将线性规划的非标准型化为标准型.

例 7.1.3 把下述线性规划模型化为标准型.

$$\max Z=4x_1+5x_2,$$

$$s.t.\begin{cases}x_1+x_2\leqslant 45,\\2x_1+x_2\leqslant 80,\\x_1+3x_2\leqslant 90,\\x_1,\ x_2\geqslant 0.\end{cases}$$

解：在各不等式的左边分别引入松弛变量使不等式成为等式，从而得标准型：

$$\max Z=4x_1+5x_2+0x_3+0x_4+0x_5,$$

$$s.t.\begin{cases}x_1+x_2+x_3=45,\\2x_1+x_2+x_4=80,\\x_1+3x_2+x_5=90,\\x_1,\ x_2,\ \cdots,\ x_5\geqslant 0.\end{cases}$$

例 7.1.4 将下列线性规划模型化成标准型.

$$\min Z=3x_1-x_2+3x_3,$$

$$s.t.\begin{cases}x_1+x_2+x_3\leqslant 6,\\x_1+x_2-x_3\geqslant 2,\\-3x_1+2x_2+x_3=5,\\x_1,\ x_2\geqslant 0,\ x_3\text{ 无非负约束}.\end{cases}$$

解：通过以下四个步骤：

(1)目标函数两边乘上-1化为求最大值；

(2)以$x'_3-x''_3=x_3$代入目标函数和所有的约束条件中，其中$x'_3\geqslant 0$，$x''_3\geqslant 0$；

(3)在第一个约束条件的左边加上松弛变量x_4；

(4)在第二个约束条件的左边减去剩余变量x_5.

于是可得到该线性规划模型的标准型：

$$\max(-Z)=-3x_1+x_2-3x'_3+3x''_3+0x_4+0x_5,$$

$$s.t.\begin{cases}x_1+x_2+x'_3-x''_3+x_4=6,\\x_1+x_2-x'_3+x''_3-x_5=2,\\-3x_1+2x_2+x'_3-x''_3=5,\\x_1,\ x_2,\ x'_3,\ x''_3,\ x_4,\ x_5\geqslant 0.\end{cases}$$

7.1.4 线性规划问题的图解法

该法也称几何解法，特别适用于两个变量的简单线性规划问题. 这种解法比较简单、直观.

例 7.1.5 用图解法求解如下线性规划问题：

$$\max f=x_1+2x_2,$$

$$s.t.\begin{cases}x_1+3x_2\leqslant 3,\\x_1+x_2\leqslant 2,\\x_1\geqslant 0,\ x_2\geqslant 0.\end{cases}$$

求x_1，x_2.

图解法的求解步骤如下：

(1)由全部约束条件作图求出可行域.

以 x_1 为横轴，x_2 为纵轴建立直角坐标系. 非负条件 x_1，$x_2 \geqslant 0$ 是指第一象限；其他约束条件都代表一个半平面，如约束条件 $x_1+3x_2 \leqslant 3$ 代表以直线 $x_1+3x_2=3$ 为边界的下半平面.

全部约束条件相应的各半平面的交集，称为线性规划问题的可行域. 显然，可行域内各点的坐标满足全部约束条件，都可作为这个线性规划问题的解(这里面包含要求的最优解)，称为可行解. 图 7 - 1 - 1 中阴影区域即为可行域.

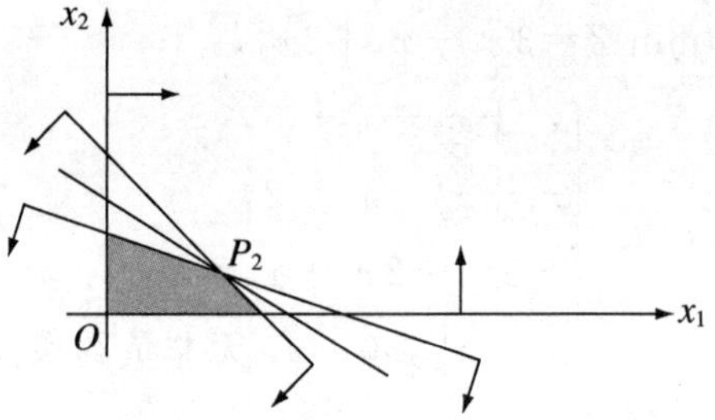

图 7 - 1 - 1

(2)作出一条目标函数的等值线.

在这个坐标平面上，目标函数 $f=x_1+2x_2$ 表示以 f 为参数、$-\frac{1}{2}$ 为斜率的一组平行线：

$$x_2=-\frac{1}{2}x_1+f_1.$$

位于同一直线上的点，具有相同的目标函数值，因而称它为“等值线”.

(3)平移目标函数的等值线寻找最优点，算出最优解.

当 f_1 值由小变大时，直线

$$x_2=-\frac{1}{2}x_1+f_1$$

沿其法线方向向右上方平行移动. 当等值线向上移动到图 7 - 1 - 1 中可行域的顶点 $P_2\left(\frac{3}{2},\ \frac{1}{2}\right)$ 时，f_1 值在可行域的边界上(顶点处)实现最大化，这就得到了本例的最优解 $\begin{cases} x_1=\frac{3}{2}, \\ x_2=\frac{1}{2}, \end{cases}$ 目标函数最优值为 $\max f=\frac{5}{2}$.

我们从图解法中可直观地看到，当线性规划问题的可行域非空时，若它是有界的凸多边形(或凸多面体)，则线性规划问题存在最优解，而且它一定在可行域的某个顶点得到；若在两个顶点同时得到最优解，则它们连线上的任意一点都是最优解，即有无穷多解.

在建立数学模型和求得最优解之后对灵敏度进行分析，也就是用图解法研究目标函数中的系数 c_i 以及约束条件中右端项 b_j 的变化对最优解会产生什么影响.

(1)分析系数 c_i 的变化.

利用图解法求解，目标函数的等值线的斜率为 $-\frac{c_1}{c_2}$. 从图形上来看，c_i 的变化仅仅影响目标函数等值线的斜率. 最优解一般是出现在可行域的顶点处，也就是某两条代表约束条件的直线(不妨设直线 a、直线 b)的交点处. 为了保持当前最优解不变，c_i 的变化范围应该是使 $-\frac{c_1}{c_2}$ 依然保持在直线 a 的斜率与直线 b 的斜率之间.

(2)分析右端项 b_j 的变化.

当约束条件中常数项 b_j 发生变化时，其线性规划的可行域也将发生改变，这样可能引起最优解发生改变. 若常数项 b_j 所在的第 j 个约束对应的影子价格大于零，则其最优目标函数值得到改进；若该约束对应的影子价格小于零，则其最优目标函数值变坏；若该约束对应的影子价格等于零，则其最优目标函数值不变.

7.2 线性规划问题的单纯形法

单纯形法是求解一般线性规划问题的基本方法. 其基本思路是：先找到一个基本可行解，如果不是最优解，设法转换到另一个基本可行解，并且使目标函数值不断减小，一直到找到最优解为止.

7.2.1 单纯形法迭代步骤

单纯形法迭代步骤如下：

(1)初始基可行解的确定.

如果线性规划问题为标准型，则从系数矩阵 $\boldsymbol{A}=(a_{ij})_{m\times n}$ 中观察，总可以得到一个 m 阶单位阵 $\boldsymbol{I}_m$. 如果问题的约束条件的不等号均为“$\leqslant$”，则引入 m 个松弛变量，可化为标准型，并将变量重新排序编号，即可得到一个 m 阶单位阵 $\boldsymbol{I}_m$；如果问题的约束条件的不等号为“$\geqslant$”，则首先引入松弛变量化为标准型，再通过人工变量法总能得到一个 m 阶单位阵 $\boldsymbol{I}_m$. 综上所述，取如上 m 阶单位阵为初始可行基，即 $\boldsymbol{B}=\boldsymbol{I}_m$. 将相应的约束方程转化为

$$x_i=b_i-a_{i,m+1}x_{m+1}-\cdots-a_{in}x_n,\ i=1,\ 2,\ \cdots,\ m.$$

令 $x_j=0(j=m+1,\cdots,n)$，则可得到一个初始基可行解

$\boldsymbol{X}^{(0)}=(x_1^{(0)},x_2^{(0)},\cdots,x_m^{(0)},0,\cdots,0)^T=(b_1,b_2,\cdots,b_m,0,\cdots,0)^T$.

(2)寻找另一个基本可行解.

当一个基本可行解不是最优解或无法判断时，需要过渡到另一个基本可行解，即在基本可行解 $\boldsymbol{X}^{(0)}=(x_1^{(0)},x_2^{(0)},\cdots,x_m^{(0)},0,\cdots,0)^T$ 对应的可行基 $\boldsymbol{B}=(\boldsymbol{P}_1,\boldsymbol{P}_2,\cdots,\boldsymbol{P}_m)$中替换一个列向量，并与原向量组线性无关. 譬如用非基变量 $\boldsymbol{P}_{m+t}(1\leqslant t\leqslant n-m)$替换基变量 $\boldsymbol{P}_l(1\leqslant l\leqslant m)$，就可得到一个新的可行基 $\boldsymbol{B}_1=(\boldsymbol{P}_1,\boldsymbol{P}_2,\cdots,\boldsymbol{P}_{l-1},\boldsymbol{P}_{m+t},\boldsymbol{P}_{l+1},\cdots,\boldsymbol{P}_m)$，从而可以求出一个新的基本可行解 $\boldsymbol{X}^{(1)}=(x_1^{(1)},x_2^{(1)},\cdots,x_m^{(1)},0,\cdots,0)^T$，其方法称为基变换法. 事实上，

$$x_i^{(1)}=\begin{cases}x_i^{(0)}-\theta\beta_{i,m+t}, & i\neq l,\\ \theta, & i=l,\end{cases}\qquad(i=1,2,\cdots,m,\ 1\leqslant l\leqslant m,\ 1\leqslant t\leqslant n-m)$$

其中，$\theta=\dfrac{x_l^{(0)}}{\beta_{l,m+t}}=\min\limits_{1\leqslant i\leqslant m}\left\{\dfrac{x_i^{(0)}}{\beta_{i,m+t}}\,\middle|\,\beta_{i,m+t}>0\right\}$，$\boldsymbol{P}_{m+t}=\sum\limits_{i=1}^{m}\beta_{i,m+t}\boldsymbol{P}_i$.

如果 $\boldsymbol{X}^{(1)}=(x_1^{(1)},x_2^{(1)},\cdots,x_m^{(1)},0,\cdots,0)^T$ 仍不是最优解，则重复利用这种方法，直到得到最优解为止.

(3)最优性检验方法.

假设要检验基本可行解 $\boldsymbol{X}^{(1)}=(x_1^{(1)},x_2^{(1)},\cdots,x_m^{(1)},0,\cdots,0)^T=(b'_1,b'_2,\cdots,b'_m,0,\cdots,0)^T$ 的最优性. 由约束方程组对任意的 $\boldsymbol{X}=(x_1,x_2,\cdots,x_n)^T$ 有

$$x_i=b'_i-\sum_{j=m+1}^{n}a'_{ij}x_j,\ i=1,2,\cdots,m.$$

将基本可行解 $\boldsymbol{X}^{(1)}$和任意的 $\boldsymbol{X}=(x_1,x_2,\cdots,x_n)^T$ 分别代入目标函数，得

$$z^{(0)}=\sum_{i=1}^{m}c_ix_i^{(1)}=\sum_{i=1}^{m}c_ib'_i,$$

$$\begin{aligned}z^{(1)}&=\sum_{i=1}^{n}c_ix_i=\sum_{i=1}^{m}c_ix_i+\sum_{i=m+1}^{n}c_ix_i\\&=\sum_{i=1}^{m}c_i(b'_i-\sum_{j=m+1}^{n}a'_{ij}x_j)+\sum_{i=m+1}^{n}c_jx_j\\&=\sum_{i=1}^{m}c_ib'_i+\sum_{i=m+1}^{n}(c_j-\sum_{i=1}^{m}c_ia'_{ij})x_j\\&=z^{(0)}+\sum_{i=m+1}^{n}(c_j-z_j)x_j,\end{aligned}$$

其中，$z_j=\sum\limits_{i=1}^{m}c_ia'_{ij}(j=m+1,\cdots,n)$.

记 $\sigma_j = c_j - z_j (j = m+1, \cdots, n)$，则

$$z^{(1)} = z^{(0)} + \sum_{j=m+1}^{n} \sigma_j x_j .$$

说明：当 $\sigma_j > 0$ 时，就有 $z^{(1)} \geqslant z^{(0)}$；当 $\sigma_j \leqslant 0$ 时，就有 $z^{(1)} \leqslant z^{(0)}$. 为此 $\sigma_j = c_j - z_j$ 的符号是判别 $\boldsymbol{X}^{(1)}$ 是否为最优解的关键所在，故称之为检验数. 于是由上式可以得下面的结论：

①如果 $\sigma_j \leqslant 0 (j = m+1, \cdots, n)$，则 $\boldsymbol{X}^{(1)}$ 是问题的最优解，最优值为 $z^{(0)}$；

②如果 $\sigma_j \leqslant 0 (j = m+1, \cdots, n)$ 且至少存在一个 $\sigma_{m+k} = 0 (1 \leqslant k \leqslant n-m)$，则问题有无穷多个最优解，$\boldsymbol{X}^{(1)}$ 是其中之一，最优值为 $z^{(0)}$；

③如果 $\sigma_j < 0 (j = m+1, \cdots, n)$，则 $\boldsymbol{X}^{(1)}$ 是问题的唯一的最优解，最优值为 $z^{(0)}$；

④如果存在某个检验数 $\sigma_{m+k} > 0 (1 \leqslant k \leqslant n-m)$，并且对应的系数向量 $\boldsymbol{P}_{m+k}$ 的各分量 $a_{i,m+k} \leqslant 0 (i = 1, 2, \cdots, m)$，则问题具有无界解(即无最优解).

7.2.2 修正单纯形法

单纯形法的表格具有简便的特点，但经观察分析发现，每次迭代都要把整个表格重新计算一遍，无论与迭代过程有关或无关的数值都要计算，这无形中增加了计算量. 改进单纯形法，是在单纯形法的基础上减少了很多与换基过程无关的数值计算，因此，改进单纯形法，是在计算机上解线性规划问题的有效方法.

对于具有 n 个变量，m 个等式约束的标准型线性规划问题，大量计算实践表明，单纯形法要经过 $m \sim 1.5m$ 次的迭代达到最优解. 当 n 比 m 大得多时，仅有一小部分列向量参与进基与出基的变换，而大部分列向量与换基无关. 但在单纯形法中，需要算出所有的 $a'_{ij} (i = 1, 2, \cdots, m; j = 1, 2, \cdots, n)$，并跟着做换基运算，因而计算量和存储量大.

考虑标准型线性规划问题，令 $Z = f(x)$，则问题有以下的约束条件：

$$\begin{cases} -Z + c_1 x_1 + c_2 x_2 + \cdots + c_n x_n = 0, \\ x_{n+1} + x_{n+2} + \cdots + x_{n+1+m} = 0, \\ a_{11} x_1 + a_{12} x_2 + \cdots + a_{1n} x_n + x_{n+2} = b_1, \\ \cdots, \\ a_{m1} x_1 + a_{m2} x_2 + \cdots + a_{mn} x_n + x_{n+1+m} = b_m, \\ x_1, \cdots, x_n, \cdots, x_{n+1+m} \geqslant 0. \end{cases} \tag{7-2-1}$$

式(7 - 2 - 1)中，x_{n+2}，…，x_{n+1+m}为考虑相I求初始可行解的人工变量，而x_{n+1}为将人工变量之和成为一约束后再加上的人工变量.

若记上述约束方程组的系数矩阵为$\boldsymbol{A}$，则有

$$\overline{\boldsymbol{A}}=\left(\begin{array}{c:cccc:ccc:cccc}
1 & c_1 & c_2 & \cdots & c_m & c_{m+1} & \cdots & c_n & 0 & 0 & \cdots & 0 \\
0 & 0 & 0 & \cdots & 0 & 0 & \cdots & 0 & 1 & 1 & \cdots & 1 \\
\hdashline
0 & a_{11} & a_{12} & \cdots & a_{1m} & a_{1,m+1} & \cdots & a_{1n} & 0 & 1 & \cdots & 0 \\
\vdots & \vdots & \vdots & \ddots & \vdots & \vdots & \ddots & \vdots & & & \ddots & \\
0 & a_{m1} & a_{m2} & \cdots & a_{mm} & a_{m,m+1} & \cdots & a_{mn} & 0 & 0 & \cdots & 1
\end{array}\right)$$

$$=\left(\begin{array}{c:cccc:ccc:cccc}
1 & & \boldsymbol{C}_B^T & & & c_{m+1} & \cdots & c_n & 0 & 0 & \cdots & 0 \\
0 & 0 & 0 & \cdots & 0 & 0 & \cdots & 0 & & \boldsymbol{C}_M^T & & \\
\hdashline
0 & & & & & a_{1,m+1} & \cdots & a_{1n} & 0 & 1 & \cdots & 0 \\
\vdots & & \boldsymbol{B} & & & \vdots & \ddots & \vdots & & \ddots & & \\
0 & & & & & a_{m,m+1} & \cdots & a_{mn} & 0 & 0 & \cdots & 1
\end{array}\right).$$

令

$$\boldsymbol{B}_2=\left(\begin{array}{cc:c}
1 & 0 & \boldsymbol{C}_B^T \\
0 & 1 & \boldsymbol{C}_M^T \\
\hdashline
0 & 0 & \\
\vdots & \vdots & \boldsymbol{B} \\
0 & 0 &
\end{array}\right),$$

式中，$\boldsymbol{C}_B^T=(c_1\quad c_2\quad\cdots\quad c_m)_{1\times m}$，$\boldsymbol{C}_M^T=(1\quad 1\quad\cdots\quad 1)_{1\times m}$，

$$\boldsymbol{B}=\begin{pmatrix} a_{11} & a_{12} & \cdots & a_{1m} \\ a_{21} & a_{22} & \cdots & a_{2m} \\ \vdots & \vdots & \ddots & \vdots \\ a_{m1} & a_{m2} & \cdots & a_{mm} \end{pmatrix}=(\boldsymbol{p}_1\quad \boldsymbol{p}_2\quad\cdots\quad \boldsymbol{p}_m),$$

则对应于x_1，…，x_n系数中的矩阵$\boldsymbol{A}$的列向量为

$$\boldsymbol{p}_j=\begin{pmatrix} c_j \\ 0 \\ p_j \end{pmatrix}(j=1, 2, \cdots, n),$$

对应于式(7 - 2 - 1)的 $m+2$ 个约束的右端顶为列向量

$$\boldsymbol{b}=\begin{pmatrix}0\\0\\b\end{pmatrix},$$

对 $\boldsymbol{B}_2$ 求逆有

$$\boldsymbol{B}_2^{-1}=\left(\begin{array}{cc:c}1 & 0 & -\boldsymbol{C}_B^T\boldsymbol{B}^{-1}\\ 0 & 1 & -\boldsymbol{C}_M^T\boldsymbol{B}^{-1}\\ \hdashline \multicolumn{2}{c:}{\boldsymbol{O}} & \boldsymbol{B}^{-1}\end{array}\right),$$

然后将 $\boldsymbol{B}_2^{-1}$ 与 $\boldsymbol{p}_j(j=1,2,\cdots,n)$相乘，得

$$\boldsymbol{B}_2^{-1}\boldsymbol{p}_j=\left(\begin{array}{cc:c}1 & 0 & -\boldsymbol{C}_B^T\boldsymbol{B}^{-1}\\ 0 & 1 & -\boldsymbol{C}_M^T\boldsymbol{B}^{-1}\\ \hdashline \multicolumn{2}{c:}{\boldsymbol{O}} & \boldsymbol{B}^{-1}\end{array}\right)\begin{pmatrix}c_j\\0\\p_j\end{pmatrix}=\begin{pmatrix}c_j-\boldsymbol{C}_B^T\boldsymbol{B}^{-1}p_j\\0-\boldsymbol{C}_M^T\boldsymbol{B}^{-1}p_j\\\boldsymbol{B}^{-1}p_j\end{pmatrix}(j=1,2,\cdots,n). \tag{7 - 2 - 2}$$

若记 $\boldsymbol{p}'_j=\boldsymbol{B}_2^{-1}\boldsymbol{p}_j$，因为 $\boldsymbol{B}^{-1}(\boldsymbol{p}_1\quad\cdots\quad\boldsymbol{p}_n)=\boldsymbol{p}'_1,\cdots,\boldsymbol{p}'_m,\boldsymbol{p}'_{m+1},\cdots,\boldsymbol{p}''_n$，所以

$$c_j-\boldsymbol{C}_B^T\boldsymbol{B}^{-1}\boldsymbol{p}_j=c_j-\boldsymbol{C}_B^T\boldsymbol{p}_j=c_j-\sum_{i=1}^{m}c_i a'_{ij}=\sigma_j(j=1,2,\cdots,n)$$

是对应于原目标函数的判别数. 而

$$0-\boldsymbol{C}_M^T\boldsymbol{B}^{-1}\boldsymbol{p}_j=c_j^M-\boldsymbol{C}_M^T\boldsymbol{p}'_j=-\sum_{i=1}^{m}a'_{ij}=\sigma_j^M(j=1,2,\cdots,n)$$

是对应于相Ⅰ问题目标函数的判别数.

因此，式(7 - 2 - 2)可以表达为

$$\boldsymbol{B}_2^{-1}\boldsymbol{p}_j=\begin{pmatrix}\sigma_j\\\sigma_j^M\\\boldsymbol{p}'_j\end{pmatrix}.$$

由此可见：

①用 $\boldsymbol{B}_2^{-1}$ 的第一行乘 $\boldsymbol{p}_j$ 可求得相Ⅱ问题的判别数.

②用 $\boldsymbol{B}_2^{-1}$ 的第二行乘 $\boldsymbol{p}_j$ 可求得相Ⅰ问题的判别数.

③用 $\boldsymbol{B}_2^{-1}$ 的其余各行乘 $\boldsymbol{p}_j$ 可求得 $\boldsymbol{p}'_j$.

另一方面，

$$B_2^{-1}b=\left(\begin{array}{cc:c}1 & 0 & -C_B^TB^{-1}\\ 0 & 1 & -C_M^TB^{-1}\\ \hdashline \multicolumn{2}{c:}{O} & B^{-1}\end{array}\right)\begin{pmatrix}0\\0\\b\end{pmatrix}=\left(\begin{array}{c}-C_B^TB^{-1}b\\ -C_M^TB^{-1}b\\ \hdashline B^{-1}b\end{array}\right)=\left(\begin{array}{c}-Z\\ -Z^M\\ \hdashline b'\end{array}\right),$$

由此可见：

①用 B_2^{-1} 的第一行乘 b 可求得相Ⅱ问题对应于基本可行解的目标函数值.

②用 B_2^{-1} 的第二行乘 b 可求得相Ⅰ问题对应于基本可行解的目标函数值.

③用 B_2^{-1} 的其余各行乘 b 可求得 b'，即可求得基本可行解. 因此，可依次利用单纯形法的步骤分别对相Ⅰ和相Ⅱ问题求解. 显然，在运算中要用到 B^{-1}，故现在的一个关键问题是如何在换基后求得$\widetilde{B}^{-1}$.

换基后的$\widetilde{B}^{-1}$可由换基前的 B^{-1}求得，令

$$\widetilde{B}^{-1}=(\widetilde{\beta}_{ij})(i=1,\ 2,\ \cdots,\ m;\ j=1,\ 2,\ \cdots m),$$

$$B^{-1}=(\beta_{ij})(i=1,\ 2,\ \cdots,\ m;\ j=1,\ 2,\ \cdots m),$$

则有

$$\begin{pmatrix}\widetilde{\beta}_{11} & \widetilde{\beta}_{12} & \cdots & \widetilde{\beta}_{1k} & \cdots & \widetilde{\beta}_{1m}\\ \widetilde{\beta}_{21} & \widetilde{\beta}_{22} & \cdots & \widetilde{\beta}_{2k} & \cdots & \widetilde{\beta}_{2m}\\ \vdots & \vdots & & \vdots & & \vdots\\ \widetilde{\beta}_{l1} & \widetilde{\beta}_{l2} & \cdots & \widetilde{\beta}_{lk} & \cdots & \widetilde{\beta}_{lm}\\ \vdots & \vdots & & \vdots & & \vdots\\ \widetilde{\beta}_{m1} & \widetilde{\beta}_{m2} & \cdots & \widetilde{\beta}_{mk} & \cdots & \widetilde{\beta}_{mm}\end{pmatrix}=$$

$$\begin{pmatrix}1 & 0 & \cdots & -\dfrac{a'_{1k}}{a'_{lk}} & 0 & 0\\ & \ddots & 0 & -\dfrac{a'_{2k}}{a'_{lk}} & 0 & 0\\ & & 1 & \vdots & \vdots & \vdots\\ & & & -\dfrac{1}{a'_{lk}} & 0 & 0\\ & & & \vdots & \ddots & \vdots\\ & & & -\dfrac{a'_{mk}}{a'_{lk}} & 0 & 1\end{pmatrix}\begin{pmatrix}\beta_{11} & \beta_{12} & \cdots & \beta_{1k} & \cdots & \beta_{1m}\\ \beta_{21} & \beta_{22} & \cdots & \beta_{2k} & \cdots & \beta_{2m}\\ \vdots & \vdots & & \vdots & & \vdots\\ \beta_{l1} & \beta_{l2} & \cdots & \beta_{lk} & \cdots & \beta_{lm}\\ \vdots & \vdots & & \vdots & & \vdots\\ \beta_{m1} & \beta_{m2} & \cdots & \beta_{mk} & \cdots & \beta_{mm}\end{pmatrix},$$

即

$$\begin{cases}\tilde{\beta}_{ij}=\beta_{ij}-\dfrac{a'_{ik}}{a'_{lk}}\beta_{lj}(i,\ j=1,\ 2,\ \cdots,\ m;\ i\neq l),\\ \tilde{\beta}_{lj}=\dfrac{a'_{lj}}{a'_{lk}}(j=1,\ 2,\ \cdots,\ m).\end{cases}$$

若令

$$\boldsymbol{E}_r=\begin{pmatrix}1 & 0 & \cdots & -\dfrac{a'_{1k}}{a'_{lk}} & 0 & 0\\ & \ddots & 0 & -\dfrac{a'_{2k}}{a'_{lk}} & 0 & 0\\ & & 1 & \vdots & \vdots & \vdots\\ & & & \dfrac{1}{a'_{lk}} & 0 & 0\\ & & & \vdots & \ddots & \vdots\\ & & & -\dfrac{a'_{mk}}{a'_{lk}} & 0 & 1\end{pmatrix},$$

则$\tilde{\boldsymbol{B}}^{-1}$与$\boldsymbol{B}^{-1}$的关系可表示为下列矩阵形式：

$$\tilde{\boldsymbol{B}}^{-1}=\boldsymbol{E}_r\boldsymbol{B}^{-1}.$$

下面对以上关系式进行证明.

证明：因为$\boldsymbol{B}^{-1}\boldsymbol{B}=\boldsymbol{B}^{-1}(\boldsymbol{p}_1\ \ \cdots\ \ \boldsymbol{p}_l\ \ \cdots\ \ \boldsymbol{p}_m)=1$，所以

$$\boldsymbol{B}^{-1}\boldsymbol{p}_1=\begin{pmatrix}1\\0\\\vdots\\0\\0\end{pmatrix},\ \boldsymbol{B}^{-1}\boldsymbol{p}_2=\begin{pmatrix}0\\1\\\vdots\\0\\0\end{pmatrix},\ \cdots,\ \boldsymbol{B}^{-1}\boldsymbol{p}_m=\begin{pmatrix}0\\0\\\vdots\\0\\1\end{pmatrix},\tag{7-2-3}$$

而

$$\boldsymbol{B}^{-1}\tilde{\boldsymbol{B}}=\boldsymbol{B}^{-1}(\boldsymbol{p}_1\ \ \cdots\ \ \boldsymbol{p}_k\ \ \cdots\ \ \boldsymbol{p}_m)=(\boldsymbol{B}^{-1}\boldsymbol{p}_1\ \ \cdots\ \ \boldsymbol{B}^{-1}\boldsymbol{p}_k\ \ \cdots\ \ \boldsymbol{B}^{-1}\boldsymbol{p}_m),\tag{7-2-4}$$

将式(7 - 2 - 3)代入式(7 - 2 - 4)，得

$$\boldsymbol{B}^{-1}\tilde{\boldsymbol{B}}=\begin{pmatrix}1 & & & a'_{1k} & 0 & 0\\ & 1 & & a'_{2k} & 0 & 0\\ & & \ddots & \vdots & \vdots & \vdots\\ & & & a'_{lk} & 0 & 0\\ & & & \vdots & \ddots & \vdots\\ & & & a'_{mk} & 0 & 1\end{pmatrix},\tag{7-2-5}$$

对式(7－2－5)求逆，得

$$(\boldsymbol{B}^{-1}\widetilde{\boldsymbol{B}})^{-1}=\widetilde{\boldsymbol{B}}^{-1}\boldsymbol{B}=\begin{pmatrix}1 & & & -\frac{a'_{1k}}{a'_{lk}} & 0 & 0\\ & 1 & & -\frac{a'_{2k}}{a'_{lk}} & 0 & 0\\ & & \ddots & \vdots & \vdots & \vdots\\ & & & \frac{1}{a'_{lk}} & 0 & 0\\ & & & \vdots & \ddots & \vdots\\ & & & -\frac{a'_{mk}}{a'_{lk}} & 0 & 1\end{pmatrix} \tag{7-2-6}$$

故有

$$\widetilde{\boldsymbol{B}}^{-1}=\boldsymbol{E}_r\boldsymbol{B},$$

得证.

在上述计算的基础上，总结修正单纯形法的步骤如下：

(1)求相Ⅰ的初始可行解.

令 $x_{n+i}(i=2,\cdots,m+1)$为基本变量，则 $\boldsymbol{B}_2$ 中的 $\boldsymbol{B}=\boldsymbol{I}$(单位矩阵)，即有

$$\boldsymbol{B}_2=\left(\begin{array}{cc:cccc}1 & 0 & 0 & 0 & \cdots & 0\\ 0 & 1 & 1 & 1 & \cdots & 1\\ \hdashline & & 1 & & & \\ \boldsymbol{O} & & & 1 & & \\ & & & & \ddots & \\ & & & & & 1\end{array}\right),\ \boldsymbol{B}_2^{-1}=\left(\begin{array}{cc:cccc}1 & 0 & 0 & 0 & \cdots & 0\\ 0 & 1 & -1 & -1 & \cdots & -1\\ \hdashline & & 1 & & & \\ \boldsymbol{O} & & & 1 & & \\ & & & & \ddots & \\ & & & & & 1\end{array}\right),$$

并可由 $\boldsymbol{B}^{-1}\boldsymbol{x}_M=\boldsymbol{b}$ 求得 $\boldsymbol{x}_M=\boldsymbol{b}\geqslant 0$ 为相Ⅰ的初始基本可行解.

(2)求相Ⅰ的最优解.

以 $\boldsymbol{B}_2^{-1}$ 的第二行乘 $\boldsymbol{p}_j$ 得判别数σ_j^M，若 $\sigma_j^M\geqslant 0$，且 $Z^M=0$，则转相Ⅱ(即所有的人工变量均为零)；若 $\sigma_j^M\geqslant 0$，但是 $Z^M>0$，则相Ⅱ无可行解；若 $\sigma_j^M\leqslant 0$，则令 $\sigma_j^M=\min\{\sigma_j^M \mid \sigma_j^M<0;\ j=1,\cdots,n\}$，定出主元列号 k，计算 $\boldsymbol{p}'_k=\boldsymbol{B}_2^{-1}\boldsymbol{p}_k$ 与 $\frac{b'_i}{a'_{ik}}$，并取 $\theta_l=\frac{b'_l}{a'_{lk}}=\min\left\{\frac{b'_i}{a'_{ik}}\middle| a'_{ik}>0\right\}$定出主元行号 l，并得到主元 a'_{lk}.

有了主元 a'_{lk}，则可按规律进行转轴运算求得新的 $\boldsymbol{Z}$ 或 $\boldsymbol{Z}^M$，求得新的 $\boldsymbol{b}'$和 $\boldsymbol{B}_2^{-1}$，并重复这一过程，直到找到最优解，并且最优解中无人工变量.

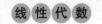

(3)求相Ⅱ的最优解.

将 $\boldsymbol{B}_2^{-1}$ 的第一行代替第二行进行上述与相Ⅰ相同的运算步骤 2，即可求解相Ⅱ问题. 修正单纯形法的计算框图如图 7 - 2 - 1 所示.

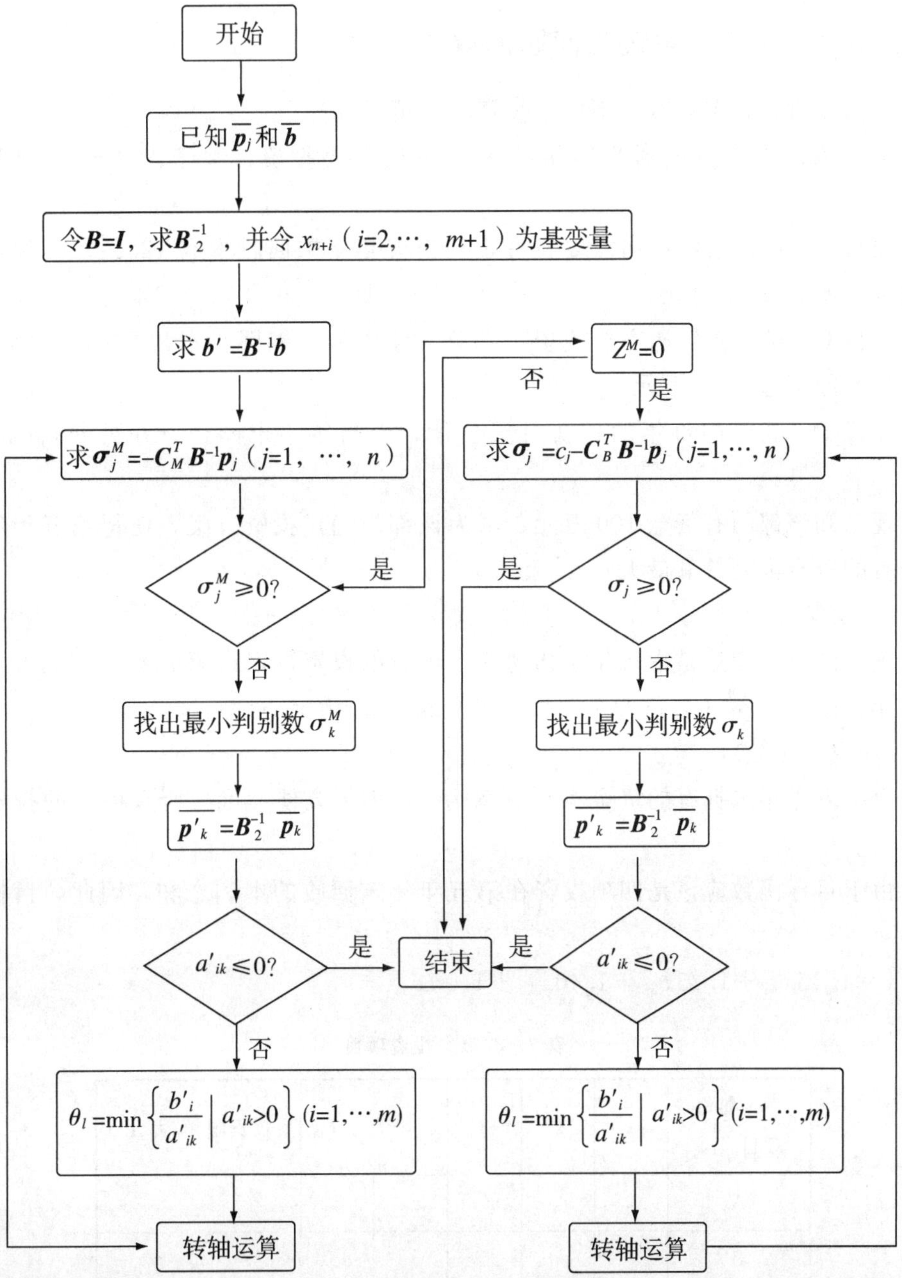

图 7 - 2 - 1 修正单纯形法计算框图

7.3 线性规划问题的解法

7.3.1 投资方案确定问题的解法

部门要进行投资，有以下四个投资项目可供选择.

项目 A：从第一年到第四年的每年年初需要投资，并于次年年末回收本利 115%；

项目 B：从第三年年初需要投资，到第五年年末回收本利 125%，但规定最大投资额不超过 40 万元；

项目 C：第二年年初需要投资，到第五年年末才能回收本利 140%，但规定最大投资额不超过 30 万元；

项目 D：五年内每年的年初可买公债，于当年年末归还，并可获得 6% 的利息.

现已知该部门有资金 100 万元，试为该部门确定投资方案，使得第五年年末它拥有的资金本利总额最大？

(1)决策变量.

这里的决策变量是指每年年初向四个项目的投资额，设第 $i(i=1, 2, 3, 4, 5)$年年初向 A，B，C，D 四个项目的投资额为 x_{ij} 万元$(j=1, 2, 3, 4)$.

(2)目标函数.

设第五年年末拥有的资金本利总额为 z，为了方便，可将所有可能的投资列于表 7 - 3 - 1.

由于目标函数应该是四项投资在第五年年末回收的本利之和，因此，目标函数为

$$z=1.15x_{41}+1.25x_{32}+1.40x_{23}+1.06x_{54}.$$

表 7 - 3 - 1 投资项目

项目 \ 年份	1	2	3	4	5	投资限额/万元
A	x_{11}	x_{21}	x_{31}	x_{41}		
B			x_{32}			40
C		x_{23}				30
D	x_{14}	x_{24}	x_{34}	x_{44}	x_{54}	

(3)约束条件.

为了获得最大的投资收益，每年的年初应将手头的全部资金投出去，因此第一年的投资总额应是 100 万元，即 $x_{11}+x_{14}=100$.

第二年的投资总额应是第一年年底回收的各项投资的本利，即

$$x_{21}+x_{23}+x_{24}=106\%x_{14},$$

同理，第三、四、五年的投资总额应是上一年年底回收的各项投资本利，即

$$x_{31}+x_{32}+x_{34}=106\%x_{24}+115\%x_{11},$$

$$x_{41}+x_{44}=106\%x_{34}+115\%x_{21},$$

$$x_{54}=106\%x_{44}+115\%x_{31}.$$

由于投资限制，因此还可能有 $x_{32}\leqslant 40$，$x_{23}\leqslant 30$.

由此得到的投资问题数学模型为

$$\max z=1.15x_{41}+1.25x_{32}+1.40x_{23}+1.06x_{54},$$

$$s.t.\begin{cases}x_{11}+x_{14}=100,\\ x_{21}+x_{23}+x_{24}=1.06x_{14},\\ x_{31}+x_{32}+x_{34}=1.06x_{24}+1.15x_{11},\\ x_{41}+x_{44}=1.06x_{34}+1.15x_{21},\\ x_{54}=1.06x_{44}+1.15x_{31},\\ x_{32}\leqslant 40,\ x_{23}\leqslant 30,\\ x_{ij}\geqslant 0,\ i=1,\cdots,5,\ j=1,\cdots,4.\end{cases}$$

这里使用 Lindo 软件求解，为了达到应用 Lindo 软件的要求，编制程序时应将各约束条件右端的决策变量移到左端. 求得投资方案的最优解为 $x_{11}=71.698112$ 万元，$x_{14}=28.301888$ 万元，$x_{23}=30$ 万元，$x_{32}=40$ 万元，$x_{34}=42.452831$ 万元，$x_{41}=45$ 万元，其余决策变量均为零. 最优值 $z=143.75$ 万元.

7.3.2 奶制品的生产与销售问题的解法

7.3.2.1 加工奶制品的生产计划

(1)问题.

一奶制品加工厂用牛奶生产 A_1，A_2 两种奶制品，1 桶牛奶可以在设备甲上用 12 h 加工成 3 kg A_1，或在设备乙上用 8 h 加工成 4 kg A_2. 根据市场需求，生产的 A_1，A_2 全都能售出，且每千克 A_1 获利 24 元，每千克 A_2 获利 16 元. 现在加工厂每天能得到 50 桶牛奶的供应，每天正式工人总的劳动时间为 480 h，并且设备甲每天至多能加工 100 kg A_1，设备乙的加工能力没有限制. 试为该厂制订一个生产计划，使每天获利最大，并进一步讨论以下三个附加问题：

①若用 35 元可以买 1 桶牛奶，应否作这项投资？若投资，每天最多购买多少

桶牛奶?

②若可以聘用临时工人以增加劳动时间，则付临时工人的工资最多是每小时几元?

③由于市场需求变化，每千克 A_1 的获利增加到 30 元，应否改变生产计划?

(2)模型的建立.

决策变量：设每天用 x_1 桶牛奶生产 A_1，用 x_2 桶牛奶生产 A_2.

目标函数：每天获利为 $z=72x_1+64x_2$.

约束条件：

原料供应限制 $x_1+x_2\leqslant 50$，

劳动时间限制 $12x_1+8x_2\leqslant 480$，

设备能力限制 $3x_1\leqslant 100$，

非负约束 $x_1\geqslant 0$，$x_2\geqslant 0$.

综上可得数学模型：

$$\max z=72x_1+64x_2,$$

$$s.t.\begin{cases}x_1+x_2\leqslant 50,\\12x_1+8x_2\leqslant 480,\\3x_1\leqslant 100,\\x_1\geqslant 0,\ x_2\geqslant 0.\end{cases}$$

(3)模型求解.

用 Lindo 软件求解.

打开一个新文件，直接输入：

```
max 72x1+64x2
st
①x1+x2<=50
②12xl+8x2<=480
③3x1<=100
end
```

将文件存储并命名后，选择菜单“Solve” 并对“DO RANGE(SENSITIVITY) ANALYSIS?”(灵敏性分析)回答“no”，即可得到如下输出：

```
LP OPTIMUM FOUND AT STE     P2
    OBJECTIVE FUNCTION VALUE
    1)      3360.000
  VARIABLE          VALUE           REDUCED COST
        x1       20.000000            0.000000
        x2       30.000000            0.000000
```

ROW	SLACK OR SURPLUS	DUAL PRICES
1)	0.000000	48.000000
2)	0.000000	2.000000
3)	40.000000	0.000000

NO. ITERATIONS= 2

RANGES IN WHICH THE BASIS IS UNCHANGED:

OBJ COEFFICIENT RANGES

VARIABLE	CURRENT COEF	ALLOWABLE INCREASE	ALLOWABLE DECREASE
x1	72.000000	24.000000	8.000000
x2	64.000000	8.000000	16.000000

RIGHTHAND SIDE RANGES

ROW	CURRENT RHS	ALLOWABLE INCREASE	ALLOWABLE DECREASE
1	50.000000	10.000000	6.666667
2	480.000000	53.333332	80.000000
3	100.000000	INFINITY	40.000000

(4)结果与分析.

上面结果的第 3 行、第 5 行和第 6 行给出线性规划的最优值为 $z=3360$，最优解为 $x_1=20$，$x_2=30$，即生产计划为每天用 20 桶牛奶生产 A_1，用 30 桶牛奶生产 A_2，每天可获最大利润 3360 元.

输出结果的第 8 行表明，原料(即牛奶)的影子价格为 48 元，即 1 桶牛奶的影子价格为 48 元. 用 35 元可以买到 1 桶牛奶，其价格低于 1 桶牛奶的影子价格，应该作这项投资. 输出结果的第 21 行表明，牛奶数量的允许变化范围为(50－6.6667，50＋10)，因此每天最多买 10 桶牛奶.

输出结果的第 9 行表明，劳动时间的影子价格为 2 元，即 1 h 劳动的影子价格为 2 元. 因此聘用临时工人以增加劳动时间，付给的工资最多是每小时 2 元.

输出结果的第 17 行表明，当 x_1 的系数在允许范围(72－8，72＋24)[即(64，96)]内变化时，最优解不变，即生产计划不变. 现在若每千克 A_1 的获利增加到 30 元，则 x_1 的系数为 90，在此范围内，不应改变生产计划.

7.3.2.2 奶制品的生产销售计划

(1)问题的提出.

假设前面的“加工奶制品的生产计划”问题中所给出的 A_1，A_2 两种奶制品的生产条件、利润及工厂的“资源”限制全都不变. 为了增加工厂的利润，开发了奶制品的深加工技术：用 2 h 和 3 元加工费，可将 1 kg A_1 加工成 0.8 kg 高级奶制品 B_1，也可将 1kg A_1 加工成 0.75 kg 高级奶制品 B_2，每千克 B_1 能获利 44 元，每千克 B_2 能获利 32 元. 试为该工厂制订一个生产销售计划，使每天的净利润最大，并讨论以下问题.

①若投资 30 元可以增加供应 1 桶牛奶，投资 3 元可以增加 1 h 劳动时间，应否作这项投资？若每天投资 150 元，可赚回多少？

②每千克高级奶制品 B_1，B_2 的获利经常有 10% 的波动，对制订生产销售计划有无影响？若每千克 B_1 的获利下降 10%，计划应该变化吗？

(2)模型的建立.

决策变量：设每天销售 x_1 千克 A_1，x_2 千克 A_2，x_3 千克 B_1，x_4 千克 B_2，用 x_5 千克 A_1 加工 B_1，用 x_6 千克 A_2 加工 B_2.

目标函数：每天获得净利润为 $z=24x_1+16x_2+44x_3+32x_4-3x_5-3x_6$.

约束条件：

原料供应限制 $\frac{x_1+x_5}{3}+\frac{x_2+x_6}{4}\leqslant 50$，

劳动时间限制 $4(x_1+x_5)+2(x_2+x_6)+2x_5+2x_6\leqslant 480$，

设备能力限制 $x_1+x_5\leqslant 100$，

附加约束 $x_3=0.8x_5$，$x_4=0.75x_6$，

非负约束 $x_1, x_2, \cdots, x_6\geqslant 0$，

数学模型：

$$\max z=24x_1+16x_2+44x_3+32x_4-3x_5-3x_6,$$

$$s.t.\begin{cases}\dfrac{x_1+x_5}{3}+\dfrac{x_2+x_6}{4}\leqslant 50,\\ 4(x_1+x_5)+2(x_2+x_6)+2x_5+2x_6\leqslant 480,\\ x_1+x_5\leqslant 100,\\ x_3=0.8x_5,\ x_4=0.75x_6,\\ x_1,\ x_2,\ \cdots,\ x_6\geqslant 0.\end{cases}$$

(3)模型求解.

用 Lindo 软件求解.

打开一个新文件，直接输入：

max 24x1＋16x2＋44x3＋32x4－3x5－3x6

st

①4xl＋3x2＋4x5＋3x6＜＝600

②4x1＋2x2＋6x5＋4x6＜＝480

③x1＋x5＜＝100

④x3－0.8x5＝0

⑤x4－0.75x6＝0

end

将文件存储并命名后，选择菜单“Solve”，并对“DO RANGE (SENSITIVITY) ANALYSIS?”(灵敏性分析)回答“no”，即可得到如下输出：

LP OPTIMUM FOUND AT STE P2

OBJECTIVE FUNCTION VALUE

1) 3460.800

VARIABLE	VALUE	REDUCED COST
x1	0.000000	1.680000
x2	168.000000	0.000000
x3	19.200001	0.000000
x4	0.000000	0.000000
x5	24.000000	0.000000
x6	0.000000	1.520000

ROW	SLACK OR SURPLUS	DUAL PRICES
2)	0.000000	3.160000
3)	0.000000	3.260000
4)	76.000000	0.000000
5)	0.000000	44.000000
6)	0.000000	32.000000

NO. ITERATIONS= 2

RANGES IN WHICH THE BASIS IS UNCHANGED:

		OBJ COEFFICIENT RANGES	
VARIABLE	CURRENT COEF	ALLOWABLE INCREASE	ALLOWABLE DECREASE
x1	24.000000	1.680000	INFINITY
x2	16.000000	8.150000	2.100000
x3	44.000000	19.750002	3.166667
x4	32.000000	2.026667	INFINITY
x5	－3.000000	15.800000	2.533334
x6	－3000000	1.520000	INFINITY

RIGHTHAND SIDE RANGES

ROW	CURRENT RHS	ALLOWABLE INCREASE	ALLOWABLE DECREASE
2	600.000000	120.000000	280.000000
3	480.000000	253.333328	80.000000
4	100.000000	INFINITY	76.000000
5	0.000000	INFINITY	19.200001
6	0.000000	INFINITY	0.000000

(4)结果与分析.

最优解为 $x_1=0$，$x_2=168$，$x_3=19.2$，$x_4=0$，$x_5=24$，$x_6=0$，最优值 $z=3460.8$. 即每天销售 168 kg A_2 和 19.2 kg B_1（不出售 A_1，B_2），可获净利润 3460.8 元. 为此，需要用 8 桶牛奶加工成 A_1，42 桶牛奶加工成 A_2，并将得出的 24 kg A_1 全部加工成 B_1.

由输出结果看出：约束 2)和约束 3)的影子价格分别为 3.16 和 3.26，而约束 2)的右端的单位是桶/12，所以 1 桶牛奶的影子价格是 $3.16\times12=37.92$ 元，这说明增加 1 桶牛奶可使净利润增加 37.92 元，而条件 3)的影子价格说明增加 1 h 劳动时间可使净利润增加 3.26. 所以应该投资 30 元增加供应 1 桶牛奶或投资 3 元增加 1 h 劳动时间. 若每天投资 150 元，增加供应 5 桶牛奶，可赚回 $37.92\times5=189.6$ 元. 但是，通过投资增加牛奶的数量是有限制的，输出结果表明，约束 2)的右端的允许范围为$(600-200, 600+120)$，由此可知牛奶的桶数的允许变化范围是$(50-23.3, 50+10)$，即最多增加供应 10 桶牛奶.

输出结果还给出了在最优解不变的情况下，决策变量的系数的允许变化范围，x_3 的系数的允许变化范围为$(44-3.77, 44+19.75)$；x_4 的系数为$(32-\infty, 32+2.03)$，所以当 B_1 的获利向下波动 10%，或 B_2 的获利向上波动 10%时，上面得到的生产销售计划将不再是最优解，应重新制订计划. 若每千克 B_1 的获利下降 10%，应将模型的目标函数中的 x_3 的系数改为 39.6，重新计算，得到最优解为 $x_1=0$，$x_2=160$，$x_3=0$，$x_4=30$，$x_5=0$，$x_6=40$，最优值 $z=3400$ 元，即 50 桶牛奶全部加工成 A_2，其中出售 160 kg，将其余的 40 kg A_2 加工成 30 kg B_2 出售，获净利 3400 元，可见计划改变很大，这就是说，最优生产计划对 B_1 或 B_2 获利的波动是很敏感的.

参考文献

[1]O. Timothy O'Meara. 二次型导论[M]. 北京/西安：世界图书出版公司，2018.

[2]龚律，陆海华，缪雪晴等. 线性代数[M]. 上海：上海交通大学出版社，2021.

[3]陈文鑫，鲍程红，郑子含. 线性代数与积分变换[M]. 杭州：浙江大学出版社，2004.

[4]陈芸. 线性代数[M]. 北京：北京理工大学出版社，2019.

[5]崔唯，胡大红. 线性代数[M]. 武汉：华中师范大学出版社，2019.

[6]邓波. 线性代数[M]. 长春：吉林科学技术出版社，2020.

[7]邓严林，刘旖，孔君香. 线性代数[M]. 天津：天津大学出版社，2020.

[8]付宇，叶俊，林映光. 线性代数[M]. 成都：西南交通大学出版社，2019.

[9]胡万宝，汪志华，陈素根等. 高等代数[M]. 合肥：中国科学技术大学出版社，2009.

[10]焦方蕾，张序萍，陈贵磊. 线性代数[M]. 北京：北京交通大学出版社，2017.

[11]兰奇逊，李昊. 线性代数[M]. 西安：陕西师范大学出版总社有限公司，2018.

[12]李路，王国强，吴中成. 矩阵论及其应用[M]. 上海：东华大学出版社，2019.

[13]李秀昌. 线性代数[M]. 北京：中国中医药出版社，2017.

[14]连保胜. 矩阵分析[M]. 武汉：武汉理工大学出版社，2020.

[15]林锰，吴红梅. 线性空间与矩阵论[M]. 哈尔滨：哈尔滨工程大学出版社，2016.

[16]刘文德，孙秀梅，皮晓明. 线性规划[M]. 哈尔滨：哈尔滨工业大学出版社，2004.

[17]刘叶玲. 线性代数[M]. 西安：西安电子科技大学出版社，2017.

[18]刘玉军，陆宜清. 线性代数[M]. 上海：上海科学技术出版社，2017.

[19]罗文强，赵晶，彭放等. 高等代数[M]. 武汉：武汉大学出版社，2009.

[20]宁群. 线性代数[M]. 合肥：中国科学技术大学出版社，2019.

[21]上海财经大学数学学院. 线性代数[M]. 上海：上海财经大学出版社，2020.

[22]上海财经大学应用数学系. 高等代数[M]. 上海：复旦大学出版社，2008.

[23]上海交通大学数学科学学院. 线性代数[M]. 北京：机械工业出版社，2022.

[24]上海交通大学数学系. 线性代数[M]. 上海：上海交通大学出版社，2017.

[25]申亚男，李为东. 高等代数[M]. 北京：机械工业出版社，2015.

[26]宋建梅，董竹青，景滨杰. 线性代数与线性规划[M]. 镇江：江苏大学出版社，2017.

[27]宋眉眉. 线性代数与空间解析几何[M]. 天津：天津大学出版社，2016.

[28]宋旭霞，林洪燕. 行列式及其应用[M]. 赤峰：内蒙古科学技术出版社，2018.

[29]孙振绮. 空间解析几何与线性代数[M]. 北京：机械工业出版社，2021.

[30]王海敏. 线性代数[M]. 杭州：浙江工商大学出版社，2017.

[31]王慧，于海波. 线性代数[M]. 上海：上海交通大学出版社，2017.

[32]王开宝，李峥嵘，阳衡. 线性代数[M]. 延吉：延边大学出版社，2017.

[33]王岚. 线性代数[M]. 北京：机械工业出版社，2020.

[34]王磊. 矩阵基本理论与应用[M]. 北京：北京航空航天大学出版社，2021.

[35]王树泉. 线性代数[M]. 北京：中国铁道出版社有限公司，2020.

[36]王住登. 高等代数[M]. 北京：国防工业出版社，2009.

[37]西北工业大学高等代数编写组. 高等代数[M]. 西安：西北工业大学出版社，2016.

[38]向修栋，刘丽敏. 线性代数[M]. 北京：北京邮电大学出版社，2017.

[39]许春善. 线性规划[M]. 成都：电子科技大学出版社，2015.

[40]叶明训，郑延履，陈恭亮. 线性空间引论[M]. 武汉：武汉大学出版社，2002.

[41]于朝霞，张苏梅，苗丽安. 线性代数与空间解析几何[M]. 北京：高等教育出版社，2009.

[42]长江大学线性代数教研室. 线性代数[M]. 武汉：华中科技大学出版社，2019.